Managen mit emotionaler Kompetenz

David R. Caruso ist Psychologe und Research Affiliate in Yale; seit 1993 berät und trainiert er außerdem Unternehmen und Manager. Zu seinen Tätigkeitsbereichen zählen Management-Coaching, Führungsentwicklung und Personalentwicklung sowie Einzel- und Gruppenseminare über emotionale Kompetenz.

Peter Salovey ist Professor für Psychologie in Yale. Saloveys Forschungsarbeit konzentriert sich auf die psychologische Signifikanz und Funktion menschlicher Stimmungen und Gefühle, vor allem auf die Frage, wie Emotionen adaptive, kognitive und Verhaltensfunktionen fördern. In Zusammenarbeit mit John D. Mayer entwickelte er unter dem Begriff »emotionale Intelligenz« ein umfassendes System zur Beschreibung, wie Menschen ihre Gefühle begreifen, managen und einsetzen.

Gemeinsam mit ihrem Kollegen John D. Mayer haben *David Caruso* und *Peter Salovey* zwei Kompetenztests zur Emotionalen Intelligenz entwickelt.

David R. Caruso
Peter Salovey

Managen mit emotionaler Kompetenz

Die vier zentralen Skills für Ihren Führungsalltag

Aus dem Englischen von
Petra Pyka

Campus Verlag
Frankfurt/New York

Die englische Originalausgabe erschien 2004 bei Jossey-Bass, A Wiley Imprint, unter dem Titel »The Emotionally Intelligent Manager. How to Develop and Use the Four Key Emotional Skills of Leadership«.

Copyright © by David R. Caruso and Peter Salovey.

Bibliografische Information der Deutschen Bibliothek
Die Deutsche Bibliothek verzeichnet diese Publikation in der Deutschen Nationalbibliografie. Detaillierte bibliografische Daten sind im Internet über http://dnb.ddb.de abrufbar.
ISBN 3-593-37569-9

Das Werk einschließlich aller seiner Teile ist urheberrechtlich geschützt. Jede Verwertung ist ohne Zustimmung des Verlags unzulässig. Das gilt insbesondere für Vervielfältigungen, Übersetzungen, Mikroverfilmungen und die Einspeicherung und Verarbeitung in elektronischen Systemen.
Copyright © 2005 Campus Verlag GmbH, Frankfurt am Main
Umschlaggestaltung: Guido Klütsch
Satz: Publikations Atelier, Dreieich
Druck und Bindung: Druckhaus »Thomas Müntzer«, Bad Langensalza
Gedruckt auf säurefreiem und chlorfrei gebleichtem Papier.
Printed in Germany

Besuchen Sie uns im Internet: www.campus.de

Inhalt

Einleitung 7

Teil I
Die Welt der emotionalen Intelligenz erfahren

Kapitel 1 – **Wie Gefühle und Verstand funktionieren** 23

Kapitel 2 – **Das Emotionale Raster** 42

Teil II
Ergründen Sie Ihre emotionale Kompetenz

Kapitel 3 – **Emotionen identifizieren** 51

Kapitel 4 – **Emotionen nutzen** 57

Kapitel 5 – **Emotionen verstehen** 66

Kapitel 6 – **Emotionen managen** 75

Kapitel 7 – **Emotionale Kompetenz messen** 88

Teil III
Entwickeln Sie Ihre emotionale Kompetenz

Kapitel 8 – **Steigern Sie Ihre Fähigkeit, Emotionen
zu identifizieren** 97

Kapitel 9 – **Nutzen Sie Emotionen, um Ihr Denkvermögen zu steigern** 116

Kapitel 10 – **Steigern Sie Ihre Fähigkeit, Emotionen zu verstehen** 133

Kapitel 11 – **Verbessern Sie Ihr Emotionsmanagement** 148

Teil IV
Nutzen Sie Ihre emotionale Kompetenz

Kapitel 12 – **Emotionale Intelligenz in der Praxis** 173

Kapitel 13 – **Ihr Weg zum emotional intelligenten Manager** 181

Teil V
Anhang

Anhang I – **Ihr emotionaler Stil** 203

Anhang II – **Das Emotionale Raster** 243

Anmerkungen 252

Weiterführende Literatur 266

Danksagung 269

Über die Autoren 271

Register 273

Einleitung

Unsere Erziehung zielt darauf ab, Empfindungen und den Ausdruck von Gefühlen sorgfältig zu kontrollieren und nur in bestimmter Umgebung und zu angemessener Zeit zuzulassen. Am Arbeitsplatz gilt es als besonders unprofessionell, Gefühle zu zeigen.[1] Die größten Fehler schreiben wir gern dem Umstand zu, dass wir zu emotional reagiert haben und uns von unseren Gefühlen hinreißen ließen. Schließlich sind Emotionen lediglich ein Überbleibsel aus einer Zeit vor 300 Millionen Jahren, als sie für das Überleben unserer Art noch unabdingbar waren.[2]

Diese Sichtweise ist unserer Ansicht nach falsch. In den vergangenen 300 Millionen Jahren ist das menschliche Gehirn zwar größer und komplexer geworden, jedoch immer noch auf Emotionalität angelegt. Die Gefühlszentren des Gehirns sind nicht in den Hintergrund getreten, sondern bilden vielmehr einen festen Bestandteil unseres Denkens, unserer Logik und unserer Intelligenz. Diese Erkenntnis ist die Quintessenz der Arbeit des Neurowissenschaftlers Antonio Damasio an der University of Iowa.[3]

Dieses Buch beruht auf der These, dass Emotionen nicht nur wichtig, sondern sogar absolut notwendig sind, wenn wir gute Entscheidungen treffen, optimale Wege zur Problemlösung finden, mit Veränderungen umgehen und Erfolg haben wollen. Deshalb müssen Sie nicht gleich bei jedem Geschäftsabschluss Freudentänze aufführen oder in Tränen ausbrechen, wenn die Beförderung ausbleibt. Die These ersetzt lediglich den konventionellen Ansatz zur Betrachtung von Emotionen durch einen fähigkeitsbasierten Ansatz zur emotionalen Kompetenz, den die Psychologen John (Jack) Mayer und Peter Salovey Anfang der neunziger Jahre entwickelt und als emotionale Intelligenz[4] bezeichnet haben. Dieser intelligente Ansatz zum Umgang mit Emotionen beinhaltet folgende vier Kompetenzbereiche, die hierarchisch angeordnet sind:

Emotionen identifizieren. Emotionen enthalten Daten. Sie signalisieren uns wichtige Ereignisse in unserem Innenleben, unserem sozialen Umfeld und unserer Umwelt. Um effektiv zu kommunizieren, müssen wir die Emotionen anderer genau erkennen und in der Lage sein, eigene Emotionen klar zu vermitteln und auszudrücken.

Emotionen einsetzen. Wie Sie sich fühlen, hat Einfluss darauf, wie und woran Sie denken. Emotionen lenken Ihre Aufmerksamkeit auf Wichtiges, stimmen Sie auf bestimmte Handlungen ein und fördern die Lösung von Problemen, indem sie Ihre Denkprozesse steuern.

Gefühle verstehen. Emotionen sind kein Zufall. Sie werden durch ganz bestimmte Faktoren ausgelöst, verändern sich nach festgelegten Regeln und sind nachvollziehbar. Ihre Kenntnis der Gefühlswelt spiegelt sich in Ihrem diesbezüglichen Wortschatz und in Ihrer Fähigkeit zu emotionalen »Was-wäre-wenn«-Analysen wider.

Emotionen managen. Da Gefühle Informationen enthalten und unser Denken beeinflussen, ist es notwendig, sie auf intelligente Weise in unsere Überlegungen, unsere Ansätze zur Problemlösung, unser Urteilsvermögen und unser Verhalten einzubauen. Zu diesem Zweck müssen wir Emotionen – auch unangenehmen – aufgeschlossen begegnen und uns für Strategien entscheiden, die die Weisheit der Gefühlswelt einbeziehen.

Jeder dieser Kompetenzbereiche existiert unabhängig von den anderen. Gleichzeitig bauen sie jedoch aufeinander auf. Wir können jede dieser Fähigkeiten für sich messen, erlernen und entwickeln. Die Wechselbeziehungen zwischen den Kompetenzen, wie sie Abbildung 1 veranschaulicht, ermöglichen es uns jedoch, sie auf integrative Art und Weise einzusetzen, um wichtige Probleme zu lösen.

Ein Beispiel

Um zu verstehen, wie dieses Prozessmodell der Gedanken und Gefühle funktioniert, stellen Sie sich vor, Sie organisieren die Sitzung eines Produktentwicklungsteams. Die meisten Themen der Tagesordnung werden effizient diskutiert, sodass sich die Teammitglieder recht schnell einig werden.

Abbildung 1: Emotionale Intelligenz

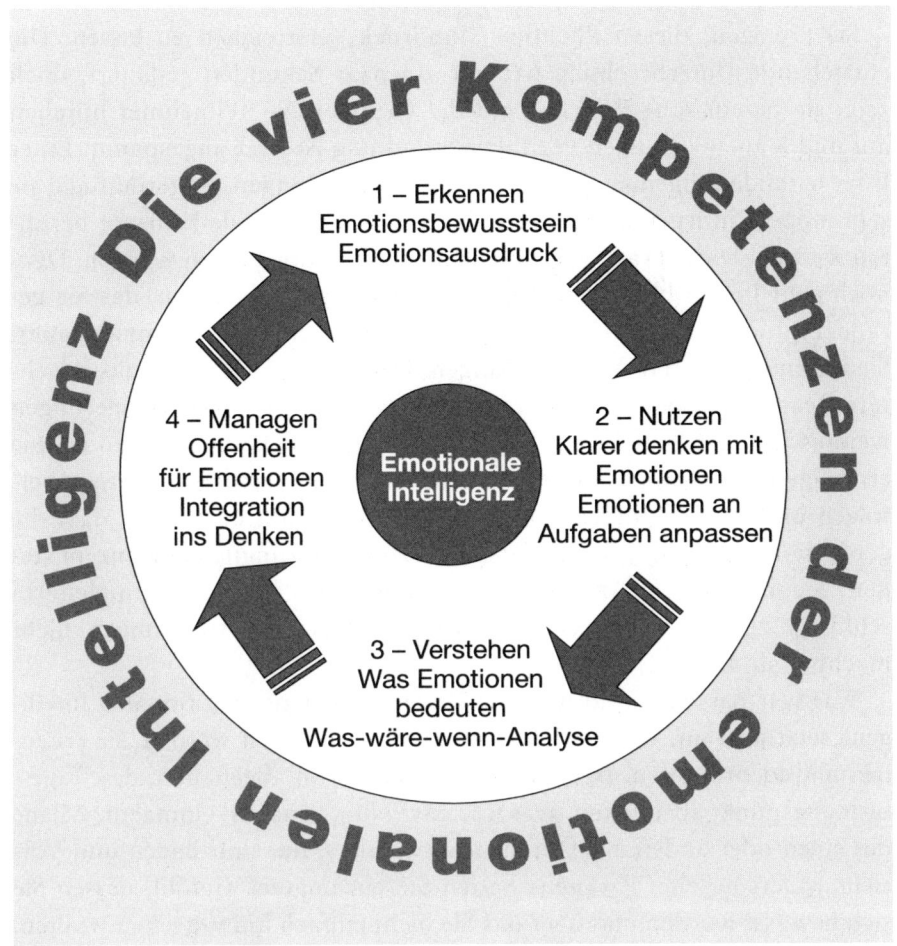

Dann kommt ein Punkt, der sich auf die jüngsten Änderungswünsche Ihrer internen Kundin – der Marketingleiterin – zu den Produktspezifikationen bezieht. Solche Änderungswünsche sind nicht ungewöhnlich. Die Gruppe ist sich weitgehend einig, dass die Änderungen erfolgen sollen, zumal sie eher geringfügig erscheinen. Sie wollen gerade zu einem der letzten Punkte auf der Tagesordnung übergehen, als Sie plötzlich innehalten und zögern, die Diskussion abzuschließen. Ihr Zögern ist nicht auf irgendeine konkrete Äußerung zurückzuführen, die gefallen ist. Aber irgendetwas hat Sie aus dem Konzept gebracht. Unwillkürlich lassen Sie die geforderten Änderungen Revue passieren. Dabei beschleicht Sie ein ungutes Gefühl, etwas stimmt da nicht, irgendetwas stört Sie daran.

Sie erwägen, diesen flüchtigen Eindruck verstreichen zu lassen. Die entstehende Unterbrechung hat nur ein paar Sekunden gedauert, doch zeigt sie bereits eine Wirkung auf die Gruppe: Die Teilnehmer horchen auf und lehnen sich nach vorn. Die Stimmung ist jetzt angespannt. Einer Ihrer leitenden Ingenieure fragt, ob die Veränderungen, so geringfügig sie sein mögen, in irgendeiner Form das zugrunde liegende Konzept berühren werden. Diese Frage war bereits mehrfach aufgegriffen worden. Dennoch geht Ihnen durch den Kopf, dass das vage Unbehagen, das Sie gerade empfunden haben, womöglich exakt mit dieser Frage zusammenhängt. Sie bitten um weitere Wortmeldungen. Der ernstere Ton veranlasst mehrere Teammitglieder zu dem Hinweis, dass die Produktveränderungen weitaus weniger trivial sind, als auf den ersten Blick zu erkennen ist. Sie ermutigen die Gruppe, diesen Gedankengang konzentriert weiterzuverfolgen und zu analysieren. Im Zuge dessen erkennt das Team, dass die geplanten Änderungen im Widerspruch zum ursprünglichen Konzept stehen. Sie fordern nun mehr Informationen, um der Marketingleiterin schlüssig zu demonstrieren, dass die gewünschten Änderungen nicht machbar sind.

Was war passiert? Und warum? Unser Modell zur emotionalen Intelligenz setzt dort an, wo Sie sich einer Emotion bewusst werden, sie erkennen und identifizieren. Irgendetwas hat Sie davon abgehalten, den Tagesordnungspunkt abzuhaken. Was war das? Nun, zunächst einmal die Miene des einen oder anderen erfahrenen Entwicklers, die Unbehagen und Vorsicht widerspiegelte. Zweitens hatten Sie ein ungutes Gefühl, dessen Sie sich bewusst wurden und über das Sie nicht einfach hinweggehen wollten. Drittens trugen Sie Ihr inneres Unbehagen und Ihre Besorgnis nach außen, indem Sie auf den Boden sahen, leicht die Stirn runzelten und sich das Kinn rieben.

Der zweite Teil unseres Modells erklärt, wie diese Gefühle den Denkprozess beeinflussen. Ein flüchtiges Gefühl der Besorgnis und des Unbehagens steigerte nicht nur Ihre Konzentration, sondern sensibilisierte das Team für potenzielle Schwierigkeiten. Etwas in Ihrem Inneren meldete ein Problem. Ihr Verstand versuchte, Fehler und Unstimmigkeiten aufzuspüren, was ihm letztendlich auch gelungen ist.

Im dritten Schritt befasst sich unser Prozessmodell mit dem Verständnis von Emotionen, ihren Ursachen und ihrer Entwicklung. Sie stellen fest, dass sich die Stimmung in der Gruppe wegen potenzieller Probleme bei den geforderten Abwandlungen der Produktspezifikationen verändert hat. Sie schlussfolgern, dass das wachsende Unbehagen nicht an der späten Stunde liegt und auch nicht auf andere externe Faktoren zurückzuführen ist. Sie nehmen deutlich die erhöhte Anspannung war, für die es einen Grund geben muss.

Der vierte und letzte Teil unseres Modells zeigt, dass wir Emotionen aufgeschlossen gegenüberstehen und sie integrieren müssen, weil sie wichtige Daten enthalten. Ein Rückschlag ist das Letzte, was Sie bei diesem Projekt jetzt brauchen können. Und ganz sicher reißen Sie sich nicht darum, der Marketingleiterin mitzuteilen, dass die letzten Änderungen nicht durchgehen. In einer solchen Situation würden viele ihr Unbehagen einfach ignorieren, wegwischen und zur Tagesordnung übergehen. Doch Sie haben die Gefühle zugelassen, ihnen erlaubt, Ihre Aufmerksamkeit neu auszurichten, und herausgefunden, was los war. Sie waren aufgeschlossen für die Weisheit dieser Gefühle. Dadurch konnten Sie ein schwerwiegendes Problem erkennen.

Damit haben Sie einen emotional intelligenten Ansatz zu den Kernfunktionen des Managements, wie zum Beispiel Planung, flexibles Denken und Anpassungsfähigkeit, gewählt. Wer Emotionen einbezieht, wird dadurch nicht schwach oder verletzlich, sondern kann besser und erfolgreicher mit Konflikten und Veränderungen umgehen. Dieser Managementansatz ist kein reaktives, passives analytisches Werkzeug – er hat eine stark präskriptive und positive Funktion. Probleme nur aufzudecken, reicht nicht aus. Ein effektiver Manager muss Probleme lösen, und dabei zahlt sich emotionale Intelligenz aus. Lassen Sie uns zwei Ansätze betrachten, die Sie als Teammanager nutzen könnten, um das eben erkannte Problem zu lösen: einen emotional unintelligenten sowie einen emotional intelligenten Ansatz.

Der emotional unintelligente Managementansatz

In den meisten Führungssituationen versuchen wir, mit unserer Managementverantwortung rational und logisch umzugehen. Schließlich werden wir dafür bezahlt, dass wir intelligent denken, entscheiden und handeln. Wir werden dafür bezahlt, unseren Verstand einzusetzen – nicht unsere Sorgen oder Gefühle. Diese Überlegungen erscheinen sinnvoll, sind aber, wie Sie sehen werden, nicht besonders effektiv.

Sie müssen der Marketingleiterin mitteilen, dass das Team den Termin für die Produkteinführung nicht halten kann, wenn die gewünschten Änderungen durchgeführt werden sollen. Sie reagiert überrascht und irritiert. Doch das ist erst der Anfang. Aus der negativen Stimmung heraus richtet sie ihre Aufmerksamkeit auf Details und sucht dabei vor allem nach Problemen und Fehlern. Sie erinnert sich an andere Zusagen, die Sie gemacht und nicht eingehalten haben. Da betonen Sie, dass Sie sich nie mit den revidierten Spezifikationen einverstanden erklärt haben. Das verschlimmert die Situation, denn nun ist die Marketingleiterin richtig wütend auf Sie. Und das wäre jeder andere in ihrer Lage auch. Mürrisch und widerwillig lassen Sie sich schließlich auf alle Forderungen ein. Nicht gerade ein zufrieden stellendes Ergebnis, oder?

Dabei waren Sie doch vollkommen rational und logisch. Sie waren ruhig und direkt. Und gleichzeitig wenig effektiv. Ein wirklich intelligenter Managementansatz darf bei der Suche nach dem Heiligen Gral nicht beim reinen Rationalismus Halt machen.

Ein besserer Ansatz

Der emotional intelligente Manager stellt sich auf wichtige soziale Interaktionen ein, er plant sie generalstabsmäßig durch. Das soll nicht heißen, dass Sie von jetzt an jede Sitzung einen Monat lang strategisch vorbereiten müssen. Aber es wäre klug, die von uns beschriebenen Kompetenzen einzusetzen, um Ihre zwischenmenschliche Effektivität zu verbessern.

Sie kennen die Marketingleiterin recht gut und wissen ganz genau, dass sie ungehalten reagiert, wenn Sie sie unvorbereitet mit Problemen konfrontieren. Das sollten Sie berücksichtigen. Immerhin erschienen auch Ihnen die Veränderungen auf den ersten Blick eher geringfügig. Vielleicht haben Sie ja sogar etwas gesagt wie: »Ich denke, damit werden wir fertig.« Logischerweise rechnet sie also mit guten Nachrichten. Was wird wohl passieren, wenn Sie unerwartet negative Neuigkeiten überbringen? Sie wird überrascht sein und ihre ursprünglich freundliche Stimmung wird sich vermutlich rasch ins Gegenteil verkehren. Wenn Sie Emotionen verstehen und Ihre Fähigkeit zu strategischer emotionaler Planung nutzen, können Sie ein solches Ergebnis vermeiden.

In der Praxis steht Ihnen keine vorgefertigte Standardstrategie zur Verfügung, die Sie einfach aus dem Ärmel ziehen können. Das ist unmöglich, denn schließlich ergibt sich Ihr Ansatz stets aus Ihrer emotionalen Situationsanalyse zur momentanen Gefühlslage Ihres Gegenübers. Ist dessen Ausgangsstimmung positiv oder negativ? Nehmen wir an, die Marketingleiterin ist zufrieden und optimistisch. Dann besteht Ihre Aufgabe darin, sie nach Kräften in einer positiven Stimmung zu halten, damit sie aufgeschlossen für kreative Alternativen bleibt. Ihnen muss klar sein, dass Sie sie nicht einfach mit einem Problem konfrontieren und damit rechnen können, dass sie das unberührt lässt. Schieben Sie also lieber voraus, dass Sie Ihrem Team die letzten Änderungen vorgelegt haben und dabei verschiedene Fragen aufgetaucht sind. Sie würden daher gerne Lösungswege diskutieren, die das Team vorgeschlagen hat, um die längerfristige Funktionalität zu gewährleisten und den ursprünglichen Termin für die Produkteinführung einzuhalten.

Dabei müssen Sie aufmerksam auf verschiedene Schlüsselsignale achten, um zu erkennen, wie Ihr Ansatz ankommt, und um ihn entsprechend anzupassen. Das ist weder einfach, noch macht es besonders viel Spaß, aber genau dafür werden Sie bezahlt. Das ist die Aufgabe eines effektiven Managers. Der emotional intelligente Manager setzt die vier Kompetenzen ein, indem er:

1. erkennt, wie sich die wichtigsten Beteiligten fühlen – er selbst eingeschlossen,
2. diese Gefühle nutzt, um die Gedanken und Überlegungen der anderen zu steuern,
3. versteht, wie sich Gefühle im Zuge der Ereignisse verändern und entwickeln können und
4. es schafft, die in Emotionen enthaltenen Daten herauszufiltern und sie in Entscheidungen und Maßnahmen zu integrieren.

Emotionale Intelligenz vereint Leidenschaft mit Logik, Emotionen mit Intelligenz. Deshalb können auch Leser, die völlig entgegengesetzte Standpunkte in der Herz-Kopf-Diskussion vertreten, dem Ansatz etwas abgewinnen: Menschen, die extrem analytisch und skeptisch denken, was die Bedeutung von Gefühlen angeht, oder solche, die auf Rationalität setzen statt auf Emotionalität, werden feststellen, dass es ein durchaus kopflastiger Ansatz zum Umgang mit Emotionen ist. Menschen, die eher emotional sind, werden merken, dass der Ansatz ihnen eine strukturierte Sicht der Dinge eröffnet.

Emotionale Intelligenz und Effektivität im Management

Als Manager sind wir ständig neuen Modetrends und Anforderungen ausgesetzt, neue Fähigkeiten zu entwickeln, wenn wir nicht versagen wollen. Also besuchen wir interessante und wertvolle Kurse über kreatives Denken, Qualitätszirkel und selbst organisierte Arbeitsgruppen. Darüber hinaus schlagen wir uns noch mit Trainingsmaßnahmen herum, deren Qualität und Nutzen eher fragwürdig ist. Ist emotionale Intelligenz nur ein weiterer solcher Kurs? Eine vorübergehende Modeerscheinung? Oder ist sie etwas von bleibendem Wert? Schließlich weiß doch jeder, der über ein Minimum an Berufserfahrung verfügt, dass nicht die emotionalen Kompetenzen ausschlaggebend für Einstellung oder Beförderung sind.

Der Wert der emotionalen Kompetenz

Welchen Vorteil bringt emotionale Intelligenz einem Manager – wenn überhaupt? In Situationen raschen Wandels kommt es bisweilen darauf an, schnell und effizient starke Teams zu bilden, mit anderen effektiv zu interagieren, Ziele zu kommunizieren und die Zustimmung solcher selbst organisierter, autarker Gruppen zu gewinnen. In einem solchen Umfeld ist eine Führung gefragt, die ein Instrumentarium ausgefeilter Kompetenzen einsetzt, das die Gedanken und Gefühle anderer einbezieht.

Und genau das beherrscht der emotional intelligente Manager. Um es noch einmal deutlich zu machen: Emotionale Intelligenz ist nicht gleichzusetzen mit Erfolg. Emotional intelligente Menschen sind nicht automatisch geniale Manager, und bei weitem nicht alle genialen Manager sind emotional intelligent. In diesem Buch beschreiben wir Prinzipien für effektives Management und effektive Führung, die den intelligenten Einsatz von Emotionen und ihrer Auswirkungen auf Denken, Entscheidungsfindung, Motivation und Verhalten integrieren. Ein emotional intelligenter Manager ist kein Manager, der in allen Lebenslagen oben schwimmt, doch wir sind überzeugt, dass ein solcher Manager so arbeitet, führt und lebt, dass alle davon profitieren. Wir gehen davon aus, dass wahrhaft exzellente Manager – nämlich solche, die gleichzeitig erfolgreich *und* empathisch sind – über bestimmte Fähigkeiten verfügen, die wir hier definieren und entwickeln wollen.

Eine neue Führungstheorie

Wir wollen keinesfalls die herausragende Arbeit von Managementtheoretikern und -praktikern verdrängen, die ausgeklügelte Management- und Führungsmodelle entwickelt haben. Wie Sie sehen werden, unterscheiden wir nicht einmal zwischen Management und Führung, obwohl uns natürlich bekannt ist, dass hier immense Unterschiede bestehen.[5]

Eine Möglichkeit, zwischen diesen beiden Funktionen zu unterscheiden, ist, die Rolle eines Managers in Planungs- und Implementierungsaktivitäten zu sehen, während die Rolle einer Führungskraft eher allgemein in der Beeinflussung anderer zur Erreichung eines Ziels besteht. Diese funktionelle Definition eröffnet eine Vorstellung davon, was ein effektiver Manager und Führer tun muss. Doch das heißt noch lange nicht, dass Sie Erfolg haben, wenn Sie diese Dinge richtig machen. Denn es gilt auch bestimmte Fallen zu meiden. Eine Arbeit des Center for Creative Leadership weist darauf hin, dass sich Manager verschiedenen potenziellen Fehlern gegenübersehen, wie zum Beispiel Schwierigkeiten bei der Teambildung, bei der Anpassung oder in zwischenmenschlichen Beziehungen.

Wir haben die unterschiedlichen Managementfunktionen mit diesen potenziellen Führungsfehlern zu sechs Kernbereichen zusammengefasst:

1. Aufbau effektiver Teams,
2. effektive Planung und Entscheidung,
3. Mitarbeitermotivation,
4. eine Vision vermitteln,
5. Veränderungen bewirken,
6. effektive zwischenmenschliche Beziehungen schaffen.

Mit Hilfe unseres Ansatzes könne Sie verstehen, wie Manager und Führungskräfte diese schwierigen Aufgaben bewältigen. Wir integrieren diese Managementfunktionen in unsere Diskussion über die vier Fähigkeiten der emotionalen Intelligenz, um Ihnen zu helfen diese generellen Kompetenzen mit den speziellen Handlungen von Managern und Führungskräften in Verbindung zu bringen.

Sie werden möglicherweise Parallelen zwischen den vier emotionalen Kompetenzbereichen und den Prinzipien der transformationalen oder charismatischen Führung feststellen. Uns faszinierte besonders die entscheidende Rolle der Emotionen im Wirken von beispielhaften Führungspersönlichkeiten, wie sie Kouzes und Posner in ihren bahnbrechenden Arbeiten herausgearbeitet haben.[6]

Keinesfalls wollen wir die Arbeiten zu Managementkompetenzen verdrängen, die zum großen Teil auf Emotionen ausgerichtet sind.[7] So beruhen etwa die Kompetenzen effektiver Manager und Führungspersönlichkeiten, die Managementprofessor Richard Boyatzis beschrieben und die Daniel Goleman erläutert hat, auf emotionaler Intelligenz.[8]

Wir bieten Ihnen hingegen etwas ganz anderes und ziemlich Einzigartiges – nämlich einen Schwerpunkt auf den Emotionen als solche. Wir möchten, dass Sie verstehen und verinnerlichen, dass Denken und Emotionen untrennbar miteinander verknüpft sind und dass die Vorstellung von reiner Logik oder kalter Rationalität realitätsfern ist. Unserer Überzeugung nach basieren die Methoden, mit deren Hilfe Manager oder Führungskräfte gemeinsame Visionen schaffen, andere motivieren und Mitarbeiter anspornen, aller Wahrscheinlichkeit nach auf dem intelligenten Einsatz von Gefühlen und der Integration von Emotionen in den Denkprozess.

Unser Vorhaben

Seit unsere Forschungsgruppe die emotionale Intelligenz Ende der achtziger Jahre erstmals wissenschaftlich untersucht hat, bekam der Begriff viele Bedeutungen. Das Gesamtkonzept von der emotionalen Intelligenz und der breite EI-Ansatz hat 1995 ein Buch des Wissenschaftsjournalisten und Psychologen Daniel Goleman zum Leben erweckt und einem Millionenpublikum in aller Welt nahe gebracht.[9] Die begeisterten Reaktionen auf dieses Buch führten zu stark wachsendem Interesse an diesem Konzept. Über Nacht wurden in Heimarbeit Tests, Methoden und leider auch viele nur bedingt haltbare Behauptungen über das Wesen und den prognostischen Wert der EI in die Welt gesetzt.

Wir werden keine haltlosen Behauptungen aufstellen. Wenn Sie ein Allheilmittel gegen Führungsprobleme suchen, sind Sie bei uns falsch.

Der Ansatz, den wir in diesem Buch verfolgen, stützt sich auf zwei Prinzipien: zum einen der ursprünglichen wissenschaftlichen Arbeit zu emotionaler Intelligenz treu zu bleiben, die die EI als echte Intelligenz betrachtet; und zum anderen unserer Philosophie und unseren Werten treu zu bleiben, die wir in Jahrzehnten des wissenschaftlichen Werdegangs erworben haben.

Wir glauben, dass wir diese fundamentalen Prinzipien beachten und Ihnen dennoch wertvolle Anregungen und Einblicke liefern können. Wir finden die Forschungsergebnisse, die wir und andere weltweit zur EI zusammengetragen haben, ausgesprochen aufregend und würden unsere Erkenntnisse gern mit Ihnen teilen. Wir hoffen, Sie besitzen genügend Forschergeist, um unseren Ansatz kritisch zu beleuchten, und finden ihn dabei doch so faszinierend, dass Sie mit seiner Hilfe ein emotional intelligenterer Manager werden möchten – in Bezug auf sich selbst ebenso wie in Bezug auf andere.

Wir wollen Ihnen in diesem Buch beweisen und nahe bringen, dass Emotionen wichtig sind – und zwar immer. Wer ihre Rolle ignoriert, wer die Weisheit der eigenen Gefühle und der Gefühle anderer missachtet, ist unserer Ansicht nach zum Scheitern verurteilt – als Mensch, als Manager und als Führungskraft.

Zunächst werden wir die vier emotionalen Kompetenzbereiche näher beschreiben und ihre Bedeutung für das Arbeitsleben belegen. Anschließend bieten wir Ihnen ein konkretes Entwicklungsprogramm, mit dem Sie diese emotionalen Kompetenzen erwerben, und zeigen Ihnen, wie Sie sie einsetzen können.

Wenn Sie allein arbeiten, können Sie die emotionalen Kompetenzen auf Ihre eigene Tätigkeit anwenden. Vielleicht weckt die Entwicklung solcher Fähigkeiten ja auch Ihr Interesse daran, irgendwann in der Zukunft eine Führungsrolle zu übernehmen. Sind Sie bereits erfolgreich in einer Führungsposition tätig, wird Ihnen der vorliegende Ansatz hoffentlich helfen, weitere Kompetenzen zu erwerben, die Ihnen in zukünftigen Situationen und Funktionen zugute kommen. Sind Sie auf dem Gebiet der emotionalen Intelligenz bereits versiert, so fühlen Sie sich vielleicht dazu motiviert, Ihre Kompetenzen in einer Führungsrolle zu nutzen. Aber ob Sie nun Einzelkämpfer, Manager oder Führungskraft sind, Sie werden feststellen, dass Sie unseren intelligenten Ansatz zur Erschließung der Gefühlswelt an jedem Tag Ihres Arbeitslebens nutzbringend einsetzen können.

Eine Fallstudie: Ein Fisch auf dem Trockenen?

Politiker sollen es jedermann recht machen, sie müssen ihre Gefühle fest im Griff haben oder dürfen zumindest nicht zeigen, was sie über wichtige Themen wirklich denken und empfinden. Das Management der eigenen Gefühle gilt als eine der Schlüsselqualifikationen für eine erfolgreiche politische Laufbahn. Wie verhält es sich damit im politischen Leben von Joschka Fischer, dem Chef der deutschen Grünen, dem Vizekanzler und Außenminister des Landes? Wir wollen nicht behaupten, dass wir geheime Informationen über Fischer haben oder dass er eine außergewöhnliche emotionale Intelligenz besitzt. Sein Leben ist jedoch ein mehr oder minder offenes Buch, das eine faszinierende Geschichte erzählt.

Hat er tatsächlich die Fähigkeit, emotionale Daten korrekt zu beurteilen? Schwer zu sagen. Aber wir dürfen wohl davon ausgehen, dass er die Gefühle des Parteikollegen korrekt zu deuten wusste, der ihn im Zuge einer besonders hitzigen Debatte mit einem Beutel roter Farbe bewarf.

Fischer läuft zu Hochform auf, wenn es kontrovers zugeht. Sein Auftreten kommt dabei nicht immer gut an und ist manchmal durchaus unkonventionell. Er vertritt seinen Standpunkt, ist jedoch stets offen für neue Informationen und bereit, seine Meinung zu ändern, sobald sich die Sachlage verändert. Es ist weithin bekannt, dass er sich in den siebziger Jahren politisch am radikalen, bisweilen sogar gewalttätigen linken Rand engagierte. Doch Fischer bewies seine Fähigkeit zur Integration gegensätzlicher Gefühle. Er nutzte diese Gefühle als Informationsquelle für seine Überlegungen und distanzierte sich infolgedessen von der Vorgehensweise der gewaltbereiten Linken.

Er scheint die Menschen zu verstehen und erkennt sofort, was andere motiviert. So bemerkte er etwa in der Diskussion um den Terrorismus: »… das wichtigste Schlachtfeld sind die Köpfe und Seelen der Menschen, vor allem der jungen Menschen. Man muss herausfinden, warum sie von Terroristen angezogen werden: Sonst werden wir diesen Krieg verlieren. Und das ist keine Alternative.«[10] Starke Worte, doch ihnen folgen auch Taten, die seine tiefen Überzeugungen widerspiegeln.

Seine Überzeugungen verleihen ihm Mut. Entgegen der Linie seiner Partei sprach sich Fischer für die Entsendung von Soldaten in den Kosovo aus, während viele Grüne das strikt ablehnten. Wie er damals bemerkte, hilft Pazifismus eben nicht gegen Völkermord. Ob dies eine ausschließlich politisch motivierte Entscheidung war oder eine, die aus dem Herzen kam, ist schwer zu ergründen.

Fischer hat jede Menge Erfahrung im Umgang mit intensiven Emotionen. Sein Privatleben ist jedoch beileibe kein Musterbeispiel für gelungenes Gefühlsmanagement. Einerseits reagierte er auf den Vorfall mit dem Farbbeutel, indem er dem Protest die Stirn bot und sich die Unterstützung seiner Partei für die umstrittene Entscheidung der Entsendung von Bundeswehrsoldaten in den Kosovo sicherte. Andererseits gibt er zu, sich bei einer Demonstration im Jahr 1973 am tätlichen Angriff auf einen Polizeibeamten beteiligt zu haben. Er hat auch viel Erfahrung im Management privater Beziehungen, doch ob er darin wirklich ein Meister ist, darf angesichts seiner vier Ehen bezweifelt werden.

Unter den Politikern der Welt gibt es nur wenige mit Starqualitäten, Fischer gehört sicherlich dazu. Sein Leben ist mehrdimensional. Seine emotionale Intelligenz äußert sich ganz unterschiedlich – je nach Situation und Fähigkeit. Sein Leben ist so komplex wie seine Persönlichkeit, und diese Komplexität beruht, wie es uns erscheint, zumindest teilweise auf dem Vermögen, Emotionen zu nutzen und zu verstehen. Und vielleicht besteht seine Anziehungskraft zum Teil gerade in seiner wechselnden Fähigkeit zum Management von Emotionen.

Teil I
Die Welt der emotionalen Intelligenz erfahren

Der Terminus emotionale Intelligenz wirkt auf viele wie ein Oxymoron, schließlich stehen Gefühle und Intelligenz nach landläufiger Meinung im Widerspruch zueinander. Durch ihre chaotische Natur scheint die Gefühlswelt für unsere Denk-, Entscheidungs- und Arbeitsweisen irrelevant, wenn nicht sogar bedrohlich.
Das in den folgenden beiden Kapiteln enthaltene Plädoyer für Emotionen soll Ihren Intellekt ansprechen. Wir verlangen nicht von Ihnen, Vernunft und Logik beiseite zu lassen. Vielmehr wollen wir Ihnen über Ihre analytischen Fähigkeiten den tieferen Sinn von Gefühlen erschließen. Zunächst umreißen wir hierfür ein Gefüge fundamentaler Prinzipien, das hinter dem Konzept der emotionalen Intelligenz steht. Anschließend geben wir Ihnen ein Analysewerkzeug an die Hand – ein Prozessmodell, das wir als Emotionales Raster bezeichnen. Es soll Ihnen helfen, Emotionen als organisiertes und adaptives System zu verstehen.

Kapitel 1

Wie Gefühle und Verstand funktionieren

In diesem Buch folgen wir der Argumentation, dass die Integration von rationalem und emotionalem Stil der Schlüssel zu erfolgreicher Führung ist, denn gute Entscheidungen erfordern logische und emotionale Kompetenz. Probleme entstehen dann, wenn ein Prinzip übergewichtet oder falsch angewendet wird.

Vernunft oder Gefühl?

Schätzen Sie Ihren Entscheidungsstil am Arbeitsplatz ein, indem Sie überlegen, ob Sie den folgenden Aussagen zustimmen oder nicht:

- Es ist wichtig, seine Gefühle am Arbeitsplatz unter Kontrolle zu haben.
- Entscheidungen sollten aus logischen, rationalen Beweggründen getroffen werden.
- Persönliche Gefühle sollten nach Möglichkeit außen vor bleiben.
- Übermäßig emotionale Menschen sind im Arbeitsleben fehl am Platz.
- Man sollte seine Gefühle nur bedingt zum Ausdruck bringen.
- Gefühle wahrzunehmen ist weniger wichtig als logisches Denken.
- Am Arbeitsplatz sollte Logik vor Gefühl gehen.

Sind Sie mit diesen Aussagen einverstanden, dann sind Sie ein Verfechter der Vernunft am Arbeitsplatz. Vermutlich legen Sie Wert auf rationales, logisches Denken. Sie können zwar emotional reagieren, beherrschen Ihre Gefühle aber, sodass diese nicht die Oberhand gewinnen.

Wenn Sie mit diesen Aussagen nicht einverstanden sind, stehen Sie für Emotionen am Arbeitsplatz. Sie empfinden Emotionen vielleicht als festen Bestandteil Ihres Arbeitslebens und können Denken und Fühlen nicht trennen.

Was bedeutet das? Ob Sie ein Verfechter von Vernunft oder Gefühl sind, sagt etwas über Ihren Managementstil aus.

Welche Rolle sollten Emotionen am Arbeitsplatz spielen?

Viele Führungskräfte würden sagen, dass Emotionen in der Chefetage nichts zu suchen haben und dass das tunlichst auch so bleiben sollte. Geschäftliche Entscheidungen müssen sorgfältig abgewogen werden. Sicher teilen daher viele die Ansicht, dass man dabei gar nicht genug Vernunft und Rationalität walten lassen kann.

Doch es gibt auch Stimmen, die Emotionen im Geschäftsleben eine Rolle zubilligen – und zwar eine fest umrissene oder sogar gleichberechtigte. Sehen Sie sich bitte die folgende Übersicht an, und finden Sie heraus, welcher Managertyp Sie sind.

Vergleich von Managementstilen

Manager A	Manager B
• Ich versuche, mich von meinen Gefühlen zu distanzieren.	• Ich versuche, mir meiner Gefühle bewusst zu werden.
• Emotionen sind im Beruf fehl am Platz.	• Emotionen sind wichtig.
• Meine Gefühle sollten mich nicht beeinflussen.	• Meine Gefühle beeinflussen mich.
• Emotionen müssen aus dem Job herausgehalten werden.	• Emotionen gehören zum Arbeitsalltag.

Viele Manager, mit denen wir beruflich zu tun hatten, entsprechen Manager A. Sie sagen, dass es ihre Aufgabe sei, durch Abwägung aller entscheidenden Daten in geordneter und logischer Form optimale Entscheidungen zu treffen. Immerhin wird von Managern und Führungskräften erwartet, dass sie gute Entscheidungen treffen. Gute Entscheidungen zu treffen und sich selbst und andere effektiv zu managen, kann und wird aber nicht ohne Gefühle vonstatten gehen. Es sind immer Emotionen im Spiel, und sie arbeiten mit und für uns.

Sind Emotionen bei der Arbeit von Bedeutung?

Wissenschaftler haben in zahllosen Studien vieles über die Rolle von Gefühlen am Arbeitsplatz herausgefunden. Manche Ergebnisse werden Sie überraschen: Wie sich die Manager fühlen, sagt zum Beispiel viel über die aktuelle und zukünftige Leistung des Unternehmens aus. Tatsächlich haben Forschungen von Sigal Barsade von Wharton belegt, dass die Gefühlslage des Managementteams sich direkt auf die Gewinnsituation des Unternehmens auswirkt. Barsade stellte fest, dass ein Topmanagementteam, das eine ähnliche optimistische emotionale Grundhaltung teilt, 4 bis 6 Prozent mehr Gewinn pro Aktie für das Unternehmen erwirtschaftet als ein Managementteam, das emotional nicht auf einer Linie liegt.[11]

Eine neunwöchige Studie von Peter Jordan und Neil Ashkanasy von der University of Queensland ergab, dass Teams, deren Mitglieder nur geringe emotionale Intelligenz aufwiesen, gleich abschnitten wie Teams mit hoher EI.[12] Dieses Ergebnis entspricht auf den ersten Blick wohl nicht den Erwartungen des Managers mit ausgeprägter EI. Doch die Ergebnisse der ersten Studienwochen sind hierbei besonders interessant. Die Teams mit hoher EI brachten die Dinge viel schneller ins Rollen als die Teams mit niedrigem EI-Quotienten. Aber schließlich konnten die Teams mit niedriger EI zu ihren emotional intelligenteren Kollegen aufschließen. Dieser Studie ist also zu entnehmen, dass EI im Team keinen großen Unterschied macht – vorausgesetzt es ist Ihnen egal, ob wochenlang Teamproduktivität verpufft und Hunderte von Mitarbeitern ihre Zeit verschwenden.

Doch Emotionen auf Teamebene haben auch anderweitig starke Auswirkungen. Ob Sie es nun Teamgeist oder Arbeitsmoral nennen, auf jeden Fall haben wir alle schon einmal erlebt, wie die Stimmung innerhalb einer Gruppe kippen kann. Wie wir uns fühlen, beeinflusst ganz offensichtlich auch unsere Leistung.[13] Manchmal geschieht es langsam und unmerklich, doch es gibt Zeiten, in denen man beinah spüren kann, wie das Klima in einer Gruppe abkühlt oder die Luft anfängt, vor Spannung zu knistern. Das Phänomen, dass sich Gefühle von einem Menschen auf den anderen übertragen, bezeichnet man als emotionale Ansteckung. Sie hat eine ungeheure Wirkung auf eine Gruppe. Das belegt zum Beispiel das Experiment, bei dem mehrere Gruppen von Testpersonen gebeten wurden, eine Diskussion über eine Jahresendprämie zu simulieren.[14] Sie sollten für ihre Mitarbeiter eine möglichst hohe Prämie herausschlagen, dabei aber gleichzeitig die für die gesamte Organisation optimale Entscheidung treffen. Was die übrigen Teilnehmer nicht wussten: Ein Mitglied der Gruppe war ein professioneller Schauspieler, der sich in manchen Gruppen negativ, in anderen positiv verhielt. Videoaufnahmen der verschiedenen Gruppen zeigten, dass der Schauspieler die Atmosphäre in der Gruppe beeinflusste. Verhielt er sich negativ, sank die Stimmung, verhielt er sich positiv, stieg sie. Die Probanden berichteten außerdem, dass sie einen Stimmungswandel an sich wahrnahmen, konnten jedoch interessanterweise nicht sagen, warum. Noch bedeutsamer war jedoch die Erkenntnis, dass sich die positiv gestimmten Gruppen weniger konfliktbereit und weitaus kooperativer zeigten als die negativ gestimmten.

Doch die emotionale Ansteckung als solche ist weder intelligent noch unintelligent. Der strategische Einsatz dieses Phänomens erst qualifiziert sie für das Repertoire eines emotional intelligenten Managers.

Wie sich eine Führungspersönlichkeit fühlt, wirkt sich darauf aus, wie und wie gut sie die Menschen beeinflusst – was ja der tiefere Sinn von Führung ist. Fühlt sich eine Führungsperson traurig, wird sie eher Argumente finden, die überzeugen und durchdacht sind. Denn wer traurig ist, denkt im Allgemeinen strukturierter und systematischer als ein glücklicher Mensch. Ist die Person dagegen eher glücklich gestimmt, wird sie im Versuch, andere zu beeinflussen, vermutlich kreativer und origineller vorgehen. Auch werden ihr in glücklicher Stimmung weit mehr Argumente einfallen als in trauriger. Generell beeinflussen Gefühle am Arbeitsplatz Ihr Urteilsvermögen, Ihre Zufriedenheit, Ihre Hilfsbereitschaft sowie Ihre Kreativität bei der Problemlösung und Entscheidungsfindung.[15]

Intelligent oder aber dumm daran ist, ob Sie erkennen, welche Rolle Emotionen spielen und vor allem, wie Sie dieses Wissen einsetzen. Wenn Ihr Team sich gerade an einem Tiefpunkt befindet, würden Sie es dann auffordern, kreative Botschaften zu entwickeln? Oder würden Sie diesen Zeitpunkt eher nutzen, um einen Werbeprospekt kritisch zu bewerten und zu bearbeiten? Der emotional intelligente Manager passt die Stimmung der Situation an.

Doch bei weitem nicht alle Manager werden wissen, wie das zu bewerkstelligen ist. Sie haben vielleicht Kurse über Buchhaltung und Marketing besucht, doch sicher noch nie einen über Strategien zum Emotionsmanagement, über die Identifizierung oder gar die Erzeugung von Emotionen. Und genau diesen Kurs zu Emotionen am Arbeitsplatz liefert Ihnen das vorliegende Buch. Sie erfahren, wieso Emotionen so wichtig sind, wie sie funktionieren und wie Sie die Kraft Ihrer Gefühle nutzen, um Ihre Management- und Führungskompetenzen zu verbessern.

Ihre emotionale Weiterbildung beginnt bei den sechs Grundprinzipien der emotionalen Intelligenz.

Die sechs Prinzipien der emotionalen Intelligenz

Unser Ansatz zur emotionalen Intelligenz geht von folgenden sechs Prinzipien aus:

1. Emotionen sind Informationen.
2. Es ist nicht möglich, Emotionen zu unterdrücken.
3. Emotionen zu verbergen, funktioniert lange nicht so gut, wie wir annehmen.
4. Nur Entscheidungen, die Emotionen berücksichtigen, sind effektiv.
5. Emotionen folgen einem logischen Muster.
6. Emotionen können universell sein, aber auch sehr spezifisch.

Prinzip 1 – Emotionen sind Informationen

Emotionen enthalten Daten über Sie und Ihre Umwelt. Sie sind keine zufälligen, chaotischen Erscheinungen, die das Denkvermögen stören. Eine Emotion entsteht aufgrund eines bestimmten Faktors, der Ihnen wichtig ist. Sie dient dazu, Sie zu motivieren und zum Erfolg zu führen. Im Grunde gilt für Emotionen:

- Sie entstehen aufgrund irgendeiner Veränderung in Ihrer Umgebung.
- Sie setzen automatisch und spontan ein.
- Sie erzeugen physiologische Veränderungen.
- Sie wirken sich auf Ihre Aufmerksamkeit und Ihre Denkweise aus.
- Sie bereiten Sie auf Handlungen vor.

- Sie lassen persönliche Gefühle entstehen.
- Sie flauen rasch ab.
- Sie helfen Ihnen, in der Welt zurechtzukommen, zu überleben und Erfolg zu haben.

Abbildung 2 veranschaulicht die Wirkungsweise einer Emotion. Sie ist ein Signal. Wenn Sie darauf achten, was eine Emotion signalisiert, dann haben Sie gute Chancen, dass Ihnen diese Emotion aus einer Krise heraushilft, Schlimmeres verhindert oder Sie dabei unterstützt, die Dinge zum Guten zu wenden.[16]

Abbildung 2: Die Wirkungsweise einer Emotion

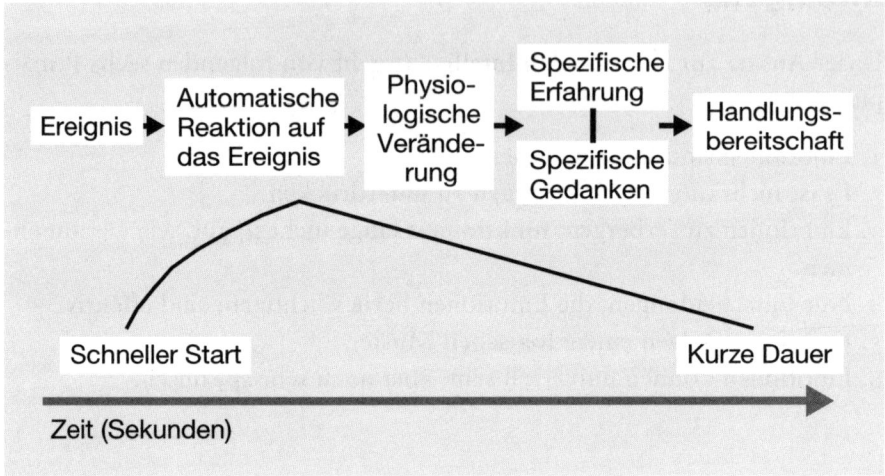

Emotionen sind hauptsächlich Daten über Menschen

Das erste Prinzip hat einen wichtigen Unterpunkt. Emotionen sind in erster Linie Signale über Menschen, soziale Situationen und Interaktionen. Emotionen sagen Ihnen viel über sich selbst – darüber, wie Sie sich fühlen und was mit Ihnen und um Sie herum geschieht. Doch der Mensch hat vermutlich deshalb Emotionen, weil sie sein Überleben sichern, indem sie ihn zur Zusammenarbeit mit anderen befähigen. Der Psychologe Paul Ekman meint, dass darin die Schlüsselfunktion unserer Gefühle besteht. »Ereignisse, die Gefühle auslösen, sind gewöhnlich zwischenmenschlicher Natur…«[17]

Sind wir schlecht gelaunt, vermitteln wir anderen Menschen, uns in Ruhe zu lassen oder uns zurückzugeben, was sie uns genommen haben. Ein glückliches Lächeln zeigt, dass wir aufgeschlossen und aufnahmebereit sind – zugänglich also. Diese zwischenmenschliche oder soziale Natur der Emotionen macht die besondere Bedeutung dieser Datenquellen für den Alltag aller Manager und Führungspersönlichkeiten aus.

Emotionen sind nicht immer datengesteuert

Wenn Emotionen tatsächlich eine solch wundersame Datenquelle darstellen, was ist dann mit den Geschichten von Menschen, deren Gefühle sie aus der Bahn geworfen haben? Was ist mit der destruktiven Wirkung von Gefühlen und mit der Notwendigkeit, Gefühle unter Kontrolle zu halten? Das ist eine große Frage. Wie Abbildung 2 zeigt, sind Emotionen zeitnahe Feedback-Signale, die schnell entstehen und ebenso schnell wieder vergehen. Der schlechte Ruf der Emotionalität und die damit einhergehenden Probleme entstammen einem verwandten Phänomen: den Stimmungen. Wissenschaftler unterscheiden meist zwischen Emotionen und Stimmungen. Für Emotionen gibt es einen plausiblen Grund. Stimmungen dagegen sind Empfindungen, die über einen längeren Zeitraum andauern, oft aus unbekannten Gründen entstehen und teilweise durch biochemische Abläufe im Körper verursacht werden. Manchmal lösen Emotionen Stimmungen aus, die länger andauern können.

Wer behauptet, dass Emotionen sorgfältiger Regulierung und Steuerung bedürfen und häufig irrelevant sind, meint eigentlich die Kontrolle von Stimmungen.[18]

Ein emotional intelligenter Manager muss zwischen dem Erleben einer Emotion und der Beeinflussung durch eine bestimmte Stimmung unterscheiden können. Wir wollen Ihnen dabei helfen, die Kompetenz, das Wissen und die Übung zu erwerben, die Sie dafür benötigen.

Emotionen helfen uns zu überleben

Emotionen sind für unser Überleben als Individuen und als Spezies von entscheidender Bedeutung. Dabei sind Emotionen keine ausschließlich menschliche Erscheinung. Das Überleben und die Entwicklung einer Spezies hängen von einer Reihe von Verhaltensweisen ab, zum Beispiel von der Reaktion im Notfall, der Erforschung der Umwelt, der Vermeidung von Gefahr, der Aufrechterhaltung von Bindungen mit anderen Mitgliedern der Gruppe, von Selbstschutz, Reproduktion, Verteidigung, Erteilung und Annahme von Fürsorge.[19] Emotionen sind vor Millionen von Jahren im Zuge der Evolution angelegt worden, um uns vor lebensbedrohlichen Situationen zu schützen, wie sie in der nächsten Übersicht aufgeführt sind.

Emotionen als wertvolle Überlebenshilfe

Diese Emotion ...	... löst folgendes Verhalten aus:
• Angst	• Lauf weg, es droht Gefahr!
• Wut	• Kämpfe!
• Traurigkeit	• Hilf mir, ich bin verletzt.
• Abscheu	• Iss das nicht, es ist giftig.
• Interesse	• Schauen wir uns um, erforschen wir unsere Umwelt.
• Überraschung	• Achtung! Pass auf!
• Akzeptanz	• Bleib in der Gruppe, dort bist du sicher.
• Freude	• Tun wir uns zusammen; vermehren wir uns.

Ist es nicht möglich, dass Emotionen im Verlauf der Evolution und der Veränderung tatsächlich zu nutzlosen Relikten eines früheren, bedrohlicheren Daseins verkommen sind? In der heutigen Zeit, mit dem technischen Fortschritt und der Ausbreitung der Zivilisation – kollidieren da solch »primitive« Emotionen nicht mit dem Überleben und dem Erfolg in der modernen Welt? Dieser Einwand klingt durchaus logisch und plausibel. Und doch ist er vollkommen falsch. Die Welt, in der wir leben, wird immer komplexer. Der Zugang zu unseren Emotionen ist nach wie vor eine wesentliche Voraussetzung für Anpassungsfähigkeit und Überleben.

Nehmen wir die Angst als Beispiel. Angst ist ein starkes Gefühl, das auch im Leben des »zivilisiertesten« Menschen unleugbar eine wichtige

Rolle spielt. Wenn wir uns um etwas sorgen, motiviert uns das potenziell dazu, durch unsere Handlungsweise Angst abzubauen.

Aber Angst kann uns natürlich auch lähmen und davon abhalten, wichtige Ziele zu erreichen. Die Angst vor Zurückweisung lässt uns Beziehungen zu anderen Menschen meiden, und die Angst vor Misserfolg bringt uns dazu, unsere Pläne zurückzustellen. Der emotional intelligente Manager aber integriert seine Emotionen und sein Denken flexibel und produktiv. Der intelligente Einsatz von Angst bedeutet, sie zu nutzen, um Dinge voranzutreiben, die angepackt werden müssen. Nervosität vor einer wichtigen Präsentation kann uns zu erhöhter Anstrengung motivieren. Wenn uns ein anstehender Geschäftstermin Sorgen bereitet, so verleiht uns das womöglich die nötige Energie, unsere Aufzeichnungen noch einmal zu überprüfen, Unstimmigkeiten und Probleme aufzuspüren und so einen erfolgreicheren Verlauf zu gewährleisten. Besorgnis kann ebenso leistungsfördernd wie schwächend wirken.[20]

Emotionen motivieren unser Verhalten auf adaptive, zuträgliche Art und Weise. Sie sind keinesfalls belanglos. Sie machen das Leben nicht nur interessanter, sondern sind entscheidend für unseren Fortbestand. Praktisch jede Theorie über Emotionen geht davon aus, dass Emotionen wichtige Informationen über die Umwelt vermitteln, die das Leben leichter und erfolgreicher machen. Es haben sich ganz unterschiedliche Emotionen herausgebildet, und darüber hinaus sind Emotionen eng mit Handlungen verknüpft. Stellen Sie sich vor, Sie sind verärgert, weil bestimmte Teammitglieder nicht zu der von Ihnen anberaumten Sitzung erschienen sind. Das ist nur natürlich, denn ihr Fernbleiben behindert Sie in Ihrem Fortkommen. Statt die Betreffenden physisch anzugreifen, können Sie jedoch mit Ihnen reden, Ihren Unmut konstruktiv zum Ausdruck bringen und sich ihre Unterstützung sichern.

Positive Emotionen wie Glück und Freude gehören ebenfalls zu unserem Berufsleben – für viele allerdings leider nur selten. Wenn Sie etwa einen größeren Abschluss machen und Ihre Mannschaft jubelt darüber, verspürt das Team eine Gefühl der Freude, das es motiviert, diese Erfahrung zu wiederholen. Emotionen übermitteln also Informationen und Sinngehalt und motivieren eine Handlung.

Die kommende Übersicht ist eine überarbeitete Version der vorigen. Sie zeigt, wie Emotionen Verhaltensweisen auslösen können, die zwar nicht lebenswichtig sind, jedoch in alltäglichen Situationen am Arbeitsplatz durchaus von Bedeutung sein können.

Wie uns Emotionen heute motivieren

Diese Emotion ...	... löst folgendes Verhalten aus:
• Angst	• Handle jetzt, um negative Folgen zu vermeiden.
• Wut	• Kämpfe gegen Fehlverhalten und Ungerechtigkeit.
• Traurigkeit	• Bitte andere um Hilfe und Unterstützung.
• Abscheu	• Zeige, dass du etwas nicht akzeptieren kannst.
• Interesse	• Rege andere zum Forschen und Lernen an.
• Überraschung	• Lenke die Aufmerksamkeit anderer auf etwas Unerwartetes und Wichtiges.
• Akzeptanz	• Ich mag dich, du gehörst zu uns.
• Freude	• Lasst uns dieses Ereignis wiederholen.

Prinzip 2 – Es ist nicht möglich, Emotionen zu unterdrücken

Kaum jemand würde bestreiten, dass Emotionen in manchen Lebensbereichen unsere Leistung beeinflussen und dass das normal, ja sogar erstrebenswert ist. Im Sport ist die Macht der Emotionen besonders deutlich. Wir versuchen, unseren Gegner mental zu bezwingen oder unsere Mannschaft anzuspornen. Die »Einstellung«, also Stimmung und Emotionen, sind in jeder Sportart von entscheidender Bedeutung.

Doch wie sieht es in Berufen aus, die stärker auf Logik beruhen? Bei ausgesprochen rationalen und analytischen Entscheidungen können Emotionen doch wohl kaum eine Rolle spielen? In einer klassischen Studie hat die Psychologin Alice Isen herausgefunden, dass selbst bei der Berufsgruppe der Ärzte, die als Inbegriff der Rationalität gelten, Denkweise und Entscheidungen stimmungsabhängig sind. In einem Experiment mit Radiologen stellte sie fest, dass der Arzt Diagnosen schneller und genauer gestellt hat, nachdem er ein kleines Geschenk erhalten hatte (was sich vermutlich positiv auf seine Stimmung ausgewirkt hatte).[21]

Wie emotionale Ansteckung die Effektivität von Gruppen beeinflusst, haben wir bereits an anderer Stelle erwähnt. Bemerkenswert ist jedoch, dass Emotionen zwar massiv auf unser Urteilsvermögen Einfluss nehmen, wir uns dieser Wirkung jedoch absolut nicht bewusst sind. Ob man daran glaubt oder nicht, ob man sich dessen bewusst ist oder nicht, spielt keine Rolle: Emotionen und Gedanken sind miteinander verflochten.

Sie können sich gegen dieses zweite Prinzip auflehnen, doch es wird Ihnen nichts nützen. Der Sozialpsychologe Roy Baumeister hat festgestellt, dass Menschen, die aktiv versuchen, den Ausdruck von Emotionen zu unterdrücken, sich am Ende an weniger Informationen erinnern können.[22] Offenbar erfordert das Unterdrücken von Emotionen Energie und Aufmerksamkeit, die andernfalls der Aufnahme und Verarbeitung von Informationen dienen könnte.

Das soll nicht heißen, dass wir ständig in einem Gefühlsrausch leben müssen. Vielmehr können wir zugrunde liegende Informationen verarbeiten und die emotionale Komponente einer Situation erfassen, indem wir Strategien einsetzen, die den Ausdruck von Gefühlen zulassen. Eine solche Strategie ist beispielsweise die emotionale Neueinschätzung, bei der wir eine Situation betrachten und dabei versuchen, sie konstruktiver und flexibler zu meistern. Wir sehen sie als Herausforderung und ziehen möglichst eine Lehre daraus.

Verstehen Sie uns bitte nicht falsch. Ein emotional intelligenter Manager malt sich nicht einfach jeden Morgen ein Lächeln aufs Gesicht. Er versucht nicht, auf Biegen und Brechen zu allem ein freundliches Gesicht zu machen. In Wirklichkeit vermeiden es emotional intelligente Menschen nach Möglichkeit, grundsätzlich immer positiv zu reagieren. Das ist keine effektive Methode zur Lösung oder zum Umgang mit Problemen. Ein emotional intelligenter Manager nimmt Emotionen wahr und nutzt ihre Kraft als Sprungbrett zu einem erfolgreichen, produktiven Ergebnis.

Prinzip 3 – Emotionen zu verbergen, funktioniert lange nicht so gut, wie wir annehmen

Manager und Führungspersönlichkeiten halten bestimmte Informationen von ihren Mitarbeitern fern oder versuchen, die eigenen Gefühle zu verbergen, um sich oder andere zu schützen. Sie tun so, als sei alles in Ordnung, obwohl das Gegenteil der Fall ist. Sie behaupten, sie seien nicht besorgt, obwohl sie es doch sind.

Besonders berüchtigt für ihre Versuche, Emotionen – insbesondere deren Ausdruck – zu kontrollieren, sind Dienstleistungsunternehmen. Die Mitarbeiter werden hier ausdrücklich dazu angeleitet, Gefühle zu unterdrücken und nach außen hin ein fröhliches Gesicht zu machen. Das entspricht dem Konzept der emotionalen Arbeit von Arlie Hochschild.[23] Es gibt verschiedene Möglichkeiten für Mitarbeiter, die Emotionen zu zeigen, die der Arbeitgeber erwartet. Eine besteht im oberflächlichen Schauspielern – man fühlt etwas, doch zeigt es nicht. Beim tiefgehenden Schauspielern versucht man dagegen, die aktuelle Gefühlslage tatsächlich so zu verändern, dass sie den Vorgaben entspricht. Wie Sie vielleicht erwartet haben, lassen sich Verknüpfungen zwischen emotionaler Arbeit und Leistung, Burn-out, Umsatz und anderem feststellen.[24]

Die Unterdrückung von Emotionen in Unternehmen kann viele andere Formen annehmen. Normalisierung von Emotionen[25] bezeichnet eine Methode, bei der starke Gefühle oder solche, die das Unternehmen oder die Gruppe als unangebracht betrachtet, einfach nicht gezeigt werden. Bestimmt überrascht es Sie, welche Emotionen am Arbeitsplatz besonders unerwünscht sind. Denken Sie an Ihre eigenen diesbezüglichen Beobachtungen. Welche Emotionen begegnen Ihnen in der Arbeitswelt häufig und welche kaum? Wenn Ihrer Erfahrung nach Wut eine Emotion ist, die am Arbeitsplatz überspielt und unterdrückt wird, so trifft das vielleicht auf Ihr Arbeitsumfeld zu, ist aber sicher nicht allgemeingültig. In einer Arbeitsplatzstudie ist Wut als die Emotion ermittelt worden, die demjenigen, der sie provoziert, mit größter Wahrscheinlichkeit entgegengebracht wird.[26] 53 Prozent aller Probanden dieser Studie brachten ihre Wut zum Ausdruck. Die seltenste Emotion war die Freude: Lediglich 19 Prozent der Testpersonen sagten aus, sie würden diese Emotion am Arbeitsplatz zum Ausdruck bringen.

Auf den ersten Blick widersprechen diese Ergebnisse dem, was man intuitiv vermutet hätte. Wut ist ein starkes, negatives Gefühl, eines, das man gern übertüncht und verdrängt. Freude dagegen ist ein positives Gefühl, das eigentlich salonfähig wirkt. Doch die emotionalen Normen von Unternehmen diktieren, dass es unprofessionell ist, Freude zu zeigen – schließlich geht es ja um Arbeit, nicht um Spaß. Wut andererseits bringt Macht und Autorität zum Ausdruck. Man zeigt den anderen, wer der Boss ist. Das soll jedoch keinesfalls unsere Maxime für das Arbeitsleben sein. Wir glauben vielmehr, dass der Ausdruck von Freude ein wichtiges Instrumentarium eines emotional intelligenten Managers ist. Wir sollten unsere Erfolge viel öfter feiern und andere anspornen, sie zu wiederholen.

Darüber hinaus sind Versuche, Gefühle zu verschleiern, zwar ganz bewusst unternommen, doch nicht unbedingt von großem Erfolg gekrönt. Ekmans Forschungsarbeit zu Mimik und Lüge weist darauf hin, dass es möglich ist, einen Lügner zu entlarven, wenn man auf die Sprechpausen, auf Versprecher und auf flüchtige Anzeichen für Gefühle achtet. Unser Bedürfnis nach Selbstschutz und nach rein rationalem Vorgehen am Arbeitsplatz kann zu Fehlern im Entscheidungsprozess führen und ein Klima des Misstrauens schaffen.[27]

Vielleicht betrachten Sie Ihre Rolle im Management ja als die des harten Mannes, des einsamen Wolfes, des John Wayne der organisatorischen Effektivität. Und vielleicht haben Sie sogar Erfolg damit – manchmal zumindest. Ganz sicher nicht immer, denn meistens werden Ihre Gefühle und Emotionen von einigen Ihrer Mitarbeiter doch wahrgenommen – manchmal sogar von allen.

Prinzip 4 – Nur Entscheidungen, die Emotionen berücksichtigen, sind effektiv

Unsere Gefühle beeinflussen uns und andere, ob uns das gefällt oder nicht. Emotionslose Entscheidungen gibt es einfach nicht. Dem Neurowissenschaftler Damasio zufolge ist rationales Denken ohne Emotionen nicht möglich.[28]

Der fundamentale Fehler, den westliche Philosophen und Forscher oft begehen, ist die strikte Trennung zwischen Geist und Körper. Dadurch haben wir eine zwiegespaltene Betrachtung unserer Persönlichkeit geschaffen. Wir sehen uns als rationale Geschöpfe (Geist oder Gedanken), die irrationale Impulse (Körper oder Gefühle) abwehren müssen. Diese Ansicht scheint heute weit verbreitet. Wir diskreditieren unsere Emotionen als unberechenbare, irrationale und unerwünschte Impulse, die uns auf ein niedrigeres Evolutionsstadium zurückwerfen.

Dabei sind Emotionen das, was uns erst zu Menschen macht, sie bilden den Unterbau für die Rationalität. Deshalb sollten wir sie einbeziehen, verstehen und zu unserem Vorteil einsetzen.

Wir informieren Sie über die Bedeutung von Strategien wie die Regulierung und das Management von Stimmungen und Emotionen. Allerdings betonen wir in diesem Zusammenhang, dass Sie Gefühle unbedingt und vollständig zulassen sollten. Sie sollen sie nicht abblocken oder ihre Erfahrung rationalisieren. Das heißt, dass es vorkommen kann, dass sich Manager, Teammitglieder oder Einzelkämpfer verletzt oder sogar sehr verletzt fühlen. Doch wenn man nicht ab und zu verletzt wird, dann trifft man vermutlich keine emotional intelligenten, effektiven Entscheidungen. Stimmungen beeinflussen unser Denken.

Neben anderen haben auch die Psychologen Gordon Bower und Alice Isen die Interaktion zwischen Stimmung und Denken über viele Jahre hinweg untersucht.[29] Sie haben herausgefunden, dass Emotionen unser Denken auf verschiede Arten beeinflussen.

Die *Broaden and Build*-Theorie von Barbara Fredrickson weist darauf hin, dass positive Emotionen viel mehr bewirken als nur Wohlgefühl.[30] Positive Emotionen

- erweitern unseren Horizont,
- bringen neue Ideen hervor,
- ermutigen uns dazu, neue Möglichkeiten in Betracht zu ziehen.

Generell motivieren uns angenehme oder positive Emotionen dazu, unsere Umwelt zu erforschen, unseren Horizont zu erweitern und unser Repertoire an Verhaltensweisen zu vergrößern. Positive Emotionen geben uns den Mut zum Anderssein. Sie helfen uns, neue Verbindungen zu erkennen und innovative Lösungen für Probleme zu entwickeln.

Positive Emotionen haben noch weitere Wirkungen: Glücksgefühle regen uns dazu an, mit anderen zu spielen, zu interagieren. Lächeln und Lachen signalisieren Freundlichkeit und ermutigen andere, uns anzusprechen. Positive Emotionen fördern soziale Bindungen und verstärken soziale Netze.

Positive Emotionen immunisieren uns gegen negative Ereignisse und Gefühle. Führt man einer Gruppe von Testpersonen zunächst einen Film vor, der starke, negative Emotionen auslöst, und fordert das Publikum danach auf, zu lächeln, so erholen sich die Probanden schneller von den physiologischen Auswirkungen des belastenden Ereignisses.

Im Rahmen einer Studie untersuchten Lee Anne Harker und Dacher Keltner die Jahrbuchfotos von über 100 Collegeabsolventinnen. Sie stuften die Gesichter danach ein, wie glücklich sie wirkten. Mehr als 30 Jahre später nahmen sie Kontakt zu den Betreffenden auf. Die Frauen, die auf den Fotos positive Emotionen ausgestrahlen, hatten mit höherer Wahrscheinlichkeit stärkere soziale Bindungen und positivere soziale Beziehungen als die Frauen, die nicht gelächelt hatten.[31]

Negatives Denken wird in letzter Zeit in der Presse sehr kritisch bewertet. Doch auch negative Emotionen haben ihre Bedeutung. Sie können unser Denken auf äußerst nützliche und praktische Weise positiv beeinflussen. Zu den Auswirkungen negativer Stimmungen oder Emotionen auf das Denken gehören:[32]

- eine klarere Zielsetzung,
- die effizientere Untersuchung von Details,
- die Motivation zur wirksameren Fehlersuche.

Negative Emotionen regen uns dazu an, unsere Handlungs- oder Denkweise zu verändern. Sie engen unser Konzentrations- und Wahrnehmungsfeld ein und motivieren uns zu ganz spezifischen Maßnahmen.

Im Vergleich zu positiven Emotionen werden negative Emotionen meist stärker empfunden. Für dieses Phänomen gibt es eine evolutionäre Erklärung. Die »Kosten« einer Verletzung oder eines Angriffs sind für das Überleben höher als der potenzielle Nutzen einer interessanten Entdeckung. Daher erfordern negative Emotionen, die eine mögliche Gefahr signalisieren, mehr Aufmerksamkeit. Indem wir sie stärker wahrnehmen als positive Gefühle, sinkt die Wahrscheinlichkeit, dass wir auf dem Speisezettel eines Fressfeindes landen.

Positive Gefühle und ihre zuträglichen Wirkungen auf Gesundheit und Wohlbefinden sind unbestritten. Doch auch die so genannten negativen Emotionen wie Angst, Wut und Abscheu sollten ihren Platz in unseren Herzen haben. Es gibt eine Zeit für Frieden – für glückliche Gefühle – und es gibt eine Zeit für Kampf – für negative Gefühle. Management besteht nicht immer darin, Konflikte zu vermeiden und es allen recht zu machen. Es geht dabei vielmehr um Effektivität. Und Effektivität erfordert eine ganze Palette von Emotionen.

Prinzip 5 – Emotionen folgen einem logischen Muster

Emotionen entstehen aus vielen Gründen, und ihre Intensität steigert sich von schwach bis sehr stark. Bleibt das Ereignis oder der Gedanke, der ein Gefühl auslöst, bestehen oder intensiviert sich, dann wird aller Wahrscheinlichkeit nach auch das Gefühl stärker.

Emotionen sind keine zufällig auftretenden Ereignisse. Wie jede Schachpartie, so hat auch jede Emotion einen charakteristischen Ablauf. Man muss lediglich wissen, welche Figur gerade am Zug ist und welche Regeln für diese Figur gelten.

Der bekannte Emotionsforscher Robert Plutchik stellte ein Emotionsmodell vor, das Gefühle explizit entlang einem Intensitätskontinuum darstellt.[33] Ein grafisches Modell von Plutchiks Arbeit sehen Sie in Abbildung 3. Die acht Primäremotionen sind kreisförmig angeordnet, wobei gegenläufige Empfindungen einander gegenüberliegen. Sein Modell zeigt auch, wie Emotionen zu komplexeren Empfindungen kombiniert werden können. Die auf der freien Fläche dargestellten Emotionen werden als Primärdyaden oder Mischungen aus zwei Primäremotionen bezeichnet.

Abbildung 3: Eine emotionale Landkarte

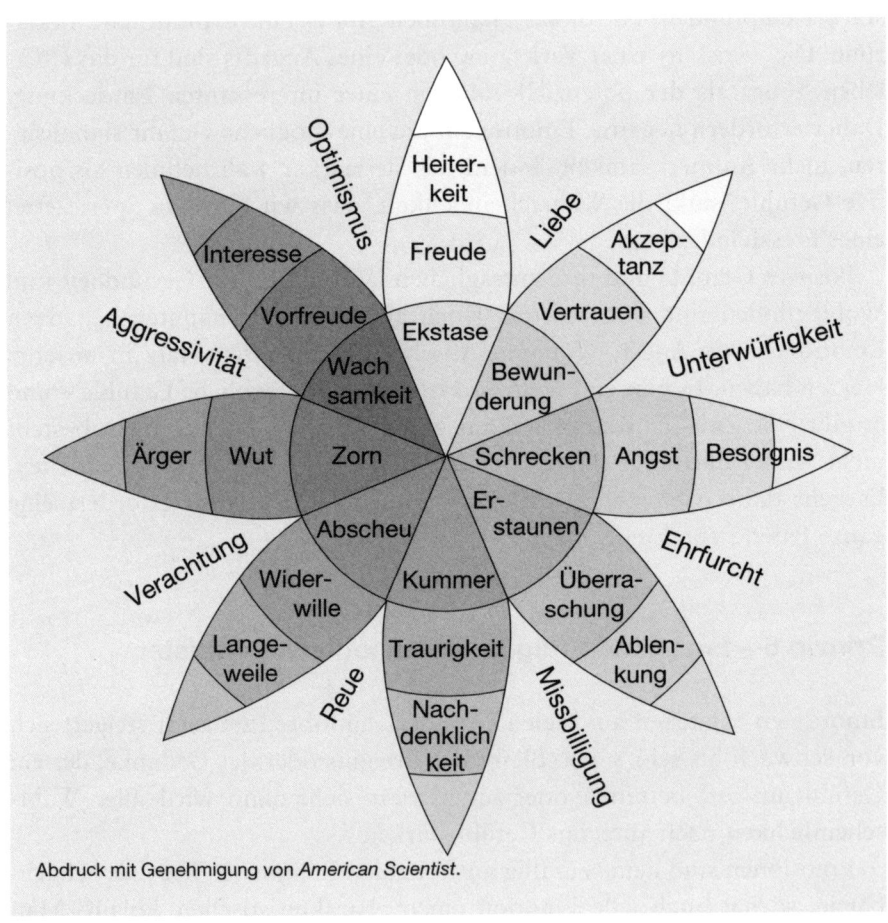

Abdruck mit Genehmigung von *American Scientist*.

Diese kartografische Darstellung von Emotionen liefert uns eines der vielen Puzzleteilchen, die wir benötigen, um unsere Gefühle besser zu verstehen und zu managen.

Prinzip 6 – Emotionen können universell sein, aber auch sehr spezifisch

Die Wirkung der emotionalen Intelligenz beruht zum Teil darauf, dass es universelle Regeln für Emotionen und deren Ausdruck gibt. Kulturelle Unterschiede im Sozialverhalten sind dabei ein wichtiges Thema. Sitten und Manieren unterscheiden sich von Land zu Land und bei größeren oder gemischten Nationen sogar regional. Doch für Emotionen gelten ganz besondere Regeln. Wir wissen, dass sich die Gefühlswelt durch kulturübergreifende Universalien auszeichnet. Ein glückliches Gesicht wird überall auf der Welt als solches erkannt. Ein überraschter Gesichtsausdruck wird von einem Investmentbanker an der Wall Street genauso interpretiert wie von einem Eingeborenen auf Neuguinea. Und nicht nur wir Menschen zeigen und erkennen emotionalen Ausdruck bei Artgenossen. Wer einen Hund hat, der weiß zum Beispiel ganz genau, ob sein Vierbeiner gerade glücklich, traurig oder wütend ist.

Erkennen wir vielleicht deshalb alle dasselbe in einem lächelnden Gesicht, weil es universelle Ursachen für die verschiedenen Emotionen gibt? Demnach sind wir glücklich, wenn wir etwas erreichen oder gewinnen, und traurig, wenn wir etwas verlieren. Im Kern signalisiert eine Emotion stets etwas Wesentliches. Folglich wird ein universelles Signal ausgesandt, das alle verstehen.

Doch das Leben ist komplexer als das Universalbild, das wir hier malen. Infolgedessen gibt es auch ganz spezifische Emotionen. Manche dieser Spezifika hängen mit Ausdrucksregeln, sekundären Emotionen oder auch mit dem Geschlecht zusammen.

Regeln für den Ausdruck von Gefühlen

Mag sein, dass wir alle einen glücklichen Gesichtsausdruck richtig zu deuten verstehen und dass wir alle aus den gleichen ursächlichen Faktoren heraus Glück empfinden. Doch das heißt nicht, dass wir alle unser Glück auch zeigen. Und hier kommen die Regeln für den Ausdruck von Gefühlen ins Spiel. Wann wir Gefühle zeigen dürfen und wann nicht, wird uns von unserer Gesellschaft und Kultur vorgegeben. Wir erlernen solche Regeln in frühester Jugend. So wird kleinen Jungen beigebracht, dass »große Jungs nicht weinen«. Und auf die tägliche Frage des Kollegen im Büro nach unserem Befinden erwidern wir auch dann »gut«, wenn wir uns in Wirklichkeit hundsmiserabel fühlen.

Die Regeln für den Ausdruck von Gefühlen sind eine Art Geheimwissen. Wir wissen, dass wir darüber verfügen, sind uns jedoch nicht sicher, wie wir es erworben haben. Solche Regeln zum Ausdruck von Gefühlen variieren von Unternehmen zu Unternehmen. In der kreativen Firmenkultur einer New Yorker Werbeagentur etwa könnte die Zurschaustellung von Freude, Überraschung und Interesse durchaus erwünscht sein, während in der feinen Anwaltskanzlei in der Park Avenue vornehme Zurückhaltung angesagt ist.

Auch verschiedene Kulturen zeichnen sich durch unterschiedliche Regeln zum Ausdruck von Gefühlen aus.[34] So reagierten wir zunächst überrascht, als wir in Frankreich von unseren Gastgebern zum Abschied geküsst wurden – und gleich auf beide Wangen! Das würde in den Vereinigten Staaten nicht so gut ankommen. In Frankreich ist es durchaus gesellschaftsfähig, freudige Gefühle auf diese Art zum Ausdruck zu bringen. In den USA beschränkt man sich stattdessen auf ein Lächeln und ein Wort des Dankes. In Japan mag Ihr Kollege im Inneren noch so zornig auf Sie sein – auf seinem Gesicht werden Sie stets ein Lächeln sehen.

Sekundäre Emotionen

Das Konzept der sekundären Emotionen hängt eng mit den Regeln für den Ausdruck von Emotionen zusammen. Diese sekundären Emotionen werden manchmal auch als selbstbewusste Emotionen bezeichnet. Im Gegensatz zu den fundamentalen Emotionen Wut, Angst und Freude bergen sie eine maßgebliche soziale und/oder kulturelle Komponente. Nehmen Sie das Gefühl der Peinlichkeit. Wir sind peinlich berührt, wenn wir einen Fauxpas begehen und dabei ertappt werden. Das gilt vermutlich in allen Nationen und Kulturen. Was das Gefühl der Peinlichkeit jedoch von seinen fundamentaleren Pendants unterscheidet, ist der Umstand, dass die Handlungen, die das Gefühl hervorrufen, kulturabhängig sind.

Wenn Sie mit schlammverschmierten Kleidern in die Vorstandssitzung platzen, so macht Sie das verlegen. Kreuzen Sie dagegen derartig gewandet in Ihrem Gartencenter auf, um einen Sack Dünger, Erde und Pflanzen zu kaufen, ist Ihnen das vielleicht überhaupt nicht peinlich. Entscheidend ist hier der Kontext. Unterschiedliche Kulturen haben abweichende soziale Verhaltensregeln. Was in einem kulturellen Umfeld gang und gäbe ist, kann in einem anderen unangebracht sein. Beim ersten Besuch bei unseren japanischen Kollegen von EQ-Japan in Tokio fanden wir es beispielsweise schon etwas befremdlich, wie unsere wohlerzogenen, höflichen Gastgeber beim Mittagessen geräuschvoll ihre Nudeln schlürften. Hätten wir uns das in einem City-Restaurant in Manhattan in Anwesenheit eines Kunden erlaubt, wäre uns das ungeheuer peinlich gewesen. Doch in Tokio gelten andere Normen. Nudeln zu schlürfen empfinden unsere japanischen Kollegen nicht als peinlich. Im Gegenzug brachten wir unsere japanischen Gastgeber ungewollt in Verlegenheit, indem wir sie zum Abschied umarmten. Als uns später klar wurde, wie unpassend das gewesen war, war es uns im Nachhinein noch unangenehm und peinlich.

Geschlecht und Gefühl

Das Geschlecht spielt im Zusammenhang mit Emotionen und emotionaler Intelligenz eine wesentliche Rolle. Unsere Forschungsarbeit hat ergeben, dass Frauen womöglich im Vorteil sind, was die Hard Skills der emotionalen Intelligenz angeht.[35]

Im Ganzen sind Frauen vielleicht emotional intelligenter als Männer. Doch bei bestimmten Verhaltensweisen der effektiven Führung schneiden sie dafür im Vergleich schlechter ab. So ist es zum Beispiel für Männer absolut in Ordnung, am Arbeitsplatz energisch und bestimmt aufzutreten. Ein solches Gebaren wird beim »schwachen Geschlecht« ganz anders wahrgenommen. Einer weiblichen Führungskraft unterstellt man schnell, »typisch weiblich« zu reagieren, wenn sie ihre Freude zum Ausdruck bringt, während solcher Überschwang bei einem Mann toleriert wird. Geschlechtsspezifische Rollennormen am Arbeitsplatz bedeuten: Was sich ein Mann in einer Führungsposition erlauben kann, wird bei einer weiblichen Führungskraft noch lange nicht akzeptiert.[36]

In den folgenden Kapiteln dieses Buches werden wir die emotionale Intelligenz gründlich erforschen. Wir werden nicht nur ihre Bedeutung erklären, sondern auch Methoden, um sich einen eigenen Arbeits- und Managementstil anzueignen und diesen zu verbessern.

Kapitel 2

Das Emotionale Raster

Wenn es eine These gibt, welche die Kernaussage dieses Buches verkörpert, so ist es folgende: Emotionen sind wichtig. Sie sind im Alltag keinesfalls entbehrlich und nicht bloß ein Überbleibsel unserer evolutionsgeschichtlichen Vergangenheit wie die Weisheitszähne oder der Blinddarm. Doch ungeachtet ihrer großen Bedeutung wird ihnen in unserer beruflichen Ausbildung so wenig Aufmerksamkeit gewidmet, dass wir im Begreifen und Verarbeiten von Gefühlen bedauerlicherweise wenig kompetent sind.

Ein Konzept für Gedanken und Gefühle

Unserer Ansicht nach ist es zwar schwierig, sich zum emotional intelligenten Manager zu entwickeln, doch nicht unmöglich. Zunächst wird es Ihnen vielleicht komisch und mechanisch vorkommen, wenn Sie lernen, die in Gefühlen enthaltenen Daten zu ermitteln und zu nutzen. Es ist vielleicht vergleichbar mit der Erstellung eines schwierigen Diagramms oder einer komplexen Maschine. Während der eine die zugrunde liegenden Prinzipien irgendwann verinnerlicht hat und auf die detaillierte Anleitung verzichten kann, wird ein anderer stets auf die grafische Darstellung oder die ausführlichen Instruktionen zurückgreifen müssen. Die gute Nachricht für alle lautet: Wir haben eine solche schematische Darstellung für Emotionen entwickelt, eine detaillierte, praktische Anleitung, die wir als Emotionales Raster bezeichnen (siehe Abbildung 4).

Das Emotionale Raster basiert auf einem Kapitel von John D. Mayer und Peter Salovey in ihrem Buch *Emotional Development and Emotional Intelligence*, das sie 1997 veröffentlicht haben. Die erste Arbeit zu emotionaler Intelligenz in der Wissenschaftsliteratur wurde 1990 von Peter Salovey und John D. Mayer als Artikel in *Imagination, Cognition and Personality* veröffentlicht. Dazu motiviert hat die beiden Forscher die Diskrepanz zwischen der Bedeutung von Emotionen und dem geringen Verständnis, das der Durchschnittsmensch dafür aufbringt.[37] Howard Gardners Theorie der multiplen Intelligenzen sowie Robert Sternbergs Diskussion praktischer und erfolgreicher Intelligenzen haben Saloveys und Mayers Arbeit beeinflusst.[38] Der Kerngedanke der emotionalen Intelligenz ist, dass uns unsere Gefühle in Wirklichkeit schlauer machen. Sie stehen dem rationalen Denken nicht im Wege, sondern formen es mit. Das Ergebnis der weiteren Forschung ist eine ausgeklügelte, doch dabei verblüffend einfache Palette von Kompetenzen, die wir als fähigkeitsbasiertes Modell zur emotionalen Intelligenz bezeichnen. Es handelt sich um ein System, mit dessen Hilfe wir lernen können, unsere Emotionen zu analysieren und effektiv zu managen.

Abbildung 4: Das Emotionale Raster

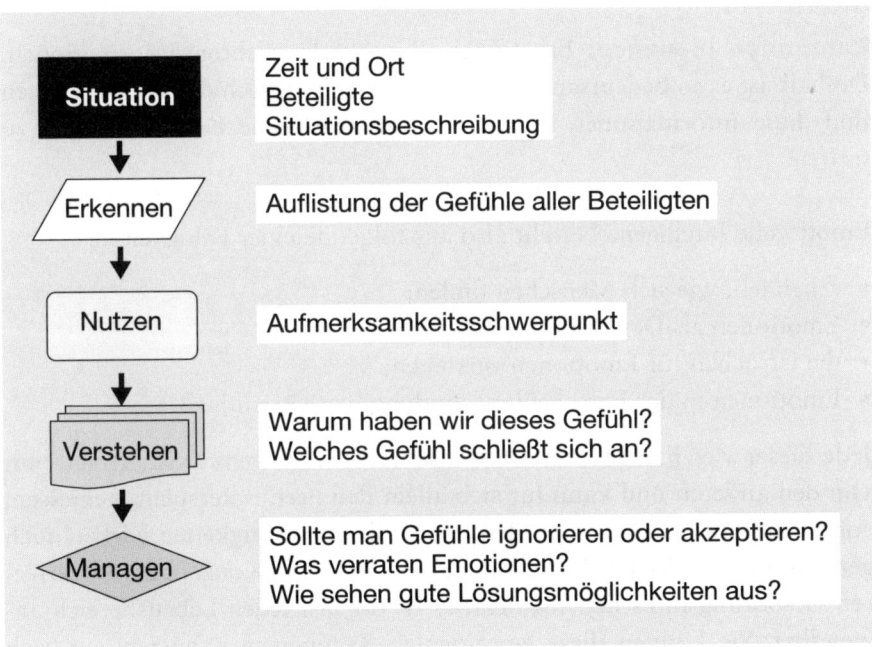

In dem Modell wird die emotionale Intelligenz als Kombination aus vier verwandten Fähigkeiten betrachtet, in denen Sie die Fähigkeiten wiedererkennen werden, die wir in der Einführung beschrieben haben (siehe Abbildung 1):

Emotionen identifizieren: Die Fähigkeit, exakt zu ermitteln, wie Sie und die Menschen um Sie herum sich fühlen, und die Fähigkeit, diese Gefühle auszudrücken.

Klarer denken mit Emotionen: Das ist eine besondere Fähigkeit, mit der Sie leichter feststellen können, wie Emotionen Ihnen weiterhelfen und Ihrem Denkvermögen entgegenkommen. Ihre Fähigkeit zum gezielten Einsatz von Emotionen verändert Ihre Perspektive: Sie sehen die Welt mit anderen Augen, Sie nehmen wahr, was andere empfinden.

Emotionen verstehen: Emotionen sprechen ihre eigene Sprache und folgen ihrer eigenen Logik. Wenn Sie Emotionen verstehen, können Sie feststellen, warum Sie fühlen, was Sie fühlen und vielleicht auch, was als Nächstes passieren wird.

Emotionen managen: Emotionen übermitteln wichtige Informationen. Deshalb ist es so bedeutsam, Ihren Emotionen aufgeschlossen zu begegnen und diese Informationen zu nutzen, um überlegene Entscheidungen zu treffen.

Emotionale Intelligenz besteht also aus folgenden vier Fähigkeiten:

- erkennen, wie sich Menschen fühlen;
- Emotionen als Denkhilfe einsetzen;
- die Ursachen für Emotionen verstehen;
- Emotionen in der Entscheidungsfindung berücksichtigen.

Jede dieser vier Fähigkeiten der emotionalen Intelligenz existiert getrennt von den anderen und kann für sich allein definiert, untersucht, gemessen, entwickelt und eingesetzt werden. Doch die vier Fähigkeiten wirken auch gemeinsam. Das Vier-Fähigkeiten-Modell liefert ein Konzept zur effektiveren Gestaltung Ihres Lebens, denn es ist für fast jeden Lebensbereich anwendbar. Sie können diese emotionalen Kompetenzen nutzen, um sich selbst und andere besser zu verstehen.[39]

Das Emotionale Raster in der Praxis

Ein Team zusammenzuhalten und dafür zu sorgen, dass es motiviert ist, ist eine der schwierigsten Aufgaben eines Managers, die sogar noch komplexer und anspruchsvoller wird, wenn das Team eine Veränderung erfährt. Das Emotionale Raster kann uns helfen zu verstehen, wie man ein Team effektiv durch solch turbulente Zeiten führen kann.

Ein Beispiel: Mangelndes Emotionsmanagement

Don war ein tüchtiger Manager. Er war in vielerlei Hinsicht ausgesprochen effektiv, was sich in seiner eigenen Zufriedenheit im Beruf zeigte, aber auch in der Zufriedenheit seiner Mitarbeiter und in seiner Fähigkeit, Projekte planmäßig zum Abschluss zu bringen. Das wiederum kam den Bedürfnissen seiner Kunden entgegen. Aus diesem Grund reagierte Don zunächst auch höchst überrascht auf die unerwarteten Veränderungen, die es in seiner Arbeitsgruppe eines erfolgreichen Wall Street-Unternehmens gab: Es kam zu einem spürbaren Verfall der Moral und der Produktivität.

Don ließ die Entwicklung seines Teams Revue passieren. Seine systematische Analyse war gründlich, rational, logisch – und falsch. Er zog zwar eifrig sämtliche konkreten Anhaltspunkte für Schwierigkeiten in Betracht, versäumte es dabei jedoch, die Situation emotional zu analysieren. Die Probleme, die sich durch die Auslagerung eines Gruppenteils ergeben hatten – mit Parkplätzen, Steuerformularen, Klimaanlage – waren lediglich Symptome einer ganz anderen Krankheit. Die Betroffenen, die jetzt zwar einen kürzeren Arbeitsweg hatten, fühlten sich nicht länger als Teil der Gemeinschaft. Außerdem litten die Mitarbeiter, die im alten Büro in der Wall Street zurückgeblieben waren, unter dem Verlust.

Mit ein wenig Anleitung und Information konnte Don ein Emotionales Raster erstellen, das Sie der nächsten Übersicht entnehmen können.
Don könnte zum Beispiel zunächst Antennen für die Gefühle des Teams und auch für seine eigenen Gefühle entwickeln. Es erfordert jedoch mehr als nur Empfangsbereitschaft. Er muss seine Aufmerksamkeit auf die richtigen Dinge lenken und korrekte Schlüsse ziehen. Was würde er dadurch lernen? Er könnte aus Gestik, Stimmlage, gezwungenem Lächeln und Ähnlichem schließen, dass seine Leute deprimiert sind, dass die Moral zusehends schwindet.

Ein Emotionales Raster

Schritt	Ziel	Maßnahme
• Emotionen erkennen	• vollständige, genaue Daten erhalten	• zuhören, Fragen stellen und umformulieren, um sicherzugehen, dass ich die Gefühle des Teams verstanden habe
• Emotionen nutzen	• mit Hilfe der Gefühle das Denken beeinflussen	• feststellen, wie diese Gefühle meine Denkweise und die des Teams beeinflussen
• Emotionen verstehen	• mögliche emotionale Szenarios bewerten	• die Ursachen für diese Gefühle untersuchen; ermitteln, was als Nächstes passieren könnte
• Emotionen managen	• die Wurzel des Problems ermitteln und Maßnahmen ergreifen, um es zu lösen	• die vorliegenden rationalen, logischen Informationen mit den emotionalen Daten ergänzen, um zu einer optimalen Entscheidung zu gelangen

Im nächsten Schritt lässt er sein Denken durch diese Gefühle leiten. Das bedeutet, dass er versucht nachzuvollziehen, wie sich sein Team fühlt. Er sieht und empfindet die Welt durch die Augen seiner Mitarbeiter. Er spürt, dass seine Leute resignieren, die Hoffnung aufgeben. Sie denken nur noch an ihre Probleme – daran, was im Unternehmen falsch läuft.

Don muss analysieren, warum seine Truppe so demoralisiert ist. Woher kommen diese Gefühle? Was war geschehen? Noch wichtiger ist womöglich, dass Don auch Zukunftsprognosen erstellen und herausfinden muss, wie sich seine Leute in Zukunft fühlen werden. Als geborener Analytiker kann Don seine hoch entwickelte Was-wäre-wenn-Analysetechnik auf die Situation anwenden und kommt zu folgendem Schluss: Wenn es so weitergeht, werden seine Leute resignieren, abwandern, depressiv oder aggressiv werden.

Der vierte emotional intelligente Schritt, den Don nun unternimmt, ist vielleicht der schwierigste. Wenn wir uns schlecht fühlen, versuchen wir, diese Gefühle und die zugehörigen Gedanken zu verdrängen. Doch Don hat das Pech, dass er sich diesen unwillkommenen negativen Gefühlen stellen muss, wenn er seine Aufgabe unter allen möglichen Umständen erfüllen oder vielleicht sogar gut machen will.

Diese Gefühle sind das Kernproblem. Sie sind der Schlüssel zu den Schwierigkeiten im Team, mit denen Don konfrontiert ist. Dons Aktionsplan auf der Grundlage seines Emotionalen Rasters finden Sie in der folgenden Übersicht.

Dons Handlungsplan gemäß seinem Emotionalen Raster

Schritt	Was Don entdeckt
• Emotionen erkennen	• Das Team fühlt sich isoliert, allein gelassen und bedrückt.
• Emotionen nutzen	• Die Mitarbeiter konzentrieren sich auf das Negative, suchen nach Problemen.
• Emotionen verstehen	• Sie fühlen sich im Stich gelassen. Ändert sich daran nichts, kann dieses Gefühl in Erregung und Wut umschlagen.
• Emotionen managen	• Vielleicht war es ein Fehler, die Gruppe auszulagern, aber so oder so muss ich aufgeschlossen bleiben und die wahren Probleme ansprechen.

Genau so geht ein emotional intelligenter Manager vor. Aber hält er sich wirklich bei jeder Entscheidung Schritt für Schritt an dieses Muster? Vermutlich nicht – aber er denkt, fühlt und handelt danach. Mithilfe des von uns zur Verfügung gestellten Handwerkszeugs können Sie in jeder maßgeblichen Situation Ihr eigenes Konzept entwickeln. Wir können Ihnen beibringen, die Welt mit anderen Augen zu sehen, sie anders wahrzunehmen. Das ist nicht ganz einfach, doch selbst wenn Sie nur beginnen, die richtigen Fragen zu stellen, haben Sie schon profitiert. (In Anhang 2 finden Sie detaillierte Fragen zum Emotionalen Raster.)

Die Gefühlswelt ist komplex und verwirrend, doch das Emotionale Raster kann Ihnen helfen, einen Weg durch dieses Chaos zu finden. Damit Sie möglichst viel von unserer intelligenten Annäherung an Emotionen und vom Emotionalen Raster profitieren können, werden wir in den folgenden Kapiteln jede der vier emotionalen Kompetenzen detailliert erläutern und Ihnen dann zeigen, wie Sie diese Kompetenzen in Ihrer täglichen Arbeit anwenden können.

Teil II
Ergründen Sie Ihre emotionale Kompetenz

Das Emotionale Raster liefert einen intelligenten Ansatz zum Umgang mit Emotionen. Dabei stellt es die Bedeutung von Logik oder Vernunft keinesfalls in Frage. Es umfasst vier unterschiedliche, doch verwandte emotionale Kompetenzen. Ein tieferes Verständnis dieses Konzepts erreichen Sie, wenn Sie es in ihre Einzelteile zerlegen und herausfinden, wie es funktioniert.

Wir beschreiben in diesem Teil des Buches jede der vier emotionalen Kompetenzen, liefern Ihnen Beispiele für die von Mensch zu Mensch unterschiedlich starke Ausprägung dieser Kompetenzen und machen Sie mit der Bedeutung der einzelnen Kompetenzen vertraut. Um Ihnen zu zeigen, dass es uns durchaus ernst ist mit der Gleichsetzung von emotionaler Intelligenz und dem traditionellen Intelligenzbegriff, erläutern wir Ihnen darüber hinaus, wie die vier emotionalen Kompetenzen objektiv gemessen werden können.

Kapitel 3

Emotionen identifizieren

Was heißt es eigentlich, Gefühle erkennen und exakt ausdrücken zu können? Auf Manager, die über diese Fähigkeiten verfügen, treffen die Aussagen in der linken Spalte der folgenden Übersicht zu. Manager, die hier Probleme haben, lassen sich eher durch die in der rechten Spalte 2 aufgelisteten Aussagen charakterisieren.

Gefühle erkennen und ausdrücken

ausgeprägte Kompetenz	mangelnde Kompetenz
• weiß, wie andere empfinden	• interpretiert Gefühle anderer falsch
• spricht über Gefühle	• spricht nicht über Gefühle
• kann eigene Gefühle zeigen	• zeigt niemals Gefühle
• drückt im Zustand der Erregung Gefühle aus	• weiß nicht, wie Gefühle zum Ausdruck gebracht werden
• lächelt, wenn er glücklich oder zufrieden ist	• wahrt einen neutralen Gesichtsausdruck
• interpretiert andere korrekt	• erkennt nicht, wie sich andere fühlen
• nimmt eigene Gefühle wahr	• interpretiert eigene Gefühle falsch

Zuverlässig zu erkennen, was in anderen vorgeht, ist nicht nur entscheidend für unser Glück und unseren Erfolg, sondern unter Umständen fürs nackte Überleben. Diese Ansicht hat Charles Darwin in seinem herausragenden Werk *Der Ausdruck der Gemütsbewegungen bei den Menschen und den Tieren* sehr plastisch verdeutlicht.[40] Die Fähigkeit, zu erkennen, ob ein Fremder freundlich und hilfsbereit oder unfreundlich und angriffslustig ist, kann darüber entscheiden, ob man den nächsten Tag noch erlebt.

In unserem emotionalen Raster führen wir das Erkennen von Gefühlen an erster Stelle an. Diese Fähigkeit besteht aus einer Reihe verschiedener Kompetenzen – wie der Wahrnehmung eigener und fremder Gefühle oder auch der Empfänglichkeit für Emotionen in Kunst und Musik. Der entscheidende Faktor dabei ist aber wahrscheinlich das Vermögen, echte von falschen Gefühlen zu unterscheiden.[41]

Gefühle bewusst wahrnehmen

Wie sollen wir unterscheiden, ob wir uns müde, bedrückt, glücklich oder nervös fühlen, wenn wir Gefühle nicht wahrnehmen können? Unsere diesbezügliche Wahrnehmung ist die wesentliche Grundlage für emotionale Intelligenz.

Die Fähigkeit, in sich hineinzuschauen, wird von Lebenshilferatgebern als entscheidende Komponente für persönliches Wachstum und Entwicklung gehandelt. Dabei übersehen die meisten Autoren jedoch, dass Introspektion und Reflexion Stimmungen verschlechtern und zu Depressionen und Schamgefühlen führen können statt zu nützlichen Einsichten.[42] Die innere Wahrnehmung ist ein wichtiger Bestandteil der emotionalen Intelligenz, aber sie muss den Tatsachen entsprechen und darf nicht zur Besessenheit werden. Wir müssen erkennen, wie wir uns fühlen, und diese Gefühle korrekt einordnen, wenn wir uns selbst und andere besser verstehen wollen.

Der Ausdruck von Emotionen

Wenn Emotionen ein hoch entwickeltes und dabei effizientes Signalsystem sind, genügt es nicht, diese Signale nur zu entschlüsseln. Wir müssen sie auch senden können. Gefühle auszudrücken, ist an sich nicht schwer. Problematisch ist eher, sie unmissverständlich zu vermitteln. Manche Menschen sind schwer zu durchschauen. Die Signale, die sie aussenden, sind entweder zweideutig oder zu schwach. Andere wieder drücken sich absichtlich unklar aus. Sie finden es unangebracht, ihre Gefühle zur Schau zu stellen, oder scheuen sich aus persönlichen Gründen, aus sich herauszugehen. Solche Menschen können zwar Gefühle ausdrücken, entscheiden sich aber bewusst dagegen. Außerdem spielen noch die kulturellen und unternehmensinternen Verhaltensregeln hinein, die wir bereits an anderer Stelle angesprochen haben.

Wer seine eigenen Emotionen nicht klar zum Ausdruck bringen kann, kann seine Bedürfnisse nicht signalisieren. Diese bleiben infolgedessen unerfüllt. Wenn mich der Verlust eines Computerdokuments bedrückt, das ich noch am gleichen Tag für eine wichtige Sitzung benötige, dann brauche ich in dieser Situation Unterstützung. Sieht man mir an, dass ich mir Gedanken mache, habe ich bessere Chancen auf Beistand. In diesem speziellen Fall könnte das heißen, dass sich jemand die Zeit nimmt, mir zu helfen, die verlorene Datei wiederherzustellen.

Die Fähigkeit zur Kommunikation ist auch in anderer Hinsicht ein Überlebensfaktor. Zur zwischenmenschlichen Kommunikation gehören verbale und nonverbale Signale: Stimmlage, Gestik, Körperhaltung und Mimik übermitteln Informationen, welche die verbale Botschaft ergänzen. Sie wird dadurch präziser und aussagekräftiger.

Paul Ekman befasst sich als Psychologe mit dem Ausdruck von Emotionen. Er hat eingehend die menschliche Fähigkeit studiert, Emotionen auszudrücken. Obwohl der Ausdruck von Emotionen im Grunde überlebenswichtig ist und sich bereits in frühester Kindheit entwickelt[43], ist die Fähigkeit, verschiedene Gefühle auszudrücken, ganz unterschiedlich ausgeprägt.[44]

Die Fähigkeit, andere zu durchschauen

Nehmen wir an, Sie fühlen sich gerade glücklich und zufrieden. Ein Kollege hat aber den Eindruck, Sie seien unglücklich. In diesem Fall stimmt etwas nicht mit seiner Wahrnehmung, seine Antennen funktionieren nicht.

Die Fähigkeit, Mimik zu deuten und das in einem Gesicht ausgedrückte Gefühl korrekt zu erkennen, ist eine Kernkompetenz. Sie ist wesentlich für unser Zusammenleben und vielleicht sogar für unser Überleben. Emotionen sind ein Signalsystem und enthalten wichtige Daten. Können wir diese Signale nicht richtig deuten, sind unsere Daten und Informationen zu einer Situation entweder ganz oder teilweise fehlerhaft.

Zu erkennen, ob jemand wütend oder gelassen ist, kann für unser eigenes Wohlergehen von entscheidender Bedeutung sein. Zwischen Freund und Feind unterscheiden zu können, ist nur ein Teil dieser Fähigkeit. Emotionen korrekt wahrzunehmen, gibt uns die Möglichkeit, subtil zu reagieren.

Im Übrigen drücken nicht nur Menschen Gefühle aus, sondern auch Kunstformen wie Musik, Bildhauerei und Malerei. Kunst löst Gedanken und Gefühle aus. Sie bewegt uns, und zwar nicht nur intellektuell, sondern auch emotional. Die Macht der Musik über unsere Gefühle wird von den meisten Menschen anerkannt oder besser gesagt »erfühlt«. Denken Sie nur an die Spannung, die Filmmusik auslösen kann oder an das Glücksgefühl, das bestimmte Melodien in uns wachrufen. Auch die Milliardenetats für Werbung, Messen, Logodesign und Marken werden ausgegeben, um die Gefühle der Menschen in Bezug auf ein Produkt zu beeinflussen – und natürlich auch ihre diesbezüglichen Gedanken.[45]

Die Fähigkeit, zwischen den Zeilen zu lesen

Wer Emotionen korrekt deuten kann, wird nicht so leicht durch vorgegaukelte Gefühle hinters Licht geführt.[46] Auf Knopfdruck zu lächeln, ist nicht sehr schwer, wie die vielen Fotos belegen, die lauter lächelnde Gesichter zeigen. Ein *echtes* Lächeln hervorzuzaubern, wenn man sich unglücklich fühlt, ist dagegen schon schwerer.

Manchmal achten Menschen ohne Bewusstsein für Emotionen nur so wenig auf Mimik oder Anzeichen für Gefühle, dass sie gerade einmal merken, dass ihr Gegenüber Emotionen zum Ausdruck bringt. Ihnen entgehen dabei jedoch die subtilen Signale, die den Ausdruck echter Gefühle von der Manipulation unterscheiden. Es kommt auch vor, dass man zwar sehr genau auf Gefühlsäußerungen achtet, die Emotion aber dennoch missdeutet.

Manche Manager, die Signale für Gefühle nicht wahrnehmen, insbesondere nicht, wenn diese nur gespielt sind, wirken vertrauensvoll, aufgeschlossen und ehrlich. Sie verlassen sich auf das Offensichtliche. Sie dringen nicht unter oberflächliche Gefühlsäußerungen, weil sie dazu keine Notwendigkeit erkennen. Wenn sie ein Lächeln sehen, so kommt ihnen nicht in den Sinn, dass es aufgesetzt sein könnte. Sie merken nicht, dass nur der Mund lächelt, aber nicht die Augen. Das führt zu falschen Schlussfolgerungen, ungerechtfertigten Annahmen und fehlerhaften emotionalen Informationen.

Emotionen erkennen – ist das wichtig?

Der Rat, den Professor Harold Hill in *The Music Man*[47] erteilt – »Sie müssen sich zunächst mit dem Terrain vertraut machen« – gilt nicht nur für den Vertrieb, sondern für sämtliche menschlichen Interaktionen. Das heißt: Sie müssen ein grundlegendes Verständnis für einen Menschen – oder ein Vertriebsgebiet – haben, um effektiv arbeiten zu können.

Daten als Entscheidungsgrundlage

Die korrekte Deutung von Emotionen liefert die zentralen emotionalen Daten, die für Entscheidungen und Maßnahmen erforderlich sind. Ohne diese Datenbasis sind gute Entscheidungen und angemessene Maßnahmen praktisch nicht möglich.

Selbst geringfügige Abweichungen können unser Leben stark beeinträchtigen. Es ist, als ließen wir uns von einem Kompass in eine bestimmte Richtung führen. Ist unser Ziel nicht allzu weit entfernt, wirkt sich eine geringfügige Abweichung der Kompassnadel kaum aus. Weicht die Kompassanzeige jedoch um nur ein oder zwei Grad ab, so kann uns das bei einer Strecke von mehreren Hundert Kilometern weit vom angesteuerten Ziel abbringen.

Chancen erforschen

Gefühle korrekt zu erkennen, ist eine Voraussetzung für unser Wohlergehen und manchmal sogar für unser physisches Überleben. Die korrekte Deutung positiver Emotionen ist vielleicht nicht unmittelbar lebenswichtig, hilft uns jedoch, uns zu entwickeln und Fortschritte zu machen. Aus positiven Emotionen erwachsen Gelegenheiten zur Erforschung unserer Umwelt, zum Experimentieren und zum Erfinden. Wir gehen auf Situationen und andere Menschen zu, wenn wir positive Emotionen wahrnehmen. Wäre es nicht von großem Nutzen, wenn wir bei einer Verkaufspräsentation oder im Vorstellungsgespräch unterschwellige Anzeichen für Interesse feststellen könnten? Vielleicht ergäbe sich daraus ein dienlicher Hinweis für Sie oder Sie bekämen genau die Ermutigung, die Sie brauchen.

Ihre Fähigkeit zur Wahrnehmung positiver Gefühle und zu deren korrekter Einordnung kann Ihnen unschätzbar wertvolle Informationen über Ihre Umwelt liefern. Ahnungen oder Bauchgefühle sind rasch beiseite gewischt. Und das ist auch gut so, wenn die subjektive Deutung einer emotionalen Situation nicht zutrifft. Doch wenn Sie richtig erkannt haben, welche Gefühle im Spiel sind, helfen Ihnen positive Signale, sich optimal zu verhalten. Das alles erinnert an ein Kinderspiel: Man sucht nach einem versteckten Gegenstand, und die Mitspieler sagen einem, wo es kalt ist (wenn man sich von dem Versteck entfernt) oder warm (wenn man näher kommt). Positive beziehungsweise warme Gefühle können signalisieren, dass wir auf dem richtigen Weg sind.

Soziale Interaktion und Kommunikation

Nonverbale Informationen in Gestik, Tonfall und Mimik sind oft die Grundlage für erfolgreiche soziale Interaktion. Wenn wir uns ausschließlich auf das konzentrieren, was jemand sagt, riskieren wir damit ernsthaft, die eigentliche Botschaft misszuverstehen.

Der Bereich der nonverbalen Kommunikation ist gründlich erforscht worden.[48] Die Schätzungen dazu variieren zwar, doch gerade mal 10 Prozent der Informationen werden bei der zwischenmenschlichen Kommunikation verbal ausgedrückt und der Rest durch Tonfall, Gesten und Mimik.

Die korrekte Interpretation von Mimik und die präzise Äußerung von Gefühlen sind daher von zentraler Bedeutung für angemessene und erfolgreiche zwischenmenschliche Interaktion.[49] Wer die eigenen Gefühle oder die Gefühle anderer nicht kompetent anhand von subtilen Signalen erkennen kann, wird sich vermutlich danebenbenehmen – bewusst oder unbewusst.

Nachdem Sie die Emotionen identifiziert haben, ist es Zeit herauszufinden, wie diese Emotionen das Denken beeinflussen.

Kapitel 4

Emotionen nutzen

Was heißt es eigentlich, Gefühle einzusetzen, um das Denkvermögen zu steigern? Wer diese Fähigkeit besitzt, auf den treffen vielleicht die Aussagen in der linken Spalte der folgenden Übersicht zu. Manager, denen es an dieser Kompetenz mangelt, erkennen sich wahrscheinlich eher in der rechten Spalte wieder.

Einsatz von Emotionen

ausgeprägte Kompetenz	mangelnde Kompetenz
• denkt kreativ	• denkt praktisch und konkret
• reißt andere mit	• kann andere nicht motivieren
• bleibt auch in stark emotionalisierten Situationen auf das Wesentliche konzentriert	• vergisst im Eifer des Gefechts, was wirklich wichtig ist
• Emotionen wirken positiv auf das Denkvermögen	• Gefühle wirken neutral oder lenken ab
• nimmt wahr, was andere fühlen	• ist emotional abgekapselt, zeigt keine Reaktion auf die Gefühle anderer
• Gefühle informieren und beeinflussen Überzeugungen und Meinungen	• Überzeugungen und Meinungen werden nicht emotional beeinflusst

Wie man mit Emotionen das Denkvermögen steigern kann

Statt Emotionen als unwillkommene Gäste zu betrachten, sollten wir sie als zentrale Elemente des Denkens und der Erkenntnis begrüßen. Eine unserer wichtigsten Botschaften ist, dass Emotionen unser Denken fördern können.

Dieser Gedanke war in der Psychologie nicht immer selbstverständlich. Im Hinblick auf die Rolle von Emotionen wirken Zitate aus der Frühgeschichte der Psychologie bisweilen etwas peinlich: »[Emotionen verursachen] einen vollständigen Verlust der Kontrolle, ... [und es gibt] nicht die Spur eines bewussten Zwecks.«[50] In der Blütezeit der Verhaltensforschung im letzten Jahrhundert dachten viele Psychologen, Emotionen seien keine wichtigen Aspekte bewusster Erfahrungen.

Seither hat sich jedoch viel getan. Heute ist sich die Forschung einig, dass Emotionen im Zusammenspiel mit dem Denkvermögen interessante und unerwartete Resultate herbeiführen können. Die Wissenschaftler, die sich mit der Rolle von Emotionen in kognitiven Prozessen befasst haben, vermitteln uns ein ziemlich klares Bild davon, wie unsere Emotionen unser Denken beeinflussen – positiv wie negativ.

Emotionen können unseren Gedanken auf die Sprünge helfen, unsere Fähigkeit zur Problemlösung steigern und unser logisches Denkvermögen unterstützen.[51] So können wir in positiver Stimmung leichter neue und interessante Ideen hervorbringen und verfügen in der Regel über eine bessere Fähigkeit zur induktiven Problemlösung. Sind wir dagegen schlecht gelaunt, achten wir verstärkt auf Details und können Probleme eher durch deduktives, logisches Denken lösen. Gut gestimmt sollten wir also beispielsweise einen neuen Marketingplan entwickeln und misslaunig eher eine Vermögensbilanz prüfen.[52]

Dabei ist zu betonen, dass bei weitem nicht jede Verknüpfung von Emotionen und Gedanken emotionale Intelligenz darstellt. Um emotional intelligent zu reagieren, müssen Emotionen den Denkprozess auf sinnvolle Weise fördern und erleichtern – nicht nur irgendwie beeinflussen. So sind etwa die aufwühlenden Erinnerungen, die von Prousts Madeleines heraufbeschworen werden, keinesfalls emotionale Intelligenz – es sei denn, der Autor hätte solche Emotionen gezielt generiert, um kreative Gedanken zu entwickeln.[53]

Aufmerksam sein

Emotionen enthalten wichtige Daten und Informationen, doch darüber hinaus lenken Sie die Aufmerksamkeit auf wichtige Vorfälle in unserem Umfeld. So beobachten wir unsere Umwelt viel genauer und achten viel mehr auf mögliche Bedrohungen, wenn wir Angst haben. Glücksempfinden hingegen erzeugt Energie und Aufmerksamkeit, die es uns ermöglichen, unsere Umwelt zu erforschen und neue Entdeckungen zu machen.

Stellen Sie sich vor, Sie sitzen im Zug und sind auf dem Weg zur Arbeit. Sie wissen nicht warum, aber Sie fühlen sich unwohl. Sie sind besorgt und irgendwie angespannt. Ihre Gedanken wandern zu dem Haushaltsplan in Ihrer Aktentasche, den Sie später im Büro der Innenrevision vorlegen werden. Gedankenversunken ziehen Sie Ihren Laptop aus der Aktentasche und überprüfen den Plan nochmals. Erstaunt entdecken Sie gleich auf der zweiten Seite einen groben Schnitzer. Nervös, doch voller Energie konzentrieren Sie all Ihre mentalen Kräfte, um sämtliche Formeln noch einmal einzugeben und alle Zahlen neu zu berechnen. Dabei entdecken Sie nur noch einen eher geringfügigen Fehler.

Nervosität und Sorgen sind meistens nicht willkommen, besonders wenn sie nachts auftreten und den Schlaf vertreiben. Doch im vorliegenden Fall haben Sie sie intelligent genutzt. Die Gefühle lenkten Ihre Gedanken auf eine immens wichtige Aufgabe und halfen Ihnen bei der Konzentration auf die Details und bei der Fehlersuche.

Eine andere Perspektive einnehmen

Den Standpunkt eines anderen zu verstehen, ist noch relativ einfach. Die Welt wahrhaftig aus einem anderen Blickwinkel zu betrachten und zu erleben, ist da schon schwieriger. Die Fähigkeit, die Erfahrungen anderer zu durchleben, zu erfühlen, wie sich eine bestimmte Maßnahme auswirken würde, erfordert die Erzeugung eines Gefühls oder einer bestimmten Gefühlslage.

Stellen Sie sich folgendes Szenario vor: Sie sind Vertriebsleiter für ein bestimmtes Gebiet. Ihr Team hat das aktuelle Quartalsumsatzziel verfehlt. Um einem weiteren problematischen Quartal vorzubeugen, berufen Sie eine Vertriebstagung ein und betonen die Pflicht zur Teilnahme. 15 Vertriebsleute betreten das Tagungszimmer, einer betretener und bedrückter als der andere. Sie geraten selbst in eine leicht depressive Stimmung. Dadurch wird Ihnen klar, dass Herumbrüllen oder pessimistische Zukunftsprognosen nichts bringen würden. Sie empfinden nach, wie sich ihr Team fühlt. Das Vertriebsproblem ist dadurch nicht aus der Welt geschafft, doch statt Veränderungen einzufordern, eröffnen Sie die Sitzung mit den Worten: »Ich kann mir vorstellen, wie sich jeder heute hier fühlt. Mir geht es nicht anders.« Sie werden überraschte Blicke ernten und im Zuge Ihrer Ausführungen vielleicht sogar hoffnungsvolle. »Er will uns ja gar nicht entlassen!«, wird Ihren Leuten durch den Kopf schießen. »Er steht auf unserer Seite!« Aus diesem Gefühl der Anteilnahme und Kameradschaft heraus können Sie Ihr Team dazu bringen, ein gemeinsames Ziel zu erreichen: ein erfolgreiches nächstes Quartal.

Anders denken

Stimmungen wirken sich direkt auf unser Denken aus. Wenn sich unsere Stimmung wandelt, verändern sich auch unsere Gedanken. Wer fähig ist, seine Stimmungen bewusst zu steuern, kann besser kreativ denken und die Welt in rascher Folge aus verschiedenen Blickwinkeln betrachten.[54]

Routine führt gewöhnlich dazu, dass wir betriebsblind werden: Die Schärfe unseres Sehens und Denkens lässt nach.[55] Unsere Sinne stumpfen ab und ebenso unser Verstand. Wenn wir dagegen in fremde Länder fahren, betrachten wir die Welt viel aufmerksamer und entdecken viele neue Dinge. Wer seine Stimmungen verändern kann, unternimmt eine »virtuelle Reise«. Das kann er jederzeit und an jedem Ort. Denkweise und Blickwinkel eines solchen Menschen verändern sich ständig, sodass er die Welt immer wieder mit anderen Augen betrachten kann.

Jede Entscheidung beinhaltet logische und emotionale Elemente. Wenn wir eine Emotion oder eine Gefühlslage erzeugen können, die ein zukünftiges oder potenzielles Ereignis vorwegnimmt, dann können wir uns in diese Zukunft versetzen und darin spazieren gehen. Wie oft haben Sie schon erlebt, dass jemand total begeistert eine neue Stelle antritt, um dann innerhalb weniger Wochen festzustellen, dass sie doch nicht die richtige für ihn ist? Diese Menschen sind bei der Jobsuche mit gebotener Gründlichkeit vorgegangen, haben gute Bedingungen ausgehandelt, alle maßgeblichen Schlüsselpersonen in der Firma kennen gelernt – und trotzdem eine falsche Entscheidung getroffen. Sie haben nämlich versäumt herauszufinden, wie sie sich im neuen Job fühlen. Sie unterlassen es oder beherrschen es nicht, eine Art emotionaler Fantasiewelt zu erschaffen, in der sie einen virtuellen Arbeitstag lang ausprobieren, wie sie sich in einer solchen erdrückenden Atmosphäre fühlen würden.

Emotionen zur Problemlösung nutzen

John kam lächelnd zur Arbeit. Er wirkte rundum glücklich und war in bester Laune. Er setzte sich an seinen Schreibtisch. Da kam sein Chef und bat ihn, den Abteilungshaushalt fürs kommende Jahr durchzusehen. Bereitwillig sagte John zu und erklärte, er werde das gleich erledigen. Zügig arbeitete er sich durch Seite um Seite voller Finanzdaten. Die Aufstellung enthielt ein paar Fehler, die er markierte und am Rand korrigierte.

Der Haushalt wurde am nächsten Tag entsprechend abgeändert und eine neue Version erstellt, die der Geschäftsleitung vorgelegt werden sollte. Weil das Dokument so wichtig war, wollte sein Chef, dass John noch einen letzten prüfenden Blick auf das Machwerk werfen sollte, um sicherzustellen, dass alle Änderungen berücksichtigt wurden. Antriebslos und leicht bedrückt betrat John das Büro. »Alles in Ordnung mit Ihnen?«, fragte sein Chef. »Oh ja, alles bestens«, entgegnete John mit einem schwachen Lächeln. Er war nicht deprimiert, doch irgendwie in gedrückter Stimmung. In diesem gedrückten Gemütszustand machte sich John sofort an die Arbeit an der endgültigen Version. Nachdem er festgestellt hatte, dass die Erstkorrektur erfolgreich durchgeführt worden war, überflog er die Zahlenkolonnen noch einmal und entdeckte zu seiner Überraschung noch einen Fehler, der ihm am Vortag entgangen war. Alarmiert blätterte er zum Anfang zurück und überprüfte akribisch jede einzelne Zeile des Zahlenwerks. Auf diese Weise spürte er fünf weitere Fehler auf, davon zwei relativ eklatante.

Wieso brachte Johns zweite Analyse des Haushalts bessere Ergebnisse? Vielleicht, weil ihm die Zahlen schon so vertraut waren? Eher unwahrscheinlich, da man Details bei größerer Vertrautheit eher überliest. Der einzige greifbare Unterschied lag darin, dass John am ersten Tag ausgesprochen gut gelaunt war, am zweiten in gedrückter Stimmung. Doch spielt es wirklich eine Rolle, ob man positiv und glücklich gestimmt ist, wenn man einen Haushaltsentwurf prüfen soll? Ganz bestimmt. Und die Fähigkeit, Emotionen zur Steigerung des Denkvermögens einzusetzen, beruht darauf, dass unterschiedliche Stimmungen das Denken unterschiedlich beeinflussen.

Warum Sie Emotionen nutzen sollten

Die Fähigkeit, unsere Emotionen intelligent zu nutzen, bildet – zumindest zum Teil – die Grundlage für kreatives Denken. Die Verlagerung des Blickwinkels lässt uns die Dinge aus unterschiedlichen Perspektiven oder gar in ganz neuem Licht sehen.

Die Fähigkeit Stimmungen zu erzeugen, spielt auch in das Einfühlungsvermögen hinein. Um echte Beziehungen zu Mitarbeitern, Vorgesetzten oder Kunden herzustellen, müssen wir in der Lage zu sein, sie zu verstehen und ihre Gefühle nachzuempfinden. Ist ein Teammitglied besorgt, und wir sind in der Lage, in uns ein Gefühl der Besorgnis zu erzeugen, so können wir Anteil an der Person nehmen. Unser Einfühlungsvermögen ermöglicht es uns, starke Bindungen zu diesem Individuum zu entwickeln.

Weil bestimmte Stimmungen bestimmte Arten des Denkens besonders fördern, lässt uns diese Fähigkeit effizienter werden: Wir können eine neutrale Stimmung generieren, bevor wir einen Text Korrektur lesen, und eine positive, wenn eine Vertriebsprämie ausgelobt wird.

Weil Denken und Fühlen untrennbar zusammenhängen, sind Menschen, die Emotionen einsetzen, um das Denkvermögen zu fördern, häufig auch die besseren Motivatoren. Vielleicht haben sie ein intuitives Gespür dafür, was andere anspornt und mitreißt – das Wesentliche von Management und Führung. In der folgenden Definition von Führung kommt diese ausgeprägt emotionale Komponente deutlich zum Ausdruck: »Führung, die die emotionale Seite der Leitung von Organisationen einschließt, verleiht den Managementstrukturen Lebendigkeit und Bedeutung und bringt sie erst richtig zum Leben.«[56]

Hinzu kommt, dass Führungspersönlichkeiten nicht nur mit Worten führen, sondern auch mit wirkungsvollen Symbolen. »Management durch Symbole ist effektiv, weil es auf Herz und Verstand beruht – wobei die Herzkomponente bisweilen überwiegt.«[57]

Wer nicht fühlt, denkt auch nicht

Wir mögen uns stolz als rationale Wesen betrachten, doch Entscheidungen werden nie allein aus rationalen Gründen getroffen. Sie beruhen vielmehr auf dem Zusammenspiel von Emotionen und Verstand. Tatsächlich hat der Neurowissenschaftler Damasio festgestellt: »Die richtigen Emotionen können die Entscheidungsfindung enorm beschleunigen.«[58]

Wie Stimmungen unser Denken beeinflussen

Würden Sie Ihre Chefin um eine Gehaltserhöhung bitten, wenn sie gerade schlechte Laune hat? Kaum, denn von einer schlecht gestimmten Chefin erwarten Sie sicher keine großzügige Gehaltsaufstockung.

Die Menschen wissen offensichtlich, welche Stimmung einer bestimmten Situation förderlich ist und welche nicht. Das Problem dabei ist nur, dass sie sich dieser Erkenntnis oft nicht bewusst sind. Selbst Menschen, die eher als gefühlsarm gelten, sind stark von Emotionalität abhängig.

Der Trainer einer Football-Mannschaft weiß genau, wann er seine Spieler psychisch aufbauen und ihnen begreiflich machen muss, dass sie genau dieses eine Spiel gewinnen können. Ebenso weiß er, wann er die Euphorie vor dem Spiel ein wenig dämpfen muss, damit sich die Mannschaft besser auf die Strategie konzentrieren kann.

Wie Emotionen den Entscheidungsprozess beeinflussen

Ärzte gelten als besonders rational, denn die Jahre der medizinischen Ausbildung sind streng wissenschaftlich und intellektuell geprägt. Daher sollten Ärzte an sich als Allerletzte von flüchtigen Stimmungen beeinflusst werden. Das ist jedoch nicht der Fall, wie Alice Isen, Psychologin an der Cornell University, festgestellt hat. In ihren Experimenten überreichte sie Medizinstudenten und Ärzten kleine Geschenke. Daraufhin fielen deren Diagnosen prompt genauer aus und erfolgten rascher. Die für uns interessanteste Feststellung ist jedoch, dass die »beglückten« Ärzte in ihren Diagnosenotizen nützliche Behandlungsvorschläge und weitere Konsultationsangebote machten.[59]

Wie kann ein kognitiver Entscheidungsprozess durch scheinbar so belanglose Dinge beeinflusst werden? Isen argumentiert, dass auch ein noch so kleines Geschenk eine glückliche, positive Stimmung erzeugt. Positiv gestimmte Menschen sind großzügiger und hilfsbereiter. Doch positive Stimmungen können auch die Fähigkeit zur kreativen Problemlösung verstärken. Vielleicht ist das der Grund für die treffenderen medizinischen Diagnosen.

Wie Emotionen unsere Aufmerksamkeit steuern

Die Forschungsergebnisse von Psychologen wie Gerry Clore und unserem Kollegen John D. Mayer zeigen, dass unsere Gefühlslage bestimmt, worauf wir achten, wie wir denken, uns erinnern und Entscheidungen treffen.[60]

So hat Clore Testpersonen zunächst in glückliche oder traurige Stimmung versetzt. Dann bat er sie, eine kognitive Aufgabe zu erledigen. Sie sollten sich eine Meinung zu einem politischen Kandidaten bilden oder ihre Haltung zu einem Kosumprodukt beschreiben. Clore stellte fest, dass sich Veränderungen in der Stimmung direkt auf das Urteil der Testpersonen auswirkten.[61]

Die Verknüpfung von Stimmung und Gedächtnis

Selbst unsere Erinnerungen sind mit unseren Emotionen verwoben. Spielt es zum Beispiel eine Rolle, wie man sich fühlt, wenn man eine Prüfung ablegt? Viel bedeutsamer kann sein, wie man sich gefühlt hat, als man den Stoff für die Prüfung erlernte, und dass man beim Ablegen der Prüfung in der gleichen Stimmung ist. Das Phänomen, dass Menschen Informationen besser behalten, wenn sie in der gleichen Stimmung sind wie beim Erwerb der Informationen, wird als stimmungskongruentes Gedächtnis oder als affektabhängiges Erinnerungsvermögen bezeichnet.

Sind Sie beim Erwerb neuer Informationen positiv gestimmt, so wird es Ihnen helfen, wenn sie beim Einsatz der erworbenen Informationen ebenfalls positiv gestimmt sind. Fühlen Sie sich in einem Kundengespräch leicht deprimiert, so erinnern Sie sich später besser an das Gesagte, wenn Sie in der gleichen Stimmung sind.

Das ist wichtig zu wissen, wenn Sie mit Gefühl managen wollen. Haben Sie zum Beispiel mal einem schwierigen Mitarbeiter ein negatives Feedback gegeben und dann festgestellt, dass er sich nur an die positiven Dinge erinnern konnte, die Sie gesagt haben? Für dieses häufig auftretende Phänomen gibt es viele Gründe, hier aber interessiert uns vor allem die Verknüpfung von Stimmung und Gedächtnis. Sie haben Ihrem problematischen Mitarbeiter, nennen wir ihn Henry, sehr ernst eine negative Rückmeldung gegeben. Henry aber hatte den Eindruck, dass das Treffen »ziemlich gut gelaufen ist«. Tatsächlich hat Henry einem Ihrer Kollegen erzählt, es gäbe zwar »ein oder zwei Dinge, an denen ich arbeiten muss, aber der Chef hat gemeint, alles in allem würde ich gute Arbeit leisten«.

Entgegen Ihrem Empfinden hat Henry nicht den Kontakt zur Realität verloren – genau so wenig wie Sie. Sie haben ihm das negative Feedback in einem Zustand negativer Stimmung gegeben. Die positiven Aspekte dieser Rückmeldung werden abgerufen, wenn Henry wieder sein ursprüngliches glückliches Selbst ist. Er hat sein Gedächtnis instruiert, sich nur an die positiven Informationen zu erinnern, so spärlich diese auch während Ihrer Unterhaltung mit ihm waren.

Sehr emotionale Erinnerungen verstärken diese Wirkung noch. Generell haften solch emotional geprägte Informationen besser und länger im Gedächtnis als weniger intensiv Erlebtes. Wenn Sie etwas mehr Zeit auf Ihre Präsentation für den Vorstand verwenden, um mit Ihrer Botschaft Kopf *und* Herz anzusprechen, ist diese Zeit also gut investiert.[62] Die Beispiele, Erläuterungen und Anekdoten, die Sie in einem Meeting oder während einer Präsentation einflechten, schaffen eine bestimmte emotionale Atmosphäre, auch wenn Sie sich dessen vielleicht nicht bewusst sind. Aufgabe des emotional intelligenten Managers ist es, die Stimmung an die übermittelte Botschaft anzupassen, um dadurch die maximale Wirkung zu erzielen.

Emotional intelligente Manager sind sich der verschiedenen Verbindungen zwischen Emotionen und kognitiven Prozessen bewusst: Aufmerksamkeit, Erinnerungsvermögen, Denkvermögen, Logik, Problemlösung. Sie versuchen, Stimmungen möglichst an anstehende Aufgaben anzupassen oder Aufgaben so auszuwählen, dass sie zur aktuellen Gefühlslage passen.

Mitgefühl zeigen, Übereinstimmung finden, Vertrauen aufbauen – das sind die Aufgaben, vor denen jeder Teamleiter steht und die eine intelligente Einbindung von Gefühlen und Denkvermögen erfordern.

Eine Vision entwickeln und anderen so mitteilen, dass sie sie im Gedächtnis behalten, an sie glauben und annehmen, verlangt mehr als nur Worte. Es ist das Gefühl hinter den Worten, durch das Ihre Nachricht die größte Wirkung erzielen wird.

Emotionen sind nicht so chaotisch wie manche Leute vielleicht glauben. Das nächste Kapitel untersucht Regeln für Emotionen.

Kapitel 5

Emotionen verstehen

Was bedeutet es, Emotionen verstehen zu können? Manager, die diese Fähigkeit besitzen, finden sich wahrscheinlich durch die Aussagen in der linken Spalte der folgenden Übersicht charakterisiert. Von mangelnder Kompetenz zeugen die Aussagen in der rechten Spalte.

Emotionen verstehen

ausgeprägte Kompetenz	mangelnde Kompetenz
• Annahmen über andere treffen zu	• schätzt andere falsch ein
• sagt immer das Richtige	• nervt
• stellt korrekte Prognosen zu Gefühlen anderer	• wird von den Gefühlen anderer überrascht
• verfügt über ein reichhaltiges emotionales Vokabular	• kann Gefühle schwer beschreiben
• weiß, dass man widersprüchliche Empfindungen haben kann	• Emotionen sind schwarz oder weiß, wenig Grauschattierungen
• hoch entwickeltes emotionales Wissen	• emotionales Verständnis nur in Grundzügen vorhanden

Folgendes Beispiel zeigt, wie vorausschauende Führung in Krisensituationen gelingt, wenn man die Herkunft von Emotionen seiner Mitarbeiter versteht. Nach seinem Abschluss und einem Master of Business Administration von Harvard machte Len eine erfolgreiche Karriere im Investmentgeschäft. Er konnte sich gut artikulieren, war sympathisch und einsichtig. Len hatte ein reiches emotionales Vokabular und konnte komplexe Emotionen bis in ihre Komponenten analysieren. Bei der Behandlung wichtiger Probleme innerhalb seines Teams von Investmentprofis war Len schnell in der Lage, verschiedene emotionale Szenarien zu generieren und auszuwerten.

Im vorangegangenen Jahr hatte sein Team einen der größten Bonuspools in der jüngsten Vergangenheit erhalten. Allerdings befand man sich nun in dem Jahr nach Platzen der Technikblase, und der aktuelle Bonuspool betrug nicht einmal 10 Prozent dessen, was sie auf dem Höhepunkt des Marktes erhalten hatten. Dennoch arbeitete Lens Team genauso hart und war genauso engagiert wie im Jahr zuvor. In vielen Fällen arbeiteten Teammitglieder sogar mehr, obwohl sie weniger und kleinere Geschäfte abschlossen. Dies alles waren Zutaten für eine schwindende Arbeitsmoral: härter arbeiten, weniger Geld verdienen und vielleicht seinen Job verlieren.

Len wusste, dass die Nachricht über einen winzigen Bonuspool am Ende des Geschäftsjahres eine Meuterei unter seinen Mitarbeitern garantierte, aber auch wenn er einfach jeden darüber informieren würde, dass, egal wie hart sie arbeiteten, sie dennoch viel weniger verdienen würden, hätte dies negative Auswirkungen auf die Produktivität. Er musste dieses Motivationsproblem gut durchdenken.

Er erkannte, dass Leute ehrlich und fair behandelt werden wollen und informierte seine Mitarbeiter als erstes über die Situation mit dem niedrigen Bonuspool. Er teilte die Neuigkeit zunächst der ganzen Gruppe mit und besprach sie danach noch einmal mit jedem Einzelnen. Er lenkte ihre Erwartungen und ließ in das Gespräch seine Hoffnung einfließen, dass sie wieder mehr Geschäfte abschließen und dadurch den Pool vergrößern würden, wenn sich die Wirtschaftslage wieder verbesserte. Dann reservierte er einen kleinen Teil des Pools für einen speziellen Leistungsbonus, mit dem die Mitarbeiter belohnt werden sollten, die die in sie gesetzten Erwartungen übertrafen. Die Kriterien für diesen Bonus waren klar formuliert und wurden von jedermann in der Abteilung verstanden.

Selbst mit seinem eingeschränkten Budget gelang es Len, ein paar Dollar abzuzweigen und ein Anerkennungsessen für jeden Mitarbeiter zu veranstalten. Außerdem führte er seine Führungsmannschaft zum Essen aus, um ihnen so für ihr Engagement und ihre harte Arbeit zu danken.

Als die Wirtschaftslage sich verbesserte und Firmen wieder anfingen Leute einzustellen, hatte Lens Gruppe die höchste Retentionsrate und im nächsten Jahr eines der produktivsten Teams. Dieses Ergebnis wurde durch viele Faktoren bedingt, aber einer davon war Lens hoch entwickeltes Verständnis von Emotionen.

Was bedeutet es, Emotionen zu verstehen?

Gefühle zu begreifen, ist der am stärksten kognitiv geprägte, der rationalste von den der vier Kompetenzbereichen der emotionalen Intelligenz. Er erfordert fundiertes Wissen über Emotionen, aber auch die Fähigkeit zu erkennen, was Emotionen auslöst, welche Beziehungen zwischen verschiedenen Emotionen bestehen, wie Emotionen von einem Stadium ins nächste übergehen und schließlich die Fähigkeit, dies alles in Worte zu fassen.

Diese Fähigkeiten lassen auf ein Konzept schließen, das viele ablehnen: nämlich, dass es eine korrekte Art zu fühlen geben könnte. Eine der Prämissen der emotionalen Intelligenz ist, dass es tatsächlich naheliegendere und weniger naheliegende emotionale Reaktionen auf ein spezifisches Ereignis gibt. Zeitweise folgen unsere Gefühle einer bestimmten Bahn: Unsere Reaktionen auf Ereignisse werden von emotionalen Regeln geprägt, aber auch von unserer Interpretation der Ereignisse und unserer emotionalen Vergangenheit. Doch die Vorstellung von der einen korrekten Art zu fühlen lehnen wir ab.

Ein neuer Wortschatz

Sämtliche Wissensgebiete haben ihr eigenes Vokabular. Die Sprache von IT-Managern etwa verstehen Marketingfachleute nicht unbedingt problemlos. Das Vokabular eines Vertriebsleiters dagegen unterscheidet sich wiederum von dem eines Finanzmanagers. Der Jargon, den diese Manager kennen und nutzen, ist bisweilen schwer zu verstehen, wenn man nicht über dieselbe Erfahrung oder Ausbildung verfügt. Wer aber die Sprache des Vertriebs, des Marketing, der Finanzen oder der EDV nicht versteht, wird schwerlich die Feinheiten dieser Fachgebiete begreifen. Das Gleiche gilt auch für Emotionen: Es gibt einen emotionalen Wortschatz, den man beherrschen muss, um tiefgehender über Emotionen zu diskutieren.

Wie viele solcher Emotionswörter brauchen Sie? Gibt es eine begrenzte Menge menschlicher Gefühle, oder ist jeder Mensch einzigartig und erlebt seinen individuellen Gefühlsmix? Die Menge subjektiver Gefühlserfahrungen ist groß, doch ihnen liegt eine emotionale Ausstattung zugrunde, über die gemeinhin alle Menschen verfügen.[63] Tatsächlich führt Darwin in *Der Ausdruck der Gemütsbewegungen bei den Menschen und den Tieren* sehr überzeugende Argumente ins Feld, die für die Existenz grundlegender universell erfahrener Gefühle sprechen – und zwar nicht nur beim Menschen, sondern auch bei anderen Spezies.

Der Psychologe Paul Ekman[64] beschrieb 100 Jahre später eine Gefühlstheorie, die sich auf ein System grundlegender menschlicher Emotionen wie Wut, Angst, Glück, Traurigkeit, Überraschung und Abscheu berief. Andere Forscher entwickelten eigene Modelle. Eines der umfassenderen stammt von Robert Plutchik.[65] Mehrere Listen grundlegender Gefühle sind in der folgenden Übersicht dargestellt.[66]

Grundlegende Emotionen

Plutchik	Ekman	Tomkins	Izard
• Freude	• Glück	• Vergnügen	• Freude
• Akzeptanz			
• Angst	• Angst	• Angst	• Angst
• Überraschung	• Überraschung	• Überraschung	• Überraschung
• Traurigkeit	• Traurigkeit	• Kummer	• Kummer
• Abscheu	• Abscheu		• Abscheu
• Wut	• Wut	• Wut	• Wut
• Vorfreude		• Interesse	• Interesse
		• Scham	• Scham
			• Schuld
	• Verachtung	• Verachtung	• Verachtung

Wie würde sich dieses neue Vokabular nun anhören? Sie fragen zum Beispiel: »Wie geht es Ihnen?« Der emotional bewanderte Mensch beantwortet diese Fragen nicht einfach etwa mit »geht so« oder »gut«. Individuen mit einem Verständnis für Emotionen unterscheiden zwischen verschiedenen und subtileren Emotionen und antworten »aufgeregt und erwartungsvoll«. Das ausgeprägte Verständnis der Gefühlswelt – der eigenen ebenso wie der anderer – macht es möglich, genau zu wissen, wie man fühlt.

Dabei mag der Unterschied zwischen manchen Ausdrücken minimal sein. Das richtige Wort kann eine präzise emotionale Bedeutung übermitteln. Wo liegt beispielsweise der Unterschied zwischen Neid und Eifersucht? Oder zwischen Gereiztheit, Wut und Zorn? Bin ich verärgert, frustriert oder wütend? Hier sind nicht nur die Worte verschieden, sondern auch die Bedeutung der emotionalen Begriffe. Um Gefühle exakt zu vermitteln, brauchen wir ein reichhaltiges emotionales Vokabular und müssen in der Lage sein, es effektiv einzusetzen. Unsere Kommunikationsfähigkeit steigert sich, wenn wir andere treffender über unseren Gefühlszustand ins Bild setzen können.

Ursache und Wirkung in der Welt der Emotionen

Emotionen kann man sich als mathematische Gleichung der Form »wenn X, dann Y« vorstellen – oder besser, »wenn Ereignis X, dann Gefühl Y«. Dass Emotionen Informationen oder Daten über uns und unsere Beziehungen zu unserer Umwelt enthalten, ist bereits mehrfach angesprochen worden. Um welche Informationen handelt es sich dabei? Die Informationen in einem Gefühl informieren uns über das Ereignis, das das jeweilige Gefühl ausgelöst hat.[67]

Unsere Fähigkeit, Emotionen mit bestimmten Ereignissen in Verbindung zu bringen, ermöglicht uns die Herstellung einer emotionalen Ursache-Wirkung-Beziehung. Wenn wir erfahren, dass ein Kollege einen wichtigen Kunden verloren hat, können wir davon ausgehen, dass er traurig ist. Hören wir später, dass ein anderer Vertriebsmitarbeiter ihm den betreffenden Kunden abgejagt hat, vermuten wir, dass unser Kollege wütend ist.

Die Komplexität der Emotionen

Emotionen sind komplex, Gefühle ebenso. Manche Emotionen bestehen aus Kombinationen einfacherer Emotionen. Verachtung etwa beinhaltet Komponenten wie Abscheu, Wut oder sogar Glück. Manche Situationen rufen komplexe oder multiple Emotionen hervor, die widersprüchlich wirken können. Kann man gleichzeitig Liebe und Zorn empfinden? Natürlich. Da können Sie jeden Jungverliebten fragen. Kann man gleichzeitig überrascht und traurig sein? Vielleicht bei unerwarteten schlechten Nachrichten.

Plutchik und verschiedene andere Emotionstheoretiker sprechen ausdrücklich von der Existenz emotionaler Mischzustände sowie von der Ähnlichkeit verschiedener Emotionen. Dabei sind sich manche Menschen dieser emotionalen Komplexität bewusster als andere.[68]

Emotionale Verläufe

Ihrem Wesen nach wandeln und entwickeln sich Emotionen veränderlich. Gewöhnlich haben sie einen bestimmten Verlauf: Sie klingen ab oder werden intensiver. Dieses Wissen um die Veränderlichkeit von Gefühlen und die Regeln, denen sie unterliegen, ist ausschlaggebend für ein höheres Verständnis emotionaler Systeme.

Wir sind damit in der Lage, emotionale Simulationen durchzuspielen, Was-wäre-wenn-Szenarios, die uns helfen, emotional in die Zukunft zu blicken. Nehmen wir an, aufgrund eines gegebenen Ereignisses hat ein Mensch bestimmte Gefühle. Weil diese Gefühle eine ganz bestimmte Ursache haben, sollten wir prognostizieren können, wie sich die Gefühlslage des Betreffenden verändern wird, wenn die Ursache für seinen Gemütszustand bestehen bleibt. Wenn Sie sich zum Beispiel zufrieden fühlen und dieses Gefühl wächst, dann werden Sie sich als nächstes glücklich fühlen.

Warum es wichtig ist, Emotionen zu verstehen

Emotionen übermitteln Inhalte. Wenn wir uns selbst und andere wirklich verstehen wollen, benötigen wir eine hoch entwickelte emotionale Wissensbasis. Wer Emotionen versteht, erhält Informationen darüber, wie die Menschen ticken.

Wenn wir die Ursachen für Emotionen erkennen, verrät uns das Wichtiges über eine Situation: Wir erhalten Einblick in die Ursachen eines Problems. Wenn wir das Auf und Ab der Emotionen verstehen, können wir in die Zukunft blicken: Wir können mit hinlänglicher Wahrscheinlichkeit vorhersagen, wie sich der oder die Betreffende in Kürze fühlen dürfte, wenn bestimmte Ereignisse eintreten.

Unser emotionaler Wortschatz ist das Medium, mit dessen Hilfe wir diese Informationen an andere weitergeben können. Er bietet uns eine emotionale Sprache und damit eine emotionale Realität.

Wie Sie erkennen, wie andere ticken

Die Auslöser für bestimmte Gefühle sind von Mensch zu Mensch unterschiedlich. Nehmen wir das Gefühl der Freude. Freude kommt auf, wenn man etwas Wertvolles bekommt. Dabei empfindet jeder Mensch andere Dinge als wertvoll. Hinzu kommt, dass Emotionen bestimmten Regeln folgen. Wer diese Regeln begreift, versteht damit auch andere Menschen besser.

Nehmen wir an, Ihre Chefin stürzt eines Morgens ein paar Minuten später als sonst ins Büro. Das ist sehr ungewöhnlich. Außerdem wirkt sie abgelenkt. Ein Kollege stupst Sie an und flüstert: »Die Chefin hat heute schlechte Laune.« Sie sind ganz anderer Meinung. Sie wissen, dass Ihre Chefin Baseball-Fan ist und nur deshalb spät dran, weil sie am Vorabend mit einem angereisten Kunden bei einem Spiel war. Sie vermuten, dass sie heute Morgen sogar besonders gut aufgelegt sein könnte, wo sie doch ihrem Vergnügen nachgehen konnte. Sie wissen auch, dass es ein gutes, spannendes Spiel war und dass die richtige Mannschaft gewonnen hat. Was schließen Sie daraus? Ihre Chefin ist zwar übernächtigt, aber ansonsten glücklich und zufrieden.

Komplexität durchschauen

Wir alle haben manchmal »gemischte Gefühle«. Was genau verbirgt sich aber hinter diesem Begriff? »Gemischte« Gefühle bestehen aus zwei oder mehr Emotionen, die gewöhnlich als widersprüchlich oder zumindest bis zu einem gewissen Grad entgegengesetzt gelten – etwa Glück und Traurigkeit.

Eine unserer Klientinnen, die beruflich mit ausländischen Aktien handelte, war für ihren aggressiven Stil bekannt. In den Augen ihrer Kollegen hatte sie die »typische Trader-Mentalität«. Sie arbeitete in einer Männerdomäne und war durchaus erfolgreich. Auf dem Trading-Parkett konnte sie ebenso laut brüllen wie ihre männlichen Kollegen. Sie war eine leidenschaftliche Kriegerin der Wall Street, und dort machte man keine Gefangenen. Doch wie so viele andere war auch Eva komplexer angelegt und das Stereotyp entsprach ihr nur teilweise. Sie war in Bezug auf ihre Rolle im Zwiespalt. Sie fand ihre Arbeit anregend und spannend, war aber gleichzeitig unglücklich über die persönlichen Opfer, die sie dafür bringen musste. Oft wirkte sie glücklich und traurig, energiegeladen und gedämpft zugleich.

Die Fähigkeit, komplexere Gemütszustände zu ergründen, führt uns zu einem tieferen Verständnis für uns und andere.

Zukunftsprognosen mit emotionalen Was-wäre-wenn-Analysen

Wir haben emotionale Was-wäre-wenn-Analysen bereits erwähnt und wollen sie nun näher betrachten. Was-wäre-wenn-Überlegungen sind von entscheidender Bedeutung, egal, ob Sie aus dem Marketing, der strategischen Planung, der Forschung, der Produktion, der Finanzabteilung, dem operativen oder technischen Bereich kommen. Neue Produkte werden gewöhnlich erst entwickelt, nachdem Zielgruppen ermittelt, Marktforschung betrieben, die Wettbewerbssituation analysiert und Markttrends prognostiziert wurden. Manche tun sich bei dieser Art der Was-wäre-wenn-Planung und der Prognose besonders hervor. Dabei liegen jedoch auch die Besten manchmal ordentlich daneben.

Solche Was-wäre-wenn-Szenarien und -Prognosen gibt es auch in Bezug auf Menschen und Emotionen. Die Regeln, nach denen sich Emotionen entwickeln, liefern uns die Daten, die wir für eine hinreichend genaue emotionale Prognose benötigen.

Nehmen wir zum Beispiel eine Leistungsbewertung. Das Jahr geht zur Neige und Sie wollen zweien Ihrer Mitarbeiter negative Leistungsbeurteilungen geben, sie herunterstufen und Gehaltserhöhungen ablehnen. Hier nun die Frage, die sich ein emotional intelligenter Manager in dieser Situation stellen sollte: Wie werden sich die Betroffenen fühlen? Diese Frage ist schwer zu beantworten. Eine Hilfestellung: Wie hoch ist die Wahrscheinlichkeit, dass Ihre Leute glücklich, aufgeregt und freudig reagieren? Oder traurig, wütend oder überrascht?

Und hier noch ein paar Daten, die Ihnen weiterhelfen können: Eine der Betroffenen geht Ihnen seit einiger Zeit aus dem Weg. Wie Sie annehmen, ist ihr wohl bewusst, dass ihre Leistungen nicht den Anforderungen entsprechen. Der zweite Mitarbeiter ist weniger leicht zu durchschauen. Wie es scheint, geht er jedoch davon aus, dass er ein gutes Jahr hinter sich hat.

Ihre emotionalen Was-wäre-wenn-Analysen ergeben, dass die erste Mitarbeiterin weniger überrascht sein dürfte als der andere Betroffene. Auf der Basis dessen, was Sie über die Entwicklung von Emotionen wissen, können Sie korrekt prognostizieren, dass die erste Betroffene letztlich traurig sein wird, der Zweite jedoch zunächst überrascht und womöglich später zornig reagieren könnte. Diese Erkenntnis kann Ihnen helfen, die Feedback-Gespräche und auch anschließende Maßnahmen besser vorzubereiten.

Natürlich kann man Emotionen nicht bis ins Letzte vorhersehen, doch in vielen Fällen sind sie leichter zu prognostizieren als etwa der Aktienkurs des Unternehmens. Vielleicht bilden wir ja eines Tages nicht mehr Aktienanalysten, sondern stattdessen Stimmungsanalysten aus!

Die ersten drei Schritte des Emotionalen Rasters dienen als Vorbereitung zur späteren Handlung. Im nächsten Kapitel zeigen wir Ihnen, was mit den Daten zu tun ist, die Sie durch Emotionsanalyse erhalten haben.

Kapitel 6

Emotionen managen

Emotionsmanagement – die Fähigkeit, die eigenen Gefühle und die Gefühle anderer ins Denken zu integrieren – ist ein wesentlicher Teil der emotionalen Intelligenz. Vermutlich haben Sie genau daran gedacht, als Sie zum ersten Mal vom Konzept der emotionalen Intelligenz gehört haben.

Was zeichnet jemanden aus, der Emotionen managen kann – die eigenen und fremde? Die linke Spalte der folgenden Übersicht gibt darüber Aufschluss.

Management von Emotionen

ausgeprägte Kompetenz	mangelnde Kompetenz
• Emotionen bündeln die Aufmerksamkeit, liefern Daten zur Entscheidungsfindung und regen zu adaptivem Verhalten an	• Emotionen lenken ab, stören adaptives Verhalten
• kann eine Stimmung anheizen, abschwächen aufrechterhalten	• ist Sklave seiner Leidenschaften
• kann andere aufheitern, beruhigen und ihre Gefühle angemessen managen	• übt keinen bewussten Einfluss auf die Gefühle anderer aus; beeinflusst ihre Gefühle unabsichtlich
• ist eigenen und fremden Gefühlen gegenüber aufgeschlossen	• verdrängt Gefühle
• hat ein reiches Gefühlsleben	• hat ein verarmtes Gefühlsleben
• motiviert andere	• erreicht andere nicht

Betrachten wir nun zwei uns bekannte Personen, wovon eine dem linken und die andere dem rechten Profil entspricht. Der Ingenieur Avery wird recht gut von den Attributen in der rechten Spalte charakterisiert, während die Eigenschaften der Produktmanagerin Cory eher in der linken Spalte zu finden sind.

Wie managt man Emotionen?

Seinen Mitarbeitern die Möglichkeit zum Handeln zu gewähren ist eine Kernfunktion der Führung. Avery jedoch schien ein Meister darin zu sein, seinem Team jegliche Handlungsmöglichkeit zu nehmen. Avery war intelligent und talentiert und das wusste er. Seine analytischen Fähigkeiten waren hervorragend, und er konnte die meisten Leute mit seiner Intellektualität einschüchtern. Er liebte Kreuzworträtsel, Schach und Scrabble und genoss es, die Leute zu verspotten, die seine Herausforderung annahmen, mit ihm zu spielen, ohne zu wissen, worauf sie sich einließen.

Seine Sticheleien und Erniedrigungen erfolgten, wenn niemand damit rechnete. Bei Präsentationen und Meetings konnte es passieren, dass Averys Gefühl der Überlegenheit sich in Arroganz und Boshaftigkeit verwandelte, auch wenn dies selten passierte, wenn sein Chef im selben Raum war. Bei solchen Gelegenheiten schien es, als könnte sich Avery zurückhalten, aber ansonsten trat sein wahres Ich sowohl bei Interaktionen mit Individuen wie auch mit seinem Team zum Vorschein. Und dabei war er keineswegs subtil. Bei einer solchen Gelegenheit stand Avery wütend inmitten der Präsentation eines seiner Teammitglieder auf und begann diesen anzubrüllen, wie dämlich die Präsentation wäre. Nach einem unerwarteten Stellenabbau schlug ihm sein Kontakt in der Human Resources Abteilung vor, etwas Mitgefühl gegenüber jenen zu zeigen, die ihren Job verlieren würden. Avery blickte ihn nur an und sagte: »Warum sollte ich? Sie sind gefeuert und Schluss. Es ist erledigt, und was ich sage würde überhaupt keinen Unterschied machen.« »Nun«, wunderte sich der Personaler, »wie wäre es dann mit etwas Unterstützung für diejenigen, die den Stellenabbau überlebt haben?« Mit einem Ausdruck von Verachtung antwortete Avery: »Sie sollten sich glücklich schätzen, dass sie noch einen Job haben.«

Generell hatte man den Eindruck, dass Avery bei seinen Wutanfällen genau diejenigen abkanzelte, die am wenigsten in der Lage waren, sich selbst zu verteidigen. Er war, in einem Wort, ein Tyrann, und seine Fähigkeit des Emotionsmanagement war sehr, sehr niedrig.

Betrachten Sie nun die Produktmanagerin Cory. Sie hatte die Aufgabe, ein neues Produkt zu entwickeln und dieses in die Hände des Direktvertriebs zu übergeben. Einziges Hindernis war der Chef der Serviceabteilung, die später für die Installation und die Instandhaltung des neuen Produkts beim Kunden verantwortlich sein würde. Cory verbrachte viele Stunden mit Will und versuchte seine Probleme, Bedürfnisse und Ideen zu verstehen. Will hatte eindeutig eine sehr negative Einstellung gegenüber dem neuen Produkt, wie gegenüber allem, das neu und anders war. Cory arbeitete über einen Zeitraum von mehreren Monaten mit Will, hörte sich seine Bedenken an und nahm angemessene Änderungen am Produktplan vor, um die Bedürfnisse der Servicemitarbeiter zu befriedigen. Schließlich erklärte Will sich bereit, den Plan zu unterstützen. Cory wusste zwar, dass Will noch nicht hundertprozentig überzeugt war, aber für den Augenblick konnte sie nicht mehr erreichen.

Es war daher keine große Überraschung für Cory, als Will den Produktplan während seinem vierteljährlichen Lagebericht für den Divisionsleiter zur Sprache brachte. Will machte deutlich, dass die Serviceabteilung noch nie einen Bedarf für das neue Produkt gesehen hatte und durch den Produktplan »verunsichert« war. Cory war wütend. Sie war mit Will zu einer Einigung gelangt, und er hatte diese Einigung nicht nur übergangen, sondern dies auch noch vor dem Divisionsleiter getan, obwohl er genau wusste, dass eine Nachbesprechung kein Diskussionsmeeting war.

Der Divisionsleiter nickte und machte ein paar Notizen, und Will wollte schon zum nächsten Tagesordnungspunkt übergehen, als Cory aufstand. Sie war wütend, aber das machte sie nicht blind, sondern leitete und motivierte sie. Will sah nervös aus, als er merkte, dass Cory seinen Bluff aufdecken würde. Aber Cory griff Will nicht direkt an. Stattdessen sagte sie: »Entschuldigung, aber Will und ich arbeiten jetzt seit zwei Monaten an diesen Problemen und waren bis jetzt immer in der Lage, jeden Streitpunkt, der auftrat, zu klären. Dennoch macht sich die Serviceabteilung immer noch Sorgen. Es ist teilweise ein Problem des Arbeitspensums, aber es geht auch um die unterschiedlichen Erwartungen, die wir an die Servicetechniker haben. Diesen Punkt haben wir als Unternehmung noch nicht diskutiert, aber wir sollten es unbedingt tun, sonst gibt es keine Chance, dass unser Produkt erfolgreich ist. Und auch die anderen Produkte der Reihe werden es nicht sein. Sie bauen alle auf die gleiche Technologie auf und haben daher auch die gleichen Serviceansprüche. Da die Service- und die Marketingabteilung die Streitpunkte geklärt hatten, bin ich durch Wills Kommentare überrascht. Daher möchte vielleicht Will erklären, wozu die Serviceabteilung sich bereit erklärt hat?« Cory warf Will einen strengen Blick zu und blieb so lange stehen, bis dieser sich zögerlich erhoben hatte, um zu sprechen.

Will war immer noch perplex und so benötigte er einen Moment, bevor er sprechen konnte. Dann blickte er einfach nur in die Runde und sagte:»Ja, im Großen und Ganzen ist es das. Meine Jungs sind gut, aber das hier ist etwas anderes. Ich bin besorgt wegen unserer Leistung, denn eigentlich sind wir jetzt schon zu wenig Leute und dann sollen wir auch noch die ganze neue Technologie lernen.« Will macht eine Pause, in der Cory erneut aufstehen wollte, um etwas einzuwenden, aber er kam ihr zuvor: »Und ja, die Serviceabteilung hatte sich bereit erklärt, den Plan zu unterstützen, also ist es für uns in Ordnung, daran weiterzuarbeiten.« Da erhob sich Cory erneut, äußerte ebenfalls ihre Unterstützung und erinnerte den Divisionsleiter daran, dass die Einführung des neuen Produkts ein zusätzliches Training des Servicepersonals erforderte, welches der Vorstand bisher zurückgestellt hatte.

Der Divisionsleiter überdachte alles für einen Augenblick und gab seine Zusage, den Vorstand möglichst schnell von der Freigabe der nötigen Mittel für das Training zu überzeugen. »Haben Sie damit die Zeit und die Mittel, die Sie benötigen?«, fragte er sowohl Will als auch Cory, worauf beide gleichzeitig mit »Ja!« antworteten.

Corys schnelle Reaktion demonstriert eindrucksvoll, wie man erfolgreich Emotionsmanagement betreibt. Die meisten Leute hätten eher verbal zurückgeschlagen, wären wütend davonstolziert oder hätten sich beleidigt und verletzt auf ihren Stuhl verkrochen. Cory war nicht glücklich über die Attacke, aber sie hatte die Wahl: Sie konnte es Will mit gleicher Münze zurückzahlen oder die Situation so regeln, dass das Projekt weiterlaufen konnte.

Emotionen managen – wie geht das?

In diesem Kapitel erläutern wir den Dreh- und Angelpunkt der emotionalen Intelligenz: die Fähigkeit, Emotionen zu managen. Darunter ist nicht etwa zu verstehen, dass man keine Emotionen mehr haben oder nicht mehr emotional agieren darf. Es bedeutet vielmehr, dass Sie Ihre Emotionen in Ihre Entscheidungen und Ihr Verhalten integrieren sollen – und zwar so, dass Ihr Leben und das Leben der Menschen um Sie herum dadurch leichter wird.

Menschen, die Emotionen geschickt zu managen verstehen, können durchaus leidenschaftlich sind. Aber sie können ihre Gefühle gut kontrollieren, wirken ausgeglichen und denken klar, auch wenn sie gerade starke Gefühle haben. Ihre Entscheidungen fällen sie mit Kopf und Herz. Sie denken aktiv und oft über ihre Gefühle nach. Menschen, die Emotionen nicht gut managen können, wirken dagegen explosiv, unkontrolliert und unberechenbar. Ihre Gefühle machen sie manchmal blind. Sie begehen Dummheiten, weil sie aus dem Bauch heraus reagieren, ohne über die Folgen nachzudenken. Das Widersinnige daran ist, dass sie erst gar nicht richtig versuchen, diesen Gefühlen auf den Grund zu gehen.

Es gibt noch einen anderen Typ Manager, der nicht in der Lage ist, Emotionen zu managen: der kühle, logische und analytische Manager, dessen Handlungen nur durch Fakten bestimmt werden – von Fakten, wie er sie definiert. Dieser emotional unintelligente Manager versucht vergeblich, so genannte objektive und emotionslose Entscheidungen zu treffen und sieht dabei den Wald vor lauter Bäumen nicht.

Ein emotional intelligenter Manager nutzt emotionale Daten und die Weisheit der Gefühle. Dabei ist ihm bewusst, dass Stimmungen aus unerfindlichen Gründen entstehen. Er lässt Emotionen in seine Handlungsweise einfließen, aber seine Handlungen nicht von Stimmungen leiten. Emotionen signalisieren, dass etwas Wichtiges passiert oder bevorsteht. Doch sie lösen auch Gefühle und Gedanken aus, die uns unwillkommen sind. Unser Umgang mit emotionalen Ereignissen bestimmt sehr stark, wie erfolgreich wir beim Erreichen unserer Ziele sein werden – und auch, wie wir Informationen behalten und verarbeiten.

Jane Richards und James Gross haben an der Stanford University ein Experiment durchgeführt, bei dem einem Testpublikum ein emotional aufwühlender Film vorgeführt wurde. Manche der Testpersonen sollten versuchen, den Ausdruck von Gefühlen nach Möglichkeit zu unterdrücken. Andere erhielten keine solchen Anweisungen. Nach dem Film wurde mit allen Teilnehmern ein Gedächtnistest durchgeführt, bei dem sie sich an Details aus dem Film erinnern sollten. Diejenigen, die ihre Emotionen aktiv unterdrückt hatten, erinnerten sich weniger gut an den Film als die Gruppe, die ihn ohne spezielle Vorgaben gesehen hatte.[69]

In einem anderen Experiment führte man den Testpersonen erschütternde Dias vor. Wieder sollte eine Gruppe ihre emotionalen Reaktionen unterdrücken, die andere sollte versuchen, das Erlebnis für sich möglichst positiv zu gestalten. Interessant war dabei, dass beide Gruppen die Bilder gleich lang betrachteten – diejenigen, die ihre Gefühle verbergen sollten, schauten also nicht weg. Die Gruppe, die das Erlebnis möglichst positiv empfinden sollte, berichtete von weniger negativen Empfindungen als die andere. Die faszinierendste Feststellung war jedoch, dass die Gruppe, die ihre Gefühlsreaktion unterdrücken sollte, weniger verbale Informationen über die Bilder liefern konnte (also dazu, was gesagt wurde) als die andere. Nonverbale Details (etwa Beschreibungen bestimmter Szenen) blieben dagegen gleich gut im Gedächtnis haften. Das könnte bedeuten, dass wir zu uns selbst sprechen, wenn wir versuchen, unsere Gefühle zu unterdrücken. Wir überwachen unseren Gemütszustand, machen uns Gedanken über unsere Gestik und Mimik, richten beides aufeinander aus und führen dann die nötigen äußerlichen Korrekturen durch.[70]

Diese Forschungsergebnisse verraten, dass wir womöglich weniger Informationen über aufwühlende oder emotionale Ereignisse behalten, wenn wir ständig versuchen, unsere Gefühle zu unterdrücken. Tun wir das, so leidet unser Erinnerungsvermögen an schmerzliche oder emotionale Begebenheiten. Es wurde sogar schon die Hypothese aufgestellt, dass sich Männer schlechter an soziale Interaktionen erinnern als Frauen, weil sie ihre Gefühle generell eher unterdrücken als Frauen.

Begrüßen Sie Ihre Gefühle

Emotionen sind uns nicht immer willkommen. Es gibt viele Momente, in denen wir nach Kräften versuchen, emotionale Reaktionen zu unterdrücken. Manchmal ist diese Unterdrückung sinnvoll – etwa wenn uns die Mittel fehlen, die entsprechenden Gefühle zu verarbeiten. Dann müssen wir die Emotionen und die darin enthaltenen Informationen ignorieren. Wird diese Blockade jedoch zur Gewohnheit, verlieren wir den Informationswert unserer Emotionen.

Ansonsten müssen wir Gefühle und Emotionen zulassen – auch wenn sie unerwartet kommen, unwillkommen oder unbequem sind. Gefühle zu unterdrücken, verbraucht viel Energie. Diese Energie, diese mentale Kraft, steht dann nicht mehr für die Problemlösung, die Entscheidungsfindung und ganz grundsätzlich für unser Bewusstsein zur Verfügung. Es ist, als würde man versuchen, den Tod eines geliebten Menschen zu betrauern, ohne die Traurigkeit zuzulassen. Und das funktioniert einfach nicht.

Gefühlen aufgeschlossen zu begegnen, kann problematisch werden – bei positiven Emotionen ebenso wie bei negativen. Manche Menschen sind zum Beispiel nicht gern glücklich. Glücksgefühle und deren Extrem – die Freude – sind ihnen unbehaglich. Sie fürchten vielleicht, die Kontrolle zu verlieren und sich durch einen Gefühlsausbruch der Lächerlichkeit preiszugeben. In manchen Kulturen, etwa in asiatischen Ländern wie Japan, wird allzu große Freude – insbesondere über eigene Leistungen – als Zeichen von Egoismus und daher als peinlich gewertet. In solchen Kulturen verstecken die Menschen einen freudigen Gesichtsausdruck häufig hinter der vorgehaltenen Hand oder bemühen sich, möglichst nicht so glücklich zu wirken. Ebenso gilt es in vielen Teilen der Welt als unheilvoll, den Neid anderer zu erregen, indem man zu viel Freude über das eigene glückliche Geschick zeigt. Man will vermeiden, den »bösen Blick« auf sich zu ziehen. In solchen Kulturen ist die effektive Regulierung positiver Gefühle besonders wichtig, weshalb die Menschen allerhand entsprechende Strategien dafür entwickeln. Die Amerikaner dagegen haben – jedenfalls im privaten Bereich – keine Probleme damit, »zu viel« Freude an den Tag zu legen.[71]

Die Macht der Emotionen

Zum Management von Emotionen gehört auch die Fähigkeit, überwältigende Emotionen zu kontrollieren, wenn sie uns oder andere physisch, mental oder emotional verletzen könnten. Außerdem gilt es, bestimmte Emotionen auszuklammern, wo diese unangebracht sind. Es gibt Momente, in denen es intelligenter ist, zu lächeln, obwohl man traurig ist, oder eine Beleidigung zu ignorieren.

Emotionen fungieren als Signalsystem. Wenn wir auf diese Signale stets prompt reagieren würden, wäre das impulsiv und keineswegs eine gesunde Mischung aus Emotionen und Vernunft. Vielleicht ist es die Quelle der Emotion, die wir zunächst überprüfen sollten. Oder wir müssen sicherstellen, dass unsere Wahrnehmungen des emotionsauslösenden Ereignisses korrekt waren. Die wohlbekannte Strategie der kurzen Denkpause – etwa, indem man bis zehn zählt – entscheidet oft, wie angebracht eine Reaktion ist.

Es gibt allerdings auch Situationen, in denen jedes Zögern fatale Folgen haben kann. Wenn wir innehalten und über die Irrationalität unserer Ängste nachgrübeln oder darüber, ob es überhaupt notwendig ist, die Flucht zu ergreifen, dann finden wir uns vielleicht in einer ausweglosen Situation wieder – gefangen auf einem sinkenden Schiff oder von einem schrecklichen Feind in die Enge getrieben. Ebenso werden wir es später vielleicht bedauern, wenn wir unserem Glücksgefühl nicht trauen und deshalb eine Gelegenheit verstreichen lassen. Ein interessanter Aspekt, den wir bereits angesprochen haben: Die Emotion, der wir am Arbeitsplatz am seltensten nachgeben, ist Freude.[72]

Viele Jahre lang stritten die Psychologen, ob die Freisetzung von Gefühlen – etwa der kathartische Ausdruck von Wut durch Gejohle und Schreien – zum Management solcher Gefühle beiträgt. Der Streit ist mittlerweile beigelegt. Das Urteil: Die Katharsis ist wohl doch nicht der richtige Weg.[73] Je ungezügelter man seine Gefühle äußert, desto schlechter fühlt man sich – zumindest bis die Erschöpfung einsetzt. Angesichts dieser Erkenntnisse meinen wir, dass Emotionsmanagement weder in der Unterdrückung noch in der ungezügelten Äußerung unserer Gefühle bestehen kann. Beim effektiven Management von Emotionen geht es nicht darum, unsere Gefühle zu kontrollieren, sondern vielmehr darum, uns auf intelligente Weise mit ihnen zu identifizieren oder von ihnen zu distanzieren.

Emotionen als Motivation und Inspiration

Eine Emotion lenkt unsere Aufmerksamkeit auf ein Ereignis. Sie kann uns motivieren und inspirieren. Aus einer Emotion, die anhält, jedoch im Laufe der Zeit verblasst, können wir Einsichten gewinnen und Kräfte schöpfen. Wenn unsere Wut zum Ärger abflaut und der Ärger zum Unmut, können wir uns mit diesem Gefühl wappnen, um Stellung gegen die erfahrene Ungerechtigkeit zu beziehen. Oder wir können das Gefühl nutzen, um andere von dem Unrecht in Kenntnis zu setzen, die zum betreffenden Zeitpunkt nicht wütend sind.

Emotionen sind nicht passiv, sondern haben eine aktive Komponente, eine Tendenz zur Handlung. Sie motivieren unser Verhalten. Tatsächlich glauben manche Emotionstheoretiker, etwa Nico Frijda von der Universität Amsterdam, dass in der Tendenz der Emotionen, uns zum Handeln zu veranlassen (wegzulaufen, wenn wir Angst haben, oder Hilfe anzunehmen, wenn wir niedergeschlagen sind) der Hauptgrund für die Entwicklung eines Emotionssystems liegt.[74]

Emotionen herausfinden

Der erste Schritt zum Management von Emotionen ist, dass man sich ihrer bewusst wird und sie akzeptiert. Emotionales Bewusstsein ist der Grundstein für eine erfolgreiche Regulierung von Emotionen. Doch dazu bedarf es mehr als der Wahrnehmung der eigenen Gefühle und der Gefühle anderer. Wir müssen die wahrgenommenen Gefühle auch richtig verarbeiten.

»Wie fühle ich mich?« ist die wichtige erste Frage, die man sich stellen muss. Sie sollte allerdings ergänzt werden um:

- Bin ich mir über meine Gefühle im Klaren?
- Wie stark ist dieses Gefühl?
- Wie stark beeinflusst dieses Gefühl im Moment mein Denken?
- Ist es ein Gefühl, das ich oft erlebe?
- Ist es ungewohnt für mich, so zu empfinden?

Das sind die Fragen, die sich Menschen automatisch stellen, die ihre Emotionen auf hohem Niveau kompetent verarbeiten. Sie binden ihr aktuelles Gefühl in das größere Bild ihrer Identität und Realität ein. Sie setzen es in Zusammenhang mit einem hoch entwickelten Selbstgefühl. Diese Fragen helfen außerdem, ein Gefühl von einer Stimmung zu unterscheiden.

Die Integration von Gefühlen

Es kann gut sein, sich schlecht zu fühlen und es kann schlecht sein, sich gut zu fühlen. Das hängt ganz von der Situation, den beteiligten Menschen und von dem ab, was Sie erreichen wollen. Manchmal kann es angezeigt sein, eine schlechte Stimmung zu wahren, in anderen Fällen wieder ist es vielleicht sinnvoller, auf glücklich oder neutral umzuschalten. Wie schon Aristoteles sagte: »Wütend werden kann jeder – das ist keine Kunst. Doch zur richtigen Zeit zum rechten Zweck auf die richtige Weise das rechte Maß an Wut auf die richtige Person zu entwickeln – das ist sehr wohl eine Kunst.«[75]

Wir müssen in Bezug auf unsere Emotionen intelligente Entscheidungen treffen. Zu diesem Zweck ist es nötig, in all unsere Aktivitäten Fühlen und Denken einzubeziehen. Das wiederum erfordert einen ausgewogenen und fairen Umgang mit unseren Emotionen. Wir dürfen sie weder ins Unterbewusstsein abdrängen, noch übertrieben in den Vordergrund rücken. Dann würden wir entweder zu rational oder zu emotional reagieren. Emotionale Ausgewogenheit lautet die Devise: Leidenschaft ja, aber mit Vernunft.[76]

Das soll nicht heißen, dass wir niemals starke Emotionen haben oder danach handeln dürfen. Im Gegenteil, oftmals ist das durchaus eine intelligente Option. Wenn wir Freude empfinden, können wir singen, tanzen und ein schönes Ereignis feiern. Solche Freude darf voll zum Ausdruck gebracht werden – etwa bei der Geburt eines Kindes oder nach dem Abschluss eines wichtigen Vertrages. Wenn wir physischer Gewalt ausgesetzt sind, steigt Wut auf und wird so intensiv, dass wir uns zur Wehr setzen wollen. Auch gegen unfaire verbale Attacken sollten wir uns wehren, sonst kann das verheerende Folgen haben.

Emotionen managen – ist das wichtig?

Erfolgreiches Management von Emotionen bedeutet, dass Kopf und Herz unser Verhalten leiten. Indem wir Kognitives und Affektives integrieren, gelangen wir zu effektiven Lösungen. Das Konzept von der Leidenschaft auf der einen und der Vernunft auf der anderen Seite verkörpert eine falsche Zweiteilung, die uns in der irrtümlichen Überzeugung bestärkt, dass unsere Gefühle weder rational noch informativ sind.

Wenn wir Denken und Fühlen nicht vereinbaren können, analysieren wir Probleme akribisch und detailliert und betrachten uns stolz als gelassen und unemotional. Dabei übersehen wir wichtige Informationsquellen, die wir über die Signale der Gefühlswelt anzapfen können. Das andere Extrem birgt die Gefahr, dass wir von Emotionen überschwemmt, von Gefühlen überwältigt werden und auf der Suche nach einem Ausweg ziellos herumflattern.

Die Fähigkeit Gefühle einzubinden, bringt Herz und Kopf ins Gleichgewicht. Emotionen enthalten folgenschwere und wichtige Informationen, und emotionslose Entscheidungsfindung verspricht keinen Erfolg. Wie Damasio in einer Studie an Patienten mit verschiedenen Hirnschädigungen bewies, ist es nahezu unmöglich, gute »rationale« Entscheidungen zu treffen, wenn die für Emotionen verantwortlichen Bereiche des Gehirns nicht funktionieren.[77]

Die Fähigkeit, die eigenen Stimmungen und die Stimmungen anderer zu regulieren, zählt möglicherweise zu den Merkmalen, die gute Manager zu herausragenden Führungspersönlichkeiten machen.

Aber was geschieht, wenn es uns nicht gelingt, unsere Gefühle zu regulieren? Ein Beispiel dafür ist das Scheitern so vieler Neujahrsvorsätze. Es scheint fast, als habe sich in dieser Sache alles gegen uns verschworen – besonders, wenn wir emotional in Aufruhr sind. Die unmittelbare Regulierung der Emotionen – die uns kurzfristig ein gutes Gefühl gibt – ist für uns weit wichtiger als die Impulssteuerung – die uns zu langfristigen Zielen verhilft. Selbst wenn wir uns durch Impulssteuerung sehr stark für ein bestimmtes langfristiges Ziel einsetzen, nehmen wir Abstand zu unseren Entschlüssen, wenn wir in emotionale Unruhe geraten – und zwar, damit dieses Gefühl der Unruhe nachlässt. Unser Versuch, unsere Impulse zu steuern, misslingt. Wir merken, dass es uns viel wichtiger ist, uns gut – oder wenigstens nicht schlecht – zu fühlen, als irgendein entferntes, verschwommenes Ziel zu erreichen wie zum Beispiel wieder zur Schule zu gehen, um einen besseren Abschluss zu machen, den Kundenservice nicht anzuschreien oder den Haushalt fürs kommende Jahr zu überprüfen.

In einer Reihe von Experimenten stellte der Psychologe Walter Mischel von der Columbia University Folgendes fest: Kinder, die man gebeten hatte, sich an ein trauriges Ereignis in ihrem Leben zu erinnern, erlagen leichter der Versuchung, mit einem verbotenen Spielzeug zu spielen, als andere.[78] Das empfundene Leid machte es schwerer, im Moment auf eine unmittelbare Belohnung zu verzichten.

In einem Experiment, das Roy Baumeister und seine Kollegen durchführten, wurde einer Gruppe von Testpersonen eine Pille verabreicht. Diese, so erklärte man ihnen, verhindere Stimmungsveränderungen. Einer zweiten Gruppe wurde die Pille vorenthalten. Beide Gruppen wurden im Labor einem Stressfaktor ausgesetzt. Die Gruppe, die die Pille gegen Stimmungsschwankungen erhalten hatte, konnte ihre Impulse besser in Schach halten.[79] Das bedeutet, dass man nur dann beim Kühlschrank oder der Zigarette Zuflucht sucht, wenn man glaubt, dass man sich danach besser fühlt. Natürlich könnte man argumentieren, die Stimmungsabwehrpille habe sich auch auf die Physiologie und den Stoffwechsel der Versuchspersonen ausgewirkt. Der Haken an dieser Hypothese ist bloß, dass es keine solche Pille gibt. Die Testpersonen hatten lediglich ein Placebo ohne spürbare physiologische Wirkungen erhalten. Die Wirkung fand nur in ihren Köpfen statt.

Wenn wir unsere Stimmung für ausgeglichen und stabil halten, dann widmen wir uns weiter der anstehenden schwierigen oder langweiligen Aufgabe, statt zu naschen oder am Wasserspender mit Kollegen zu plaudern.

Stehen wir jedoch emotional unter Druck, geben wir unseren Impulsen leichter nach. Auf kurze Sicht funktioniert das auch: Wir essen oder trinken etwas und fühlen uns danach besser. Langfristig jedoch ist ein Nachgeben auf diese Impulse nicht wirksam. Wir fühlen uns am Ende schlechter als vorher. Unsere negative Stimmung kehrt wieder und wird noch durch Schuldgefühle verstärkt.

Ein dem Alltag entnommenes Experiment kann man praktisch jederzeit in jeder beliebigen Kneipe beobachten – leider. Die meisten Menschen glauben, dass Alkohol die Stimmung hebt und Ängste abbaut. Ist man aufgewühlt, wütend oder deprimiert und versucht, sich mit einem Schnaps zu beruhigen oder auf andere Gedanken zu kommen, so mag das funktionieren. Aber eben nur für kurze Zeit. Nach ein oder zwei weiteren Gläsern werden Sie sich aller Wahrscheinlichkeit schlechter fühlen als zuvor. Alkohol kann die Stimmung heben, doch trinkt man mehr, verkehrt sich diese Wirkung in ihr Gegenteil. Pharmakologisch betrachtet ist Alkohol nämlich ein Depressivum.

Gleichermaßen sieht das Stück Schokoladenkuchen im Kühlschrank einfach unwahrscheinlich lecker aus, wenn sich jemand während seiner Diät ein bisschen deprimiert fühlt. Essen ruft angenehme Gefühle hervor und Schokolade ganz besonders. Zumindest solange, bis wir merken, dass wir – wieder einmal – unsere Diät sabotiert haben. Nahrung ist kein Ersatz für kompetentes Emotionsmanagement.

Auch Aggression ist ein Bereich, in dem Affektregulierung der Impulssteuerung überlegen ist. Erzeugen wir im Experiment schlechte oder negative Stimmungen bei einer Versuchsperson, so ist die Wahrscheinlichkeit, dass sie aggressiv reagieren wird, um sich besser zu fühlen, sichtlich erhöht. Man verliert leichter die Kontrolle, wenn man glaubt, dass ein Gefühlsausbruch und die Freisetzung der eigenen Wut den Gemütszustand verbessern könnten. Die Psychologin June Tangney von der George Mason University hat nachgewiesen, dass Schamgefühl einer der wichtigsten Auslöser für anschließende Zornesausbrüche ist.[80] Denken Sie daran, bevor Sie das nächste Mal einen Kollegen öffentlich in Verlegenheit bringen!

Eine schlechte Stimmung und der Wunsch, ihr zu entkommen, kann auch unsere langfristigen Entscheidungen bei Geldanlagen beeinflussen. Diane Tice und ihre Kollegen ließen Studenten an einem Anlagesimulationsspiel teilnehmen. Im Rahmen dieses Spiels führte eine langfristige Anlagestrategie am Ende zu höheren Erträgen als eine kurzfristige, auf Gewinnmaximierung ausgerichtete. Tice stellte fest, dass Testpersonen in negativer Stimmung eher geneigt waren, ihr Geld vom Tisch zu nehmen, als solche in positiver oder neutraler Stimmung. Der Grund dafür ist wohl, dass man sich unbedingt besser fühlen möchte. Und ein Gewinn ist eine Möglichkeit, das angestrebte Hochgefühl auf die Schnelle zu erreichen.[81]

Auch Zaudern ist ein dysfunktionelles Affektregulierungswerkzeug. Die Arbeit an langfristigen Zielen ist oft mit wenig vergnüglichen Aufgaben verbunden. Außerdem belasten uns vielleicht Zweifel, ob wir es überhaupt schaffen können. Also fangen wir an zu trödeln, indem wir uns mit irgendeiner angenehmen Beschäftigung ablenken. Sind wir in schlechter Stimmung, neigen wir verstärkt zum Trödeln, denn wir fühlen uns besser, wenn wir vergnüglichen Dingen nachgehen. Stellt man einen in gedrückter Stimmung befindlichen Studenten vor die Wahl, ob er sich auf die Prüfung in organischer Chemie vorbereiten oder lieber mit Freunden Billard spielen will, wird er sich vermutlich für ein, zwei Partien Pool entscheiden. Wenn wir uns im Büro schlecht fühlen, vertändeln wir unsere Zeit vielleicht mit dem Spitzen von Bleistiften oder holen uns einen Schokoriegel aus dem Automaten, statt an der Marketingpräsentation zu arbeiten.

Wenn wir es beherrschen, unsere Emotionen zu managen, also Emotionen und Denken zu verknüpfen, erhöhen wir damit die Wahrscheinlichkeit, dass unsere Entscheidungen effektiver und unser Leben zielgerichteter werden. Das ist die wahre Herausforderung des Emotionsmanagements: Nicht das Unterdrücken von Gefühlen oder deren unkontrollierte Freisetzung, sondern das Nachdenken darüber, ihre Integration in unser Denken und ihre Nutzung als Informationsquelle und zur Anregung intelligenter Entscheidungsfindung.

Im nächsten Kapitel zeigen wir Ihnen, wie wir die vier emotionalen Fähigkeiten messen, und helfen Ihnen dabei, Ihre Kompetenzen zu verbessern.

Kapitel 7

Emotionale Kompetenz messen

Wissen Menschen eigentlich, wie klug sie sind? Das lässt sich ganz leicht feststellen: Informieren Sie doch einfach eine Gruppe von Testpersonen über IQ-Werte und lassen Sie sie dann den eigenen IQ schätzen. Legen Sie ihnen anschließend einen IQ-Test vor, und überprüfen Sie, inwieweit Ergebnis und Schätzung voneinander abweichen. Was denken Sie, wie groß wird der Unterschied sein? Schätzen Menschen die eigene Intelligenz eher richtig oder eher falsch ein?

Viele Forschungsergebnisse deuten an, dass wir unsere intellektuellen Fähigkeiten nicht sehr gut einschätzen können. Die Korrelation zwischen geschätztem und tatsächlichem IQ bewegt sich zwischen 0,15 bis 0,30.[82] Das bedeutet, dass die Menschen ihren Intellekt zwar in gewissem Maße einschätzen können, doch nicht sehr genau. (Die Korrelation kann Werte von 1,0 für vollkommene Übereinstimmung bis 0,0 für keinerlei Zusammenhang annehmen. Es gibt auch negative Korrelationen. Eine Korrelation von -1,0 etwa weist auf einen vollkommenen, aber negativen Zusammenhang zweier Faktoren hin: Wenn der eine Faktor steigt, fällt der andere.)

Wenn die Selbsteinschätzung nicht funktioniert, bitten Sie doch jemanden um Mithilfe. Fordern Sie ihn auf, Ihren IQ zu schätzen. Vielleicht fällt dieses Ergebnis ja präziser aus – aber auch nur vielleicht. In Studien, bei denen Lehrer die IQs ihrer Schüler einschätzen sollten, stieg die Korrelation auf 0,50. Das ist deutlich besser als die Selbsteinschätzung, doch es besteht immer noch genügend Spielraum für Irrtümer.[83]

Die direkte Frage nach den eigenen Kompetenzen oder den Kompetenzen anderer bringt ganz offensichtlich keine befriedigende Antwort.

Wie misst man Kompetenz?

Wie wäre es, wenn wir wissen wollten, wie schnell Sie tippen können? Nun, in diesem Fall würden wir Ihnen vermutlich ein paar Testseiten zum Abtippen vorlegen. Dann würden wir die Zahl der Wörter zählen, die Sie korrekt geschrieben haben. Daraus ergäbe sich dann Ihre Tippgeschwindigkeit. Im Anschluss würden wir den Test einer großen, repräsentativen Bevölkerungsgruppe vorlegen. Setzte man Ihr Ergebnis dann in Vergleich zu den anderen, könnte man so Ihre Kompetenz bewerten. Man könnte Ihren Tippquotienten oder TQ ausrechnen.

Emotionale Kompetenz lässt sich ebenfalls objektiv messen: mit Fähigkeits-, Leistungs- oder Wissenstests. In solchen Tests würden Ihnen eine Reihe von Fragen gestellt werden, um beispielsweise Folgendes herauszufinden:

- Was ist der Grund für Trauer?
- Was ist eine effektive Strategie im Umgang mit einem wütenden Kunden?

Und nichts anderes soll der *Mayer-Salovey-Caruso Emotional Intelligence Test* (kurz: MSCEIT; »Messkiet« ausgesprochen) erreichen.[84] Der MSCEIT fordert die Testpersonen auf, emotionale Probleme zu lösen. Die Antworten werden mit Punkten bewertet. Dann werden die erreichten Punktzahlen mit einer großen, normativen Datenbank von Testergebnissen (aus der breiten Öffentlichkeit oder von Emotionsexperten bezogen) verglichen, um eine Art emotionalen Kompetenzquotienten zu ermitteln. Den ermittelten Wert könnte man als »EQ« bezeichnen. Wir ziehen jedoch den Begriff emotionaler Intelligenzquotient oder EI-Wert vor. Der Terminus EQ taucht häufig im Zusammenhang mit nicht kompetenzbasierten Ansätzen zur Bewertung der emotionalen Intelligenz auf.[85]

Richtige und falsche Antworten

Es gibt häufig Bedenken gegenüber Tests, die emotionale Intelligenz messen. Ein beliebter Einwand ist, dass Intelligenztests davon ausgehen, dass es richtige und falsche Antworten gibt. Wie kann aber ein Gefühl richtig oder falsch sein?

Nehmen Sie zum Beispiel die Einschätzung der Fähigkeit, exakt die Emotionen anderer zu erkennen. Stellen Sie sich eine Frau mit einem freundlichen, breiten Lächeln vor. Ihre Augen liegen in Fältchen, ihr Mund lächelt, die Mundwinkel zeigen nach oben, das ganze Gesicht lacht. Wie fühlt sich diese Frau? Würden Sie nun sagen »wütend«, weil Sie den Eindruck haben, dass die Person möglicherweise wütend sein könnte, dann lägen Sie damit sicherlich falsch.

Nicht alle Punkte im Test zur emotionalen Intelligenz lassen sich auf diese Weise auswerten, viele aber durchaus.

Probemessungen

Probieren Sie doch einmal ein paar Musterfragen aus einem EI-Test aus. Die Antworten geben keinen Aufschluss über Ihr tatsächliches Kompetenzniveau, aber Sie bekommen ein Gefühl dafür, wie emotionale Kompetenz wissenschaftlich gemessen wird.

Abbildung 5: Beispiel für das Erkennen von Emotionen

Betrachten Sie dieses Gesicht, und beschreiben Sie, wie sich die junge Frau fühlt:

Empfindet sie
- Traurigkeit?
- Glück?
- Wut?
- Abscheu?
- Überraschung?
- Aufregung?

Messen Sie Ihre Fähigkeit, Gefühle anderer zu erkennen

Die Fähigkeit, Gefühle zu erkennen, versetzt Sie in die Lage, genau einzuschätzen, was in einem anderen Menschen vorgeht. Was meinen Sie, wie sich die Frau in Abbildung 5 fühlt?

Ein erster Blick auf dieses Gesicht führt meist zu dem Schluss, dass die Testperson glücklich ist. Ihr Lächeln ist immerhin nicht ohne! Sie ist ganz bestimmt glücklich und vielleicht auch aufgeregt. Eine eher leichte Aufgabe ist es, bestimmte Emotionen auszuschließen. Traurigkeit und Abscheu können wir ziemlich schnell streichen.

Machen wir es ein bisschen schwerer. Schauen Sie sich das Gesicht noch einmal an. Fragen Sie sich nun, ob die junge Dame *wirklich* glücklich ist oder nicht. Ist ihr Lächeln ein glückliches Lächeln? Ist es überhaupt ein *echtes* Lächeln?

Bei der Analyse, ob der emotionale Ausdruck echt ist, sind die entscheidenden emotionalen Kompetenzen gefragt, die sich nicht auf die oberflächlichen Gefühlsäußerungen anderer beschränken, sondern tiefer schürfen. Nun müssen wir verschiedene Züge ihres Gesichts vergleichen. Wir überlegen uns, was ein echtes Lächeln ausmacht und ob unsere Zielperson diese Merkmale zeigt.[86] Im vorliegenden Beispiel reicht das Lächeln bis zu den Augen, ist also vermutlich ein echtes und kein aufgesetztes Lächeln. (Glück und vielleicht Aufregung wären die beste Antwort.)

Messen Sie Ihre Kompetenz als »Stimmungsmacher«

Wissen Sie, inwieweit Gefühle unsere Art zu denken, zu planen und zu entscheiden beeinflussen? Testen Sie sich anhand der folgenden Musterfrage.

Wie Trauer das Denken beeinflusst

Stellen Sie sich vor, Sie würden sich gerade ein wenig niedergeschlagen (traurig) fühlen. Welche der folgenden Aufgaben erfüllen Sie in dieser Stimmung am besten?

a. Ein Dankschreiben verfassen.
b. Einen Haushaltsplan prüfen.
c. Eine Freundin anrufen, um ihr zum Geburtstag zu gratulieren.

Niedergeschlagenheit oder negative Stimmungen wie Traurigkeit steigern unser Konzentrationsvermögen. Deshalb kümmern wir uns sorgfältiger und kritischer um Detailfragen. Wir suchen und finden eher Fehler und Probleme. Eine gedrückte Stimmung kann nützlich sein, wenn Sie ein Dokument wie einen Haushaltsplan überprüfen sollen.

Dabei sprechen wir wohlgemerkt nicht von einer Depression, in der man nur mühevoll »funktioniert« und innerlich abwesend ist.

Messen Sie Ihre Kompetenz, die emotionale Zukunft zu deuten

Wer Emotionen versteht, der erkennt, welche Ursachen es für Emotionen gibt, wie sich Emotionen verändern und wie sich komplexe Emotionen aus zwei oder mehr einfachen Emotionen zusammensetzen. Das Kompetenzniveau eines Menschen auf diesem Gebiet lässt sich zum Beispiel durch Fragen nach seinem emotionalen Vokabular ermitteln. Versuchen Sie sich beispielsweise an der nächsten Musterfrage. Welche beiden Gefühle verknüpft Kummer?

a. Wut und Überraschung,
b. Angst und Wut,
c. Enttäuschung und Akzeptanz,
d. Reue und Freude.

Warum hat man Kummer? Man verspürt Kummer nach einem Verlust – dem Verlust eines Menschen, einer Idee, einer Chance oder eines Traums. Man ist enttäuscht, weil etwas nicht geklappt hat. Enttäuschung wiederum kann zu Frust führen, einer subtilen Form von Wut. Wenn wir erkennen, dass Verluste unvermeidlich sind und wir unseren Verlust akzeptieren, dann geht die Enttäuschung in Traurigkeit über. Diese Logik ist äußerst komplex. (Antwort »c« ist die beste Antwort.)

Messen Sie Ihre Kompetenz zum emotionalen Handeln

Wie sollte man die Emotionen anderer managen? Gibt es bessere oder schlechtere Methoden, anderen zu helfen? Die nächste Musterfrage vermittelt einen Eindruck von Ihrer Kompetenz zum effektiven Emotionsmanagement.

Ein Kollege im Büro wirkt ganz aufgelöst. Er bittet Sie, mit ihm Mittag zu essen. In der Cafeteria schiebt er Sie an einen abseits gelegenen Tisch. Nach ein paar Minuten der zähen Konversation eröffnet er Ihnen, dass er mit Ihnen über etwas reden möchte, was ihm Kopfzerbrechen bereitet. Er erzählt Ihnen, dass er in seinem Lebenslauf fälschlicherweise angegeben hat, einen Collegeabschluss zu besitzen. Ohne diesen Abschluss hätte er den Job nicht bekommen. Welche Reaktion würde wohl dazu führen, dass sich Ihr Kollege sofort wieder wohler in seiner Haut fühlt?

a. Sie fragen ihn, wie er sich in dieser Sache fühlt, um sich ein genaueres Bild machen zu können. Sie bieten ihm Ihre Hilfe an, drängen sich jedoch nicht auf, falls er vielleicht gar keine Hilfe möchte.
b. Sie lassen sich von ihm erzählen, welche möglichen negativen Folgen seine Handlungsweise haben könnte. Sie bringen ihn dazu, sich die schlimmstmögliche Konsequenz auszumalen. Dadurch merkt er vielleicht, dass seine Situation gar nicht so verzweifelt ist.
c. Sie würden rasch das Thema wechseln und das Problem erst einmal zurückstellen. Das Beste wäre, ihn von der Sache abzulenken.

Spricht Sie vielleicht keine dieser Möglichkeiten an? Oder sind Sie der Ansicht, dass ein Verdrängen des Problems sofort positive Wirkungen haben könnte? Er sollte gar nicht mehr daran denken. Doch vielleicht wird ihm das am Ende nur noch mehr Kummer machen. Außerdem: Wenn man jemandem ausdrücklich rät, *nicht* an eine Sache zu denken, dann wird er sich ganz besonders darauf konzentrieren.[87] Sich mögliche negative Konsequenzen auszumalen, könnte seine Besorgnis noch erhöhen. Am besten ist es wahrscheinlich, die Angelegenheit wohlwollend mit ihm zu besprechen (Antwort a).

Die Entscheidung für eine möglichst effektive Lösung hängt in solch einer Frage zum großen Teil davon ab, was man erreichen möchte. Zunächst einmal müssen Sie sich also über Ihre eigentliche Zielsetzung in der jeweiligen Situation im Klaren sein. Erst dann können Sie verschiedene Alternativen abwägen. Oftmals ist die emotional intelligentere Alternative die, bei der die zugrunde liegenden Emotionen verarbeitet werden und den Verstand mit Informationen versorgen. Das mag schmerzhaft sein, ist aber notwendig. Unsere Gedanken können uns in alle möglichen Sackgassen führen. Klare, emotionale Daten sind vielleicht der Ausweg.

Der echte Test

Zu einem wissenschaftlich anerkannten Tests gehören weit mehr als einige zusammengestellte Testfragen. Als wir den MSCEIT entwickelt haben, ließen wir die Fragen von Tausenden Menschen beantworten, revidierten viele Fragen und unterzogen sie alle einer Analyse, die sicherstellen sollte, dass sie auch wirklich ihren Zweck erfüllen. Schließlich gibt es nicht für jedes emotionale Problem eine passende Antwort. Wir waren auch sehr darum bemüht, die Zuverlässigkeit der MSCEIT-Ergebnisse zu gewährleisten – also die Eignung des Tests zur fundierten Bewertung der EI.

Der komplette MSCEIT umfasst 141 Punkte. Zu seiner Durchführung sind 45 Minuten nötig. Das Ergebnis wird mit einer normativen Datenbank verglichen, die Daten von 5 000 Menschen enthält. Wenn Sie sich für den MSCEIT interessieren, finden Sie ausführlichere fachliche Informationen dazu auf der folgenden Internetseite: www.emotionaliq.org.

Der nächste Teil dieses Buches bietet praktische Kompetenzenbildung für jede der vier Fähigkeiten emotionaler Intelligenz.

Teil III

Entwickeln Sie Ihre emotionale Kompetenz

Wenn emotionale Intelligenz wirklich einfach eine Art von Intelligenz ist, wie kann man dann hoffen, emotional intelligenter zu werden? Schließlich behaupten viele Forscher, dass ein IQ eben einen bestimmten Wert hat, der sich das ganze Leben hindurch kaum verändert. Gilt dasselbe auch für Ihren emotionalen Intelligenzquotienten? Die Antwort ist, dass wir das zum gegenwärtigen Zeitpunkt noch nicht mit Sicherheit sagen können. Aber wir wissen, dass Menschen Kompetenzen und Wissen erwerben können. Außerdem ist die vom MSCEIT gemessene emotionale Intelligenz bei Erwachsenen im mittleren Lebensalter ausgeprägter als bei jungen Erwachsenen.[88] Wir sind recht optimistisch, dass die Kompetenzen, aus denen die emotionale Intelligenz besteht, ausbaufähig sind. Schließlich ist ja ein Ziel unseres Buches, Ihnen bei der Entwicklung Ihres emotionalen Wissens zu helfen und Ihre emotionale Kompetenz zu erweitern. Kompetenzentwicklung in diesem Bereich beginnt beim vorhandenen Wissen. Um diese Kompetenzen wirklich weiterzuentwickeln, genügt es aber nicht, dieses Buch zu lesen. Sie müssen das Gelesene auch aktiv umsetzen. Wir liefern Ihnen die nötigen Kenntnisse, um Ihre Kompetenz auf dem Gebiet der emotionalen Intelligenz zu entwickeln. Wir sagen Ihnen, was Sie tun müssen. Alles andere – also der entscheidende Entwicklungsschritt – liegt dann bei Ihnen.

Kapitel 8

Steigern Sie Ihre Fähigkeit, Emotionen zu identifizieren

Wir haben bereits die Fähigkeit behandelt, Gefühle als Teil der emotionalen Intelligenz zu identifizieren (1. Schritt unseres Modells). Dazu gehören eigene Emotionen ebenso wie die anderer, die sich in Mimik, Gestik und Tonfall widerspiegeln. Diese Fähigkeit umfasst auch das Vermögen, Emotionen präzise auszudrücken, um effektiv mit anderen zu kommunizieren. Das Ziel dieses Kapitels ist, Ihnen durch verschiedene Übungen zu helfen, Gefühle besser zu erkennen. Eine gewisse Kompetenz auf diesem Gebiet haben Sie sicherlich bereits. Wenn die Mimik eindeutig ist – etwa, wenn Ihr Kind freudig lächelnd ein Geburtstagsgeschenk auspackt –, dann sind die darin gespiegelten Emotionen leicht zu erkennen. Manchmal sind Gefühle aber auch nicht so einfach einzuordnen. Nicht immer drückt ein Gesicht ehrlich aus, was der Betreffende empfindet.

Ohne solide und exakte emotionale Informationen sind Ihre Entscheidungen und Ihre Gedanken mit und über Emotionen fehlerhaft. Unter Computerprogrammierern gibt es die folgende Redensart: »Wo Schrott hineinkommt, kommt auch Schrott heraus.« Das Gleiche gilt für die emotionale Intelligenz: Wer Emotionen nicht korrekt identifiziert, kann sie nicht nutzen, verstehen und managen. Voraussetzung für die Deutung der Gefühle anderer ist jedoch, dass man sich der eigenen Empfindungen bewusst ist. Es gibt nur wenige Menschen, deren Fähigkeit, andere zu verstehen, nicht beim Selbstverständnis beginnt.

So entwickeln Sie ein Bewusstsein für die eigenen Gefühle und Emotionen

Wissen Sie, wie Sie sich fühlen? Diese Frage mag Ihnen banal erscheinen, doch wir müssen Sie trotzdem stellen. Viele von uns blenden Ihre Gefühle zumindest zeitweise aus. Die emotionale Intelligenz verlangt, dass wir Zugang zu unseren Emotionen haben – nicht unbedingt ständig, aber im entscheidenden Augenblick.

Die folgende Übung soll Sie dazu anregen, sich darüber Gedanken zu machen, wie ausgeprägt Ihr emotionales Bewusstsein ist.

Sich der eigenen Gefühle bewusst werden

	keinesfalls	tendenziell nein	tendenziell ja	auf jeden Fall
• Es ist wichtig, über die eigenen Gefühle nachzudenken.				
• Emotionen sollten wahrgenommen und bemerkt werden.				
• Ich achte darauf, wie ich mich fühle.				
• Ich verstehe gewöhnlich, wie ich mich fühle.				
• Meine Gefühle sind unmissverständlich.				
• Ich weiß, wie ich mich fühle.				

Je öfter sie »auf jeden Fall« und »tendenziell ja« angekreuzt haben, desto ausgeprägter ist Ihr emotionales Bewusstsein. Wer sich der eigenen Emotionalität bewusst ist, kann die Emotionen anderer leichter erkennen. Das geht über die Beachtung verschiedener emotionaler Schlüsselsignale hinaus. Es hilft Ihnen, emotionale Informationen aktiv zu verarbeiten.

Wer nun festgestellt hat, dass er sich der eigenen Emotionen, Stimmungen und Gefühle nur unzureichend bewusst ist, sollte ein Stimmungslogbuch schreiben. Das fördert die Entwicklung der eigenen Gefühlswahrnehmung. In welcher Form Sie Ihre Gefühle notieren, bleibt Ihnen überlassen, wir empfehlen jedoch, mehrmals täglich eine Bewertungsskala für verschiedene emotionale Begriffe einzusetzen.

Stimmungsskala

Gefühl	empfinde ich eindeutig nicht				vielleicht			empfinde ich eindeutig	
• Lebendigkeit	1	2	3	4	5	6	7	8	9
• Aufregung	1	2	3	4	5	6	7	8	9
• Düsterkeit	1	2	3	4	5	6	7	8	9
• Müdigkeit	1	2	3	4	5	6	7	8	9
• Fürsorge	1	2	3	4	5	6	7	8	9
• Zufriedenheit	1	2	3	4	5	6	7	8	9
• Niedergeschlagenheit	1	2	3	4	5	6	7	8	9
• Zittrigkeit	1	2	3	4	5	6	7	8	9
• Dösigkeit	1	2	3	4	5	6	7	8	9
• Griesgrämigkeit	1	2	3	4	5	6	7	8	9
• Unruhe	1	2	3	4	5	6	7	8	9
• Nervosität	1	2	3	4	5	6	7	8	9
• Gelassenheit	1	2	3	4	5	6	7	8	9
• Freundlichkeit	1	2	3	4	5	6	7	8	9
• Überdruss	1	2	3	4	5	6	7	8	9
• Aktivität	1	2	3	4	5	6	7	8	9

Hier ist ein Beispiel für eine Stimmungsskala, wie sie Ihnen beim Führen eines solchen Stimmungslogbuchs von Nutzen sein könnte. Die Skala ist üblicherweise in positive und negative Affekte eingeteilt.[89] Stellen Sie sich mehrmals täglich diese Frage (zum Beispiel morgens, nachmittags und abends): Wie fühlen Sie sich jetzt gerade? Stufen Sie jedes Gefühl so schnell wie möglich ein.

Eine alternative Skala könnte feinere Abstufungen der Emotionen enthalten (siehe folgende Übersicht).

Emotionsskala

Emotion	empfinde ich eindeutig nicht			vielleicht			empfinde ich eindeutig		
• Glück	1	2	3	4	5	6	7	8	9
• Traurigkeit	1	2	3	4	5	6	7	8	9
• Wut	1	2	3	4	5	6	7	8	9
• Vorfreude	1	2	3	4	5	6	7	8	9
• Angst	1	2	3	4	5	6	7	8	9
• Überraschung	1	2	3	4	5	6	7	8	9
• Akzeptanz	1	2	3	4	5	6	7	8	9
• Abscheu	1	2	3	4	5	6	7	8	9
• Eifersucht	1	2	3	4	5	6	7	8	9
• Scham	1	2	3	4	5	6	7	8	9

Ihr Stimmungslogbuch, das Sie mithilfe der obigen Skalen erstellen, lässt sich zu einem emotionalen Tagebuch erweitern. Das erfordert ein wenig mehr Arbeit, doch es ist eine gute Übung, um mit den eigenen emotionalen Erfahrungen umgehen zu lernen. Zu diesem Zweck ist es nützlich, nicht nur aufzulisten, welche Emotionen sie zu bestimmten Zeitpunkten im Tageslauf empfanden, sondern auch die vorausgehenden Ereignisse festzuhalten. Ein solches emotionales Tagebuch kann Ihnen helfen, Muster in

Ihrem Gefühlsleben zu erkennen und aufzuzeigen, wie äußere Ereignisse Sie beeinflussen, was Ihnen zusetzt, was Sie auf die Palme bringt und was Ihnen Freude macht.

Hier ein Vorschlag zur Gestaltung Ihres emotionalen Tagebuchs:

- Datum: ....
- Uhrzeit: ....
- Ort: ....
- Beteiligte: ....
- Vorkommnis: ....
- Ereignisse, die der Emotion vorausgingen: ....
- Empfindungen: ....

Versuchen Sie nicht, das Ereignis in diesem Teil des Tagebuchs zu analysieren, sondern notieren Sie es einfach nur. Schreiben Sie frei von der Leber weg, was vorgefallen ist, wie Sie sich dabei gefühlt und wie Sie reagiert haben. Über Stimmungen und biologische Rhythmen oder Zyklen ist viel geforscht worden. So bezeichnen sich manche als »Morgenmenschen« und andere als »Nachteulen«. An diesen Klischees ist womöglich sogar etwas dran, denn wir alle durchlaufen während des Tages bestimmte Auf- und Abwärtstrends.[90]

Sobald Sie genügend emotionale Daten gesammelt haben, sollten Sie das Tagebuch noch einmal durcharbeiten, um festzustellen, ob auch Sie solchen natürlichen Stimmungszyklen unterliegen. Bei manchen Menschen hängen Emotionen sehr eng mit der Nahrungsaufnahme zusammen. Das so genannte »Zuckerhoch« ist ein Phänomen, das für viele Menschen Realität ist. Eine üppige Mahlzeit macht uns müde oder auch trübsinnig. Auch Schlafmangel wirkt sich auf unsere Gefühlslage aus. Vielleicht stellen Sie ja fest, dass Ihre Unproduktivität in Nachmittagsmeetings gar nichts mit dem Thema der Sitzung, sondern vielmehr damit zu tun hat, wie Sie sich fühlen![91]

Werden Sie sich Ihrer emotionalen Ausdrucksweise bewusst

Vorausgesetzt, Sie pokern nicht gerade um große Summen, kann es von enormer Bedeutung sein, die eigenen Gefühle ohne Worte ausdrücken zu können. Bedenken Sie, dass Emotionen Informationen enthalten. Um die

Kommunikation zu erleichtern, ist es daher wichtig, dass man das, was man sagt, mit angemessener Mimik unterstreicht. Damit die eigene Botschaft ankommt und verstanden wird, ist Denken und Fühlen erforderlich.

Gehen Sie die oben angeführte Liste spezifischer Emotionen, die Sie in Ihrem Emotionslogbuch verwendet haben, noch einmal durch. Stellen Sie sich dann vor den Spiegel. Wiederholen Sie jeden der emotionalen Begriffe, und beobachten Sie dabei Ihr Gesicht im Spiegel. Verfolgen Sie genau, welchen Ausdruck Ihr Gesicht annimmt, wenn Sie das Wort mehrmals hintereinander aussprechen. Versuchen Sie, das Emotionswort mit Gefühl zu sagen. Versuchen Sie beispielsweise das Wort Glück auch glücklich auszusprechen. Denken Sie dabei an eine Zeit in Ihrem Leben, in der Sie besonders glücklich waren. Verfahren Sie dann mit den übrigen Emotionsbegriffen von der Liste genauso. Sinn dieser Übung ist, Ihr Bewusstsein für die Art und Weise zu schärfen, wie Ihr Gesicht sich verändert, wenn Sie bestimmte Gefühle und Emotionen zum Ausdruck bringen.

Die meisten Menschen sind sich über ihre Wirkung auf andere nicht im Klaren. Wenn wir die eigene Stimme vom Tonband hören oder Fotos von uns sehen, dann sind wir häufig überrascht. Noch stärker ist der Effekt bei Videoaufnahmen. Schüchternen Menschen sind manche der folgenden Übungen extrem zuwider. Es ist ihnen peinlich und unangenehm, jemanden anzulächeln, ihm persönliche Fragen zu stellen oder in irgendeiner Weise von ihrem gewohnten Verhalten abzuweichen.

Doch gerade die schüchternen Zeitgenossen konzentrieren sich oft übertrieben darauf, wie andere auf ihr Verhalten reagieren. Sie meinen, dass sie dumm oder aufdringlich wirken könnten. Das tun sie zwar nicht, aber sie sehen es so. Der Blick in den Spiegel vermittelt einen guten Eindruck davon, wie wir auf andere wirken. Wenn Sie sich selbst eine Zeit lang dabei beobachtet haben, wie Sie emotionale Begriffe aussprechen, gehen Sie dazu über, so zu tun, als würden Sie jemanden begrüßen. Als Nächstes versuchen Sie, mehr zu lächeln und sich für ihr (imaginäres) Gegenüber zu interessieren. Wie wirkt das? Zu offensichtlich? Nicht offensichtlich genug?

Besonders wirkungsvoll lässt sich diese Übung gestalten, wenn Ihnen eine Videokamera zur Verfügung steht. Stellen Sie die Kamera zu Hause oder im Büro auf und spielen Sie ein Vorstellungsgespräch oder ein erstes Treffen mit jemandem nach. (Vielleicht bitten Sie einen Freund, die Rolle des Gegenübers zu übernehmen.) Schauen Sie sich das Video dann erst allein an, und führen Sie es später einem Verwandten, Freund oder Kollegen vor. Sind Sie mit Ihrem Präsentationsstil zufrieden?

Wenn Sie den Eindruck gewinnen, dass Ihr emotionaler Ausdruck nicht aufrichtig wirkt oder wenn er sie verunsichert, dann probieren Sie es doch einmal mit einer emotionalen Scharade. Die Regeln dafür finden Sie hier, doch es gibt viele Varianten dieses Spiels. Die Hauptsache ist, dass Sie sich darin üben, Gefühle auszudrücken. Und das geht zum Beispiel so:

- Bereiten Sie einen Stapel »Emotionsszenario-Karten« vor. (Beispiele hierfür finden Sie weiter unten.)
- Laden Sie ein paar Freunde oder andere interessante Menschen ein.
- Platzieren Sie die Gruppe so, dass sie auf eine »Bühne« schaut – eine Couch, eine freie Fläche oder dergleichen.
- Bitten Sie jemanden, eine Karte zu ziehen.
- Der Betreffende soll sich leise durchlesen, was auf der Karte steht und versuchen, sich auf die entsprechenden Gefühle einzustellen. (Geben Sie ihm circa 15 Sekunden, nicht mehr.)
- Dann muss er die Emotionen wort- und lautlos darstellen, lediglich durch Mimik, Körpersprache und andere nonverbale Signale. (Er hat dafür maximal 30 Sekunden Zeit.)
- Die Zuschauer bewerten den Darsteller nach dem Ausdruck und der Echtheit der ausgedrückten Emotion.
- Dann liest der Darsteller die Emotionsszenario-Karte laut vor und die Beobachter notieren für sich, welche Emotionen der Darsteller hätte vermitteln sollen.
- Die Gruppe diskutiert und einigt sich auf die in der Emotionskarte enthaltenen Schlüsselemotionen.
- Jeder Beobachter teilt dann der Gruppe mit, wie er die Darbietung bewertet.

Am Ende des Spiels stellen Sie den Teilnehmern mit den meisten Punkten die folgenden Fragen:

- Was ist eine gespielte Emotion und woran erkennen Sie sie?
- Wo liegt der Schlüssel zum nonverbalen Ausdruck?
- Was hat Mimik damit zu tun?
- Haben Sie auf Ihre Körpersprache geachtet, etwa auf die Haltung?

Zum Einstieg hier ein paar Beispiele für Emotionsszenario-Karten:

1. Die Kundenpräsentation Ihres Chefs lief recht gut. Er war in Topform, die Ideen und Vorschläge kamen beim Kunden gut an. Am Ende der Sitzung wendet sich Ihr Chef an Sie und sagt – vor allen Anwesenden –, dass Sie es waren, der die Präsentation vorbereitet und die Idee entwickelt hat. Innerlich strahlen Sie vor Freude.

2. Gerade heute muss das passieren: Die Geschäftsleitung hat ihre Meinung wieder geändert. Und nicht zum ersten Mal. Aber heute Abend wollten Sie eigentlich mal einigermaßen pünktlich nach Hause, weil Sie verabredet sind. Oder besser: verabredet waren. Sie werden anrufen, absagen und einen Grund angeben müssen. Doch diese lahme Ausrede wird Ihnen kein Mensch abnehmen. Sie sind total frustriert.

3. Ihre Mitarbeiterbeurteilung steht an. Sie haben in den vergangenen sechs Monaten keine schlechte Arbeit geleistet. Die meisten Projekte haben sich gut entwickelt. Es gab ein oder zwei Krisen, doch mit ein paar Überstunden und ein wenig Einfallsreichtum haben Sie sie in den Griff bekommen. In ihrer Leistungsbeurteilung meint Ihre Chefin jedoch, Ihre Leistungen seien durchschnittlich. An Ihren organisatorischen Kompetenzen und an Ihrem Zeitmanagement müssten Sie noch arbeiten. »Wenn Sie das hinkriegen«, meint sie, »dann wird vielleicht nächstes Jahr was aus Ihrer Beförderung.« Eine herbe Enttäuschung! Vielleicht haben Sie es ja verdient, aber unglücklich sind Sie trotzdem.

4. Was für ein mieser Tag. Sie hatten eigentlich früher Feierabend machen wollen, weil Sie Geburtstag haben. Aber so schlimm ist es ja nicht, denn Sie hatten nichts Besonderes vor. Ist ja nur Ihr Geburtstag, weiter nichts. Da hören Sie ein Geräusch im Konferenzzimmer und schauen hinein. Plötzlich gehen in dem dunklen Zimmer alle Lichter an, und die ganze Abteilung grölt: »Überraschung! Happy Birthday!« Es gibt einen Kuchen, Kerzen, Dekoration und Geschenke. Was für eine nette Überraschung!

5. Ein gelungener Tag! Sie haben Urlaub und liegen am schönsten Strand, den Sie je gesehen haben. Sie haben im Büro gut vorgearbeitet, sodass sich während Ihrer Abwesenheit nicht allzu viel ansammeln kann. Und Sie haben noch zehn Tage Urlaub vor sich. Die Sonne scheint, es geht ein sanfter Wind und die Wellen plätschern friedlich ans Ufer. Sie sind entspannt, gelassen und rundum zufrieden. Die Welt ist in Ordnung.

6. Das Vorstellungsgespräch beim Abteilungsleiter ist recht gut gelaufen. Sie sind ganz zufrieden mit sich. Am folgenden Tag rufen Sie eine Freundin an, die in der Abteilung arbeitet, bei der Sie sich beworben haben. Sie zögert, als sie Ihren Namen hört, und sagt nach kurzem Stocken: »Es tut mir wirklich leid, dass das Gespräch so schlecht gelaufen ist.«

So entwickeln Sie ein Bewusstsein für die Gefühle und Emotionen anderer

Wenn Sie Ihre eigenen Emotionen ausgelotet haben, emotionale Scharaden gespielt haben und sich der eigenen Gefühle besser bewusst geworden sind, können Sie sich nun den Gefühlen anderer zuwenden. Wie fühlen sich die Menschen um Sie herum? Wie können Sie das herausfinden?

Die exakte Ermittlung von Gefühlen fängt grundlegend beim Bewusstsein an. Viele Menschen, die uns im Zuge unserer Arbeit begegnet sind, konnten die Emotionen anderer nur sehr schlecht erfassen. Das liegt meist daran, dass man nicht wirklich darauf achtet! Solche Menschen sind nicht etwa unfähig herauszufinden, wie sich jemand fühlt. Sie wissen einfach nichts über die nützlichen Hinweise, die uns das Gesicht unseres Gegenübers gibt.

Der erste Schritt bei der Ermittlung von Emotionen ist einfach: Begegnen Sie Ihrer Umgebung mit offenen Augen. Machen Sie es wie der große Romandetektiv Sherlock Holmes, der an die Macht der Beobachtung und der logischen Schlussfolgerung glaubt. Er findet stets Hinweise, die andere übersehen haben – und das gelingt ihm unter anderem deshalb, weil er aktiv danach Ausschau hält.

Es gibt drei Arten emotionaler Hinweise, auf die Sie achten müssen, wenn Sie die Emotionen anderer präzise identifizieren wollen: (a) Mimik, (b) Tonfall, Rhythmus und Klang der Stimme und (c) Körperhaltung. Betrachten wir jeden dieser Bereiche für sich.

Ins Gesicht geschrieben – die Mimik

Wenn Ihnen Ihr Gesprächspartner direkt in die Augen schaut, heißt das gewöhnlich, dass Sie ihm sympathisch sind. Ihr Gegenüber bringt Ihnen

Interesse entgegen und wird eher bereit sein, mit Ihnen zusammenzuarbeiten. Menschen, die sich nicht mögen oder die verschiedener Meinung sind, meiden meist längeren Augenkontakt. Wenn Sie jemanden kennen lernen und Ihnen derjenige direkt in die Augen sieht und dabei lächelt, so heißt das vermutlich, dass er Ihnen positive Gefühle entgegenbringt.

Natürlich kann der direkte Augenkontakt zu einem unangenehmen Starren ausarten. Das empfinden die meisten Menschen als irritierend – und nicht von ungefähr. Ein stierer Blick wird von bestimmten Primaten als bedrohliches, dominantes Verhalten interpretiert. Das gilt aller Wahrscheinlichkeit nach auch für zwischenmenschliche Kontakte.

Ganz Ohr – Stimmlage und Tonfall

Klaus Scherer, einer der Pioniere in der Emotionsforschung, hat untersucht, inwiefern der Tonfall wertvolle emotionale Informationen übermitteln kann.[92] Obwohl sich der Tonfall von Mensch zu Mensch und auch von Kultur zu Kultur unterscheidet, sollten wir folgende stimmliche Merkmale und ihre typische Bedeutung berücksichtigen, wenn wir die Emotionen eines anderen genau bestimmen wollen.

Sprache und Emotion

Tonfall	Bedeutung
• monoton	• Langeweile
• langsam und hoch	• Depressivität
• schnell, nachdrücklich	• Begeisterung
• aufsteigend	• Überraschung
• abrupte Sprechweise	• Verteidigung
• abgehackt, laut	• Wut
• hoch, langgezogen	• Ungläubigkeit

Bei jeder Methode ist es jedoch wichtig, die eigene Wissensdatenbank und die Entscheidungskriterien zu modifizieren, wenn neue Daten hinzukommen. So hat jeder Mensch seinen eigenen Sprechstil. Deshalb ist es entscheidend, die allgemeinen Veränderungen bei der Sprechweise zu kennen, um sein Bewusstsein auf verschiedene Menschen einstellen zu können.

Hinter die Kulissen schauen – die Körpersprache

Sie können auch Ihre Fähigkeit trainieren, nonverbale Hinweise auf Emotionen in der Körperhaltung anderer zu erkennen. Wenn Sie sich mit jemandem unterhalten oder ihn beobachten, können Sie durch Analyse seines Verhaltens Hinweise auf seine Gefühlslage erhalten. Folgende Übersicht illustriert Aspekte nonverbalen Verhaltens und deren emotionale Deutung.

Nonverbale Hinweise

nonverbaler Hinweis	Erscheinungsbild	Interpretation
• Orientierung	• ihnen zugewandt	• Interesse
	• leicht abgewandt	• Zurückhaltung
• Arme	• geöffnete Arme	• Offenheit
	• verschränkte Arme	• Abwehr
• Haltung	• vorgeneigt	• Interesse
	• zurückgelehnt	• Abwehr

Die Analyse von Gesichtsausdruck, Stimme und Körperhaltung ihrer Freunde, Familienmitglieder und Geschäftspartner kann – besonders anfangs – Unbehagen verursachen. Wir empfehlen, diese Technik beim Fernsehen einzuüben. Suchen Sie sich in der Videothek oder in der Bibliothek ein Video aus. Nehmen Sie am besten einen Film, den Sie noch nicht kennen. Spulen Sie vor, bis Sie eine Szene finden, in der sich Menschen unterhalten. Schalten Sie den Ton ab und verfolgen Sie das Geschehen 30 Sekunden bis eine Minute lang. Sind mehrere Personen beteiligt, konzentrieren Sie sich nach Möglichkeit auf ein oder zwei Hauptdarsteller.

Ist die Szene vorbei, halten Sie den Film an und notieren Sie mithilfe der Emotionscheckliste unten, wie sich die beiden Hauptpersonen in der Szene gefühlt haben. Das ist ein schwieriges Unterfangen, denn Sie haben nur visuelle Anhaltspunkte und wenig Zusammenhang. Wenn Sie die Gefühle bewertet haben, spulen Sie das Video bis zum Anfang der gerade analysierten Sequenz zurück und schauen Sie sich diese noch einmal an. Diesmal aber mit Ton. Während die Szene noch einmal läuft, halten Sie anhand Ihrer Emotionscheckliste fest, welche Emotionen die beobachteten Darsteller zum Ausdruck bringen.

Emotionen im Film

Emotionscheckliste: **nein** = nicht vorhanden, **ja** = vorhanden

Gefühl	**Figur 1**		**Figur 2**	
	ohne Ton	mit Ton	ohne Ton	mit Ton
• Glück				
• Traurigkeit				
• Wut				
• Vorfreude				
• Angst				
• Überraschung				
• Akzeptanz				
• Abscheu				
• Eifersucht				
• Scham				

Schalten Sie den Film aus und prüfen Sie, wie Sie die Emotionen eingestuft haben. Wie nah waren Sie dran? Haben Sie die Emotionen anhand der nonverbalen Signale korrekt identifiziert? Gab es Stellen, an denen Sie nur mit Hilfe vokaler Informationen richtig entscheiden konnten? Es ist ausgesprochen lehrreich, festzustellen, welche Emotionen man gut identifizieren kann und welche man nicht so ohne weiteres erkennt. Fra-

Bewertungsblatt zur Beobachtung von Menschen

- **Umfeld**

- **Physische Beschreibung**
  - Geschlecht
  - auffällige Merkmale

- **nonverbale Hinweise**
  - Mimik
  - Haltung

- **verbale Hinweise**
  - Emotionsbegriffe
  - Tonfall

- **wahrscheinliche Emotion(en)**

- **berichtete Emotion(en)**

gen Sie sich, welche Hinweise Sie womöglich unter- oder überbewertet haben. Was haben Sie übersehen? Und welche Signale haben Sie besonders gut erkannt?

Nachdem die Notwendigkeit zur Einschätzung von Gefühlen anderer häufig in der Öffentlichkeit entsteht (und selten beim Fernsehen), sollten Sie diese Kompetenz auch in der authentischen Umgebung trainieren. Achten Sie jedoch darauf, dass Sie Unbeteiligte nicht durch Anstieren verunsichern. Beobachten Sie Ihre Mitmenschen nach folgendem Muster oder entwickeln Sie selbst ein Ähnliches. Suchen Sie sich eine »Zielperson« aus, und beobachten Sie sie ein paar Minuten ruhig und aus einiger Entfernung. Versuchen Sie dann, das Bewertungsblatt zur Menschenbeobachtung möglichst exakt auszufüllen. Wenn Sie den Mut haben, können Sie Ihre Zielperson auch ansprechen und sie nach ihrem Gefühlszustand befragen. Vergleichen Sie die verbalen Angaben des Betreffenden mit Ihren Aufzeichnungen, und vergleichen Sie die Emotionen, die Ihre Zielperson Ihrer Ansicht nach empfand, mit denen, die sie Ihnen beschreibt. Sollte Ihre Zielperson nicht mit Ihnen sprechen wollen, sollten Sie die Übung selbstverständlich abbrechen.

Ins Gesicht geschrieben

Emotion	Mund	Augen	Nase	Sonstiges
• Glück	Lächeln	Lachfältchen		kann aktiv sein
• Traurigkeit		zusammengezogene Augenbrauen; Stirnrunzeln		geringe Aktivität
• Angst	verzerrtes Gesicht	rasches Blinzeln		
• Wut	zusammengepresste Lippen	zusammengekniffene Augen	gebläht	
• Abscheu	gekräuselte Lippen		gerümpft	Zunge sichtbar
• Überraschung	offener Mund	geweitete Augen		innehalten

Zu zweit ist diese Übung besonders effektiv. Einigen Sie sich auf eine Zielperson, unterhalten Sie sich aber erst über Reaktionen und Bewertungen, wenn sie jeder für sich vollständig ermittelt hat. Vergleichen Sie dann Ihre Bewertungen, und diskutieren Sie darüber.

Besonders wichtig ist unserer Ansicht nach, zu erlernen, wie man den mimischen Ausdruck von Emotionen deutet. Die Dekodierung der verschiedenen Hinweise im Gesichtsausdruck ist kein leichtes Unterfangen. Paul Ekman hat ein System entwickelt, das zahlreiche Mimikausprägungen erfasst.[93] Auch Computer werden darin geschult. Man muss jedoch kein Computerspezialist sein, um die eigene Fähigkeit zu steigern, Emotionen im Gesichtsausdruck zu erkennen. Und man muss auch nicht Dutzende von mimischen Signalen analysieren, um festzustellen, wie sich jemand fühlt. Die Konzentration auf wenige Schlüsselprinzipien des emotionalen Ausdrucks kann die Treffsicherheit bei der Dekodierung von Emotionen immens steigern.

Die Übersicht auf Seite 110 zeigt Ihnen die wichtigsten mimischen Signale für sechs primäre Emotionen. Besonders effektiv können Sie die Gefühlslage anderer beurteilen, wenn Sie sich auf Mund, Augen und Nase konzentrieren.

In den Abbildungen 6 und 7 erhalten Sie einen schematischen Überblick über diese Gesichtszüge. Es sind zwar nur die Grundzüge erfasst, doch sie bilden einen idealen Ausgangspunkt zur Entwicklung der Wahrnehmung visueller Emotionssignale.

Abbildung 6: Gefühle richtig deuten

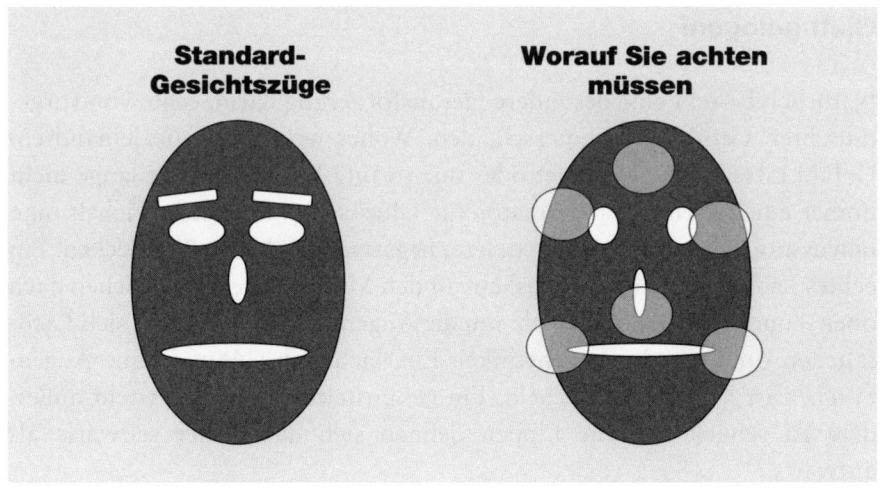

Abbildung 7: Grundformen emotionaler Gesichtsausdrücke

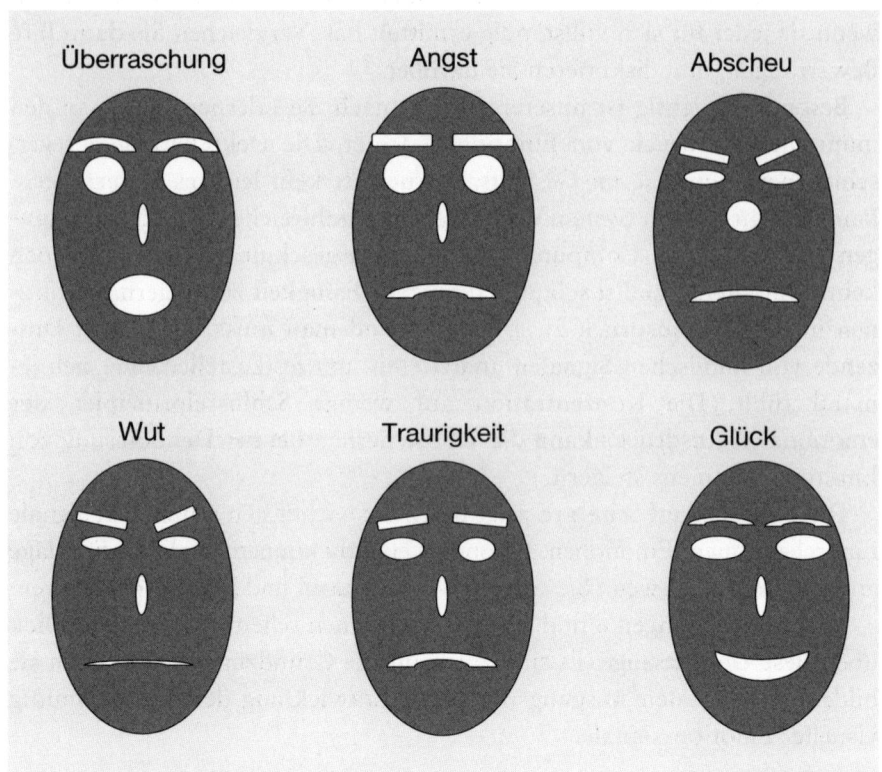

Glatt gelogen!

Natürlich besteht eine besondere Herausforderung darin, echte von vorgetäuschten Gefühlen zu unterscheiden. Woher wissen wir, ob jemand ein Gefühl tatsächlich empfindet oder nur so tut? Ein Lächeln ist lange nicht immer ein zuverlässiger Indikator für Glücksgefühle. Häufig lächelt man bewusst oder gezwungen, um tiefere, negative Gefühle zu überdecken. Ein echtes Lächeln bezieht die Muskeln an den Mundwinkeln – sie ziehen nach oben – und ebenso die Muskeln um die Augen mit ein. Es bilden sich Lachfältchen rund um die Augenwinkel. Ein ›lächelnder‹ Mund ohne Augenfältchen ist kein echtes Lächeln. Ein gekünsteltes Lächeln entsteht außerdem zu schnell und die Lippen dehnen sich dabei eher seitwärts als aufwärts.[94]

Manchmal signalisiert ein falsches Lächeln auch ein Täuschungsmanöver. Wie kann man einen emotionalen Lügner entlarven? Das hängt von der Art der Lüge ab und von der Situation. Hier gibt es unterschiedliche Strategien, die sich danach richten, ob es sich um eine Notlüge handelt, die keine starken Emotionen mit sich bringt, oder ob viel auf dem Spiel steht und die zugrunde liegenden Gefühle entsprechend stark sind. Nehmen wir uns zunächst die belanglose Lüge vor – und denjenigen, der sie einsetzt.

Die folgende belanglose Lüge wurde von einem zehnjährigen Jungen erzählt:

Vater: Hast du dir vor dem Schlafengehen die Zähne geputzt?
Sohn: Ja, Papa. Gute Nacht.

Der Junge war ein zuverlässiger kleiner Kerl und höchst motiviert – daher zweifelte sein Vater keinen Augenblick daran, dass er seine Zähne auch wirklich geputzt hatte. Dann aber stellte der Zahnarzt bei der Vorsorgeuntersuchung mehrere Karieslöcher fest und musste sogar eine Wurzelbehandlung durchführen. (Wir wollen dem Jungen nicht Unrecht tun: Der Zahnarzt meinte, die Wurzelbehandlung habe mit der mangelhaften Zahnhygiene nichts zu tun. Aber es ergänzt die Geschichte so schön.) Von da an stellte der Vater die allabendliche Frage nicht mehr nur routinemäßig, sondern mit mehr Nachdruck.

Wenn ein Lügner in der Situation, in der er die Unwahrheit sagt, nicht von starken Gefühlen beherrscht wird, muss man zu seiner Entlarvung Hinweise ermitteln, die nichts mit dem Ausdruck übermäßiger Emotionen zu tun haben. Bei der Sache mit dem Zähneputzen könnte der Vater beispielsweise auf die Sprechweise achten. Zögert der Junge beim Antworten? Dauert es lange, bis er etwas sagt? Verhaspelt er sich? Ist seine Aussage in irgendeiner Weise unstimmig?

Stellen Sie sich alternativ eine Situation vor, in der Sie mit einem neuen Vertriebsmitarbeiter zu tun haben. Sie bemerken, dass ein Großauftrag einen eklatanten Fehler enthält und zitieren ihn in Ihr Büro. Er behauptet, den Auftrag ordnungsgemäß ins System eingegeben zu haben. Die Schuld an dem Fehler schiebt er auf den Innendienst. Er geht sogar so weit, zu behaupten, der zuständige Sachbearbeiter habe gelangweilt und müde gewirkt, als er ihm am letzten Freitagnachmittag das Auftragsformular ausgehändigt habe. Er entschuldigt sich dafür, den Auftrag nicht überprüft zu haben und versichert, er werde das nächste Mal besser aufpassen.

Sie kennen den zuständigen Sachbearbeiter recht gut, und seine angebliche Fahrlässigkeit überrascht Sie. Irgendwie haben Sie bei der Geschichte ein komisches Gefühl. Was Ihnen daran nicht gefällt, können Sie jedoch nicht genau sagen. Wäre der Vertriebsmitarbeiter für den Fehler verantwortlich, so könnte er deshalb entlassen werden, denn er ist noch in der Probezeit. Aber er hat seine Geschichte so überzeugend vorgebracht! Wie können Sie feststellen, ob er die Wahrheit gesagt hat oder ob er den eigenen Fehler einem anderen in die Schuhe schiebt?

Steht bei einer Lüge viel auf dem Spiel, sind die Emotionen des Lügners vermutlich viel stärker. Eine solche Lüge können Sie viel leichter erkennen, wenn Sie sich auf die emotionalen Signale des Betreffenden eingestellt haben. Grundsätzlich lautet die Strategie, auf Anzeichen für negative Emotionen zu achten, auf nonverbale und verbale Signale, aber vor allem auf subtile mimische Elemente. Hat er viel zu verlieren, so wird der Lügner starke negative Emotionen verspüren und diese auch zum Ausdruck bringen. Wer die Wahrheit sagt, wird dagegen kaum negative Gefühle entwickeln. Manchmal versuchen Lügner, diese negativen Gefühle mit einem Lächeln zu kaschieren, doch ein solches Lächeln wirkt falsch.

Für Fortgeschrittene: Die Kombinationsübung

Um eigene und fremde Emotionen wirklich effektiv deuten zu können, sollten Sie die Kompetenzen, die wir in diesem Kapital erörtert haben, kombinieren:

1. Aufpassen
- Nehmen Sie die eigenen Gefühle und Stimmungen exakt wahr und identifizieren Sie sie.
- Betrachten Sie Ihr Gegenüber genau und hören Sie ihm zu.

2. Verbale Informationen verarbeiten
- emotionale Begriffe
- Tonfall
- Sprechgeschwindigkeit und Stimmlage

3. Nonverbale Informationen verarbeiten
- Mimik

- Augen und Mund
- Körperhaltung
- kontextabhängige Interpretation von Gesten
- Bezug von Gesten zu Worten, Tonfall und Situation

4. Auf Stimmigkeit bzw. Unstimmigkeiten achten
- Passen die Worte zum Tonfall?
- Passen die Worte zum Ausdruck?

5. Abweichungen analysieren
- Lassen Sie sich von Abweichungen nicht verwirren, beispielsweise wenn:
  - Menschen lachen, wenn sie trauern.
  - Menschen Gefühle verleugnen wollen.

6. Die eigene Person wahrnehmen
- Verarbeiten Sie Ihre eigenen emotionalen Reaktionen.
- Lassen Sie sich von Ihrer eigenen Reaktion nicht den Blick verstellen.
- Beachten Sie aber dabei Ihre eigenen Gefühle.
  - Manchmal ahmen wir die Emotionen anderer nach.
  - Manchmal fühlen wir uns unwohl, wenn bestimmte Gefühle geäußert werden.

7. Der Sache auf den Grund gehen
- Reagieren Sie auf Ihr Gegenüber mit Sätzen wie »Sie scheinen ...«.
- Helfen Sie dem anderen, sich seiner Gefühle bewusst zu werden.
- Reflexion ermutigt andere, sich zu öffnen, weil man sich verstanden fühlt.

Sie können Ihre Beobachtungen auch mit einem anderen Zuschauer teilen, denn es ist hilfreich, die eigenen Wahrnehmungen mit jemand anderem abzugleichen.

Es ist nicht einfach, doch wir sind überzeugt davon, dass Sie mit Übung und Feedback die Treffsicherheit beim Identifizieren von Emotionen erhöhen können. Sobald Sie dabei vernünftige Daten erhalten, können Sie zum nächsten Schritt übergehen.

Kapitel 9

Nutzen Sie Emotionen, um Ihr Denkvermögen zu steigern

Zwischen Stimmung und Denken besteht ein enger Zusammenhang. Jeder weiß, dass Emotionen das Denkvermögen steigern, aber auch beeinträchtigen können. Ein emotional intelligenter Manager muss unter anderem in der Lage sein, Stimmung und Situation aufeinander einzustellen. Sich in die *richtige* Stimmung zu versetzen schafft eine Geisteshaltung, die die Voraussetzung für kreatives Denken, Anteilnahme und Vision bildet.

Sicher gibt es Menschen, deren Denkvermögen durch Gefühle nicht verbessert, sondern eher gestört wird. Ab und zu kann das jedem passieren, doch manchen Menschen passiert es ständig. Das kann zum Beispiel daher kommen, dass sie eine besondere Veranlagung zur Wut oder zur Freude haben. Wut oder Freude (oder eine andere Emotion) prägen ihre »normale« Gefühlslage.

Denken und Fühlen lassen sich nicht trennen. Die Frage ist aber nicht nur, wann Stimmungen oder Emotionen das Denkvermögen steigern, sondern auch, welche Emotionen unsere Denkprozesse verbessern. In diesem Kapitel sollen Sie mit unserer Hilfe lernen, wie Emotionen unser Denken beeinflussen und wie Sie sich selbst in die richtige Stimmung für eine bestimmte Situation versetzen – die Stimmung nämlich, die Ihnen hilft, Ihr Ziel zu erreichen.

Wie Gefühle das Denkvermögen beeinflussen

Emotionen beeinflussen unser Denken. Denken ohne Emotionen ist schlicht nicht möglich. Diese beiden fundamentalen Prinzipien liegen der emotionalen Intelligenz zugrunde. Werfen wir nun einen näheren Blick darauf, wie unterschiedliche Emotionen unsere Aufmerksamkeit steuern und Denkprozesse auslösen.

Wie profitieren wir von Glücksgefühlen?

Glücksgefühle geben uns neue Ideen ein. Sie lassen uns in neue Richtungen denken und neue Möglichkeiten entdecken. Glück hat etwas damit zu tun, Träume zu haben und diese zu verwirklichen.[95]

Wir wissen, dass wir induktive logische Probleme leichter lösen, wenn wir in glücklicher Stimmung sind. Solche Probleme sind allgemeiner Natur und verlangen entsprechende Lösungsmöglichkeiten.[96] Und kreative Problemlösung funktioniert besser, wenn wir glücklich sind.[97] Positive Stimmungen führen zu

- innovativeren und kreativeren Lösungen,
- gehen über spezifische Informationen hinaus,
- bringen unkonventionelle Ideen hervor,
- generieren eine Fülle von Ideen.

Positiv gestimmte Menschen haben Ereignisse aus ihrer Vergangenheit in angenehmer Erinnerung.[98] Eine positive Grundstimmung fördert auch Großzügigkeit, Wohltätigkeit und Freundlichkeit. Alice Isen hat in ihrer Arbeit herausgefunden, dass das Hervorrufen einer positiven Grundstimmung die Entscheidungsfähigkeit fördert.[99] Das bedeutet, eine fröhliche Stimmung ist eine wichtige Voraussetzung für erfolgreiches Brainstorming, für das Generieren neuer Ideen und für das Finden möglicher Alternativen.

Menschen in positiver, glücklicher Stimmung verlassen sich eher auf allgemeine Wissensstrukturen. Sie bilden eher Informationscluster als Menschen in negativer, gedrückter Stimmung. Sie stützen sich eher auf allgemeingültige Pläne und Verfahren (oder Schemata) als auf Details.[100]

Das heißt also, dass eine glückliche Grundstimmung die Aufmerksamkeit eher auf das übergreifende Gesamtbild lenkt. Sind Sie in der Diskussion über die Vision von einem neuen Produkt in guter Stimmung, während Ihr Kollege deprimiert ist, dann liegen Sie nicht auf derselben Wellenlänge. Sie haben dann das langfristige, umfassende Bild im Auge, während Ihr Kollege sich auf die Details konzentriert und das große Ganze nicht wahrnimmt.

Positive Stimmungen haben jedoch auch Nachteile. Sie führen häufiger zu Irrtümern bei der Problemlösung.[101] Das Gefährliche an einer glücklichen Grundstimmung ist, dass sie uns vermittelt, wir hätten gute Arbeit geleistet und unsere Aufgabe erfolgreich erfüllt. Das könnte uns dazu verleiten, die anstehende Aufgabe als erledigt zu betrachten und die Problemlösung nicht weiter voranzutreiben.

Wie profitieren wir von Angstgefühlen?

Wenn wir Angst haben, gehen wir in Habt-Acht-Stellung. Unsere Sinne sind geschärft, und Adrenalin durchströmt unseren Körper. Wir sind mobilisiert und entwickeln Fluchtinstinkte. Angst motiviert uns dazu, Gefahren zu entkommen. Wird die Angst zu groß, kann sie uns jedoch lähmen.[102]

Jeder, der schon Erfahrungen mit der Berufswelt gesammelt hat, weiß, dass Angst dort kein Fremdwort ist. Inwiefern sollten wir also von diesem Gefühl profitieren? Wir plädieren keinesfalls für das Verhalten bestimmter Manager, die Angst als taktische Waffe einsetzen, um andere einzuschüchtern, sie zu dominieren und die eigenen Ansichten durchzusetzen.

Angst ist kein schönes Gefühl. Doch ein Anflug von Angst kann manchmal Wunder wirken, wenn wir darüber nachdenken, was bei unseren Umsatzprognosen oder unserer neuen Produktstrategie schief laufen könnte. Angst verändert unser Denken dahingehend, dass wir alles und jeden mit Misstrauen betrachten. Derart gewappnet können wir im Gefühl der Angst alte Annahmen neu überdenken und Bekanntes mit anderen Augen betrachten.[103]

Wie profitieren wir von Traurigkeit?

Menschen in gedrückter Stimmung meinen, dass negative Ereignisse[104]

- feststehende Ursachen haben,
- aus globalen Problemen entstehen,
- sich fortsetzen,
- weiterhin zu erwarten sind.

Eine deprimierende Weltanschauung, die einem das Leben schwer macht, wenn sie die Oberhand gewinnt. Doch eine derartige Grundstimmung kann uns helfen, bestimmte Arten von Problemen zu lösen – nämlich solche, die deduktive logische Problemlösung erfordern.[105] Bei solchen Problemen müssen wir uns auf die Details konzentrieren, die Fehler in den vorhandenen Datensätzen finden. Die Stimmung in der Gruppe um ein, zwei Nuancen zu dämpfen, bevor eine endgültige Entscheidung getroffen wird, kann allen Beteiligten helfen, Probleme zu bedenken, die im optimistischen Brainstorming untergegangen sind.

Die meisten Teamleiter werden Ihnen erzählen, dass ihre Teams aus Fehlschlägen potenziell mehr lernen als aus Erfolgen. Misserfolg kann lehrreich sein, denn er bewirkt Enttäuschung und Traurigkeit. Wir erkennen, wo wir versagt haben und sehen Probleme, die wir vorher nicht wahrgenommen haben. Dabei sind Fehlschläge nur dann lehrreich, wenn der Teamleiter die dadurch entstehenden negativen Gefühle intelligent einsetzt.

Wie profitieren wir von Wut?

Wenn man die destruktiven Auswirkungen von Zornesausbrüchen bedenkt, ist es schwer vorstellbar, dass auch dieses Gefühl in der Entwicklung eines guten Managers beziehungsweise einer effektiven Führungskraft seinen Platz hat. Wir alle haben schon einmal den Zorn eines Vorgesetzten erlebt, und das war sicher nicht lustig. Wut verursacht häufig Probleme. Viele Firmen führen deshalb Programme zum Wutmanagement und zur Prävention von Gewalt durch.

Entsprechend vorsichtig behaupten wir, dass Wut in den emotionalen Werkzeugkasten eines effektiven Managers gehört. Es gibt Momente, in denen wir auf Unrechtsgefühle angewiesen sind, zum Beispiel wenn wir intellektuelles Eigentum, Handelsmarken, Urheberrechte, Marktinformationen und Humankapital vor dem Zugriff fragwürdiger Konkurrenten schützen müssen. Wenn wir klug genug sind, andere korrekt zu beurteilen, werden wir Drohungen aussprechen, die real und folgenschwer sind. Das Leben ist nicht immer fair, und nicht alle Menschen sind ehrliche, rechtschaffene Mitbürger.

Wann sollten wir Wut zulassen? Vielleicht wenn geschickte Betrüger Rentner um ihr Erspartes bringen? Oder wenn skrupellose Fondsmanager Pensionskassen plündern? Oder wenn der Chef seinen Freund befördert anstelle des eindeutig besser qualifizierten Mitbewerbers?

Was bewirkt Wut? Wut engt unser Gesichtsfeld ein, sie begrenzt unsere Perspektive und richtet all unsere Energie gezielt auf die vermeintliche Bedrohung aus.[106] Sie gibt uns die Kraft und die Konzentration, die wir manchmal brauchen, um klarzustellen, was richtig oder falsch ist. Und damit sind nicht subjektiv empfundene, sondern echte Ungerechtigkeiten gemeint.

Wie profitieren wir von Überraschung?

Das hat wohl niemand so treffend formuliert wie Darwin: »Da Überraschung durch etwas Unerwartetes oder Unbekanntes ausgelöst wird, will der erstaunte Mensch natürlich möglichst rasch wissen, was das ist. Infolgedessen machen wir unsere Augen weit auf, damit das Gesichtsfeld größer wird, und die Augäpfel bewegen sich frei in alle Richtungen.«[107]

Stellen Sie sich zum Beispiel einen Produktmanager vor, der überzeugt ist, dass die Wettbewerbsvorteile seines neuen Produkts unerreicht sind. Beim Überfliegen der täglichen Branchennachrichten bleibt er an einer Pressemitteilung über ein neues Produkt hängen, das die meisten der Merkmale seines Produktes aufweist und darüber hinaus noch verschiedene andere nützliche Details. Zu allem Überfluss wird es auch noch zu einem niedrigeren Preis angeboten.

Das Überraschungsmoment orientiert unsere Aufmerksamkeit neu, weil etwas Unerwartetes eintritt. Wenn wir überrascht werden, fallen wir in einen Modus der Informationssuche. Unsere Selbstzufriedenheit wird gestört, unsere Sinne stehen auf Empfang.

Der Einfluss von Emotionen auf die Entscheidungsfindung

Unsere Stimmung beeinflusst auch unsere Überzeugungskraft. Sie bestimmt, wie erfolgreich wir andere zur Meinungsänderung bewegen können. Jemand, der sich gerade in deprimierter Stimmung befindet, wird qualitativ bessere und überzeugendere Argumente finden als jemand in Hochstimmung,[108] denn negative Stimmungen sorgen für ein sorgfältigeres, systematischeres Vorgehen. Sind Sie dagegen in überschwänglicher Stimmung, werden Sie vermutlich mehr Argumente finden und auch kreativere, originellere.[109]

Emotionen und Entscheidungsfindung

Eines der faszinierenden Forschungsergebnisse in diesem Bereich weist darauf hin, dass unsere Stimmungen sich auf unser Urteilsvermögen und unsere Entscheidungen auswirken. Wer in schlechter Stimmung ist, sieht die Dinge pessimistischer. Man überschätzt dann die Wahrscheinlichkeit negativer Vorkommnisse und unterschätzt die Häufigkeit positiver Ereignisse. Entscheidet man dagegen aus einem Glücksgefühl heraus, so überschätzt man die positiven Ereignisse und unterschätzt die negativen.[110]

Wählen Sie nun eine der später in diesem Kapitel beschriebenen Strategien zur Stimmungsveränderung aus (siehe »Wie man in die richtige Stimmung kommt«). Versuchen Sie zum Beispiel, sich in traurige Stimmung zu versetzen, und denken Sie dann über Ihre Einstellung zu bestimmten allgemeinen Fragen nach:

- Ob Sie auf dem Nachhauseweg im Stau stecken werden?
- Ob Sie heute Nacht gut schlafen?
- Wie wohl morgen die Konjunkturberichte ausfallen werden?

Versetzen Sie sich anschließend in positive Stimmung, und denken Sie dann noch einmal über die oben gestellten oder ähnliche Fragen nach:

- Wird morgen gutes Wetter sein?
- Wird Ihr Teammeeting gut verlaufen?
- Wird Ihr heutiger Arbeitstag produktiv sein?

Achten Sie darauf, wie unterschiedlich Sie diese Fragen in verschiedenen Stimmungen angehen. Da Stimmungen subtil sind, wirken Sie sich nicht unbedingt sehr stark auf unser Denken aus, aber sie beeinflussen es dennoch. Deshalb ist es so wichtig, sich der eigenen Emotionen bewusst zu werden und sie aktiv zu managen.

Wenn Stimmungen sogar so nebensächliche Entscheidungen und Urteile beeinflussen, wie wirken sich unsere Emotionen dann erst auf die großen Entscheidungen im Leben aus, wie:

- Ob wir erfolgreich sein werden?
- Was die Zukunft wohl bringen mag?
- Ob Sie auf dem besten Wege sind, beruflich Karriere zu machen?

Die Entscheidungen, von denen wir meinen, wir träfen sie ausschließlich rational, sind das Ergebnis eines Zusammenspiels von Verstand und Emotionen. Gute Entscheidungen fällt man aber nur, wenn man sich der eigenen Emotionen bewusst ist.

Ideengenerierung und Problemlösung

Emotionen können unser Denkvermögen steigern, aber auch wie ein Ast wirken, der in die Speichen eines Fahrrads gerät. Entscheidend ist, ob der jeweilige Denkstil zur Emotion passt. Betrachten Sie die einzelnen Schritte, die bei der Problemlösung anfallen, und wie unterschiedliche Emotionen jeden dieser Schritte und jede spezifische Methode begünstigen und erleichtern können.

Kreativität, Problemlösung und Emotionen

Schritt/Verfahren	worum es geht	günstige Gefühlslagen
Kreativität		
• »Schönwetter«-Denken	• ein Gefühl uneingeschränkter Freiheit	• Glück
• Brainstorming	• Einsatz von Assoziationen, die in Verbindung mit bestimmten Objekten bestehen	• Glück
Bewertung von Ideen		
• Fehlersuche	• Erwägung potenzieller Probleme und möglicher Fehlschläge	• Anflug von Angst
• Zielanpassung	• Anpassung der Projektziele und der Merkmale der Idee	• neutrale Stimmung
Auswahl von Ideen		
• Checkliste	• Zuordnung eines bestimmten Wertes zu jedem Aspekt des Ziels und jeder Idee	• neutrale Stimmung

Umsetzung		
• Zustimmung der Gruppe	• Überzeugung des Teams	• Glück und Interesse
• Entwicklung eines Aktionsplans	• Entscheidungen über die einzelnen Schritte, Ressourcen, Zeitplan und Zuständigkeiten treffen	• Interesse
• Maßnahmen	• Einstieg in die Umsetzung	• Glück und Aufregung
• Fortsetzung	• Fortschrittsüberwachung, Durchführung von Anpassungen, fortlaufende Motivation, das gewünschte Ergebnis zu erreichen	• negative Stimmung zur Bewertung möglicher Probleme • glückliche, positive Stimmung, um die Motivation aufrechtzuerhalten

Der emotional intelligente Manager identifiziert Emotionen präzise. Er kennt die Regeln, nach denen Emotionen und Denken funktionieren und sorgt dafür, dass sein aktuelles Gefühl der jeweiligen Situation angemessen ist.

Wie man in die richtige Stimmung kommt

Wir haben behauptet, dass die Veränderung Ihres Gefühlszustands je nach Situation eine gute oder eine schlechte Idee sein kann. Wenn Sie verstanden haben, wie Stimmungen das Denkvermögen steigern, können wir uns den Methoden zuwenden, mit deren Hilfe Sie sich in bestimmte Stimmungen versetzen können.

Das richtige Feeling

Wie ruft man eine Stimmung hervor? Schauspieler verfügen über hoch entwickelte Methoden dafür. Als *die* Methode schlechthin bezeichnen viele

Schauspieler das Method Acting, das der russische Regisseur Konstantin Stanislawski entwickelt hat.[III]

Stanislawski glaubte, jeder Schauspieler sollte angemessen für seine Rolle inspiriert sein. Er entwickelte zwar keine festen Schauspielregeln, doch er erläuterte viele Methoden, die ein Schauspieler zur physischen und mentalen Vorbereitung auf seine Rolle verwenden konnte.

Das hier ist zwar kein Buch über Schauspielerei, sondern eines darüber, wie man ein besserer Manager und eine bessere Führungskraft wird. Dennoch muss ein emotional intelligenter Manager manchmal einige Schauspielkünste aufweisen können, um die Aktionen anderer zu lenken, zu leiten und zu beeinflussen. Franklin Roosevelt, der dreimal wiedergewählte US-Präsident, hat gesagt: »Der Präsident muss der beste Schauspieler der Nation sein.« Als der Schulpsychologe Howard Gardner seine Sicht über Führung erarbeitete, kam er zu der Schlussfolgerung, dass Führungspersönlichkeiten Geschichtenerzähler sind, die Bedeutung durch Worte übermitteln. Der emotional intelligente Manager wird vielleicht kein Broadway-Star, aber zeitweise muss er eine bestimmte Rolle einnehmen, die wesentlich für den Erfolg des Teams ist.

Die von Stanislawski vorgeschlagene Methode beinhaltet:

- Entspannung zur Steigerung der Konzentrationsfähigkeit;
- Förderung des Vorstellungsvermögens;
- Abruf von Erinnerungen an vergangene Emotionen;
- Verknüpfung von Erinnerungen an vergangene Emotionen mit spezifischen sensorischen Details der Emotion (etwa Geschmack, Geruch, Beschaffenheit);
- Heraufbeschwören von Emotionen auf der Bühne, die für eine Figur nötig sind;
- Betrachtung der Bühne als Realität, um dem Charakter und der Szene eine imaginäre Wahrheit zu verleihen.

Vielleicht denken Sie jetzt, das alles sei wohl kaum für das Berufsleben geeignet. Bevor Sie sich aber der nächsten Anregung zuwenden, sollten Sie sich unbedingt eine Stanislawski zugeschriebene Aussage vor Augen führen: Es gibt keine unbedeutenden Rollen, nur unbedeutende Schauspieler. Die beschriebenen Fähigkeiten können Ihnen helfen, auf Ihrer persönlichen Bühne zum Star zu werden.

Als erstes müssen Sie sich entspannen, denn Entspannung macht Sie aufgeschlossen und flexibel. Aufgeschlossenheit wiederum ist der Schlüssel zur Veränderung Ihrer Stimmung. Sie ermöglicht Ihnen, Ihr Verhalten und Ihren Stil so zu verändern, dass Sie in eine bestimmte Stimmung und Geisteshaltung finden.

Zweitens: Steigern Sie Ihre Vorstellungskraft. Sobald Sie einen aufnahmefähigen Zustand erreicht haben, können Sie Autosuggestion und ähnliche Methoden benutzen, um verschiedene Stimmungen und Emotionen zu erzeugen, die Ihr Denken verändern können.

Zu unseren favorisierten Methoden zur Erzeugung einer entspannten Stimmung gehört der Entwurf eines mentalen Bildes von einem idyllischen, friedvollen Tag. Schließen Sie die Augen und denken Sie bei sich: »Ich liege im Spätsommer auf einer Bergwiese. Der Himmel ist tief blau und hoch oben schweben weiche Wolkenschleier. Es ist warm, aber nicht schwül, und in der Luft liegt der süße Geruch von Heu und Gräsern. Ich höre Vogelgezwitscher. Dicke Honigbienen summen träge durch die Luft ...«

Auch wenn sie uns gefällt, könnte diese Vorstellung für Sie vielleicht nicht die richtige sein. Das Verfahren als solches sollte jedoch bei jedem Menschen funktionieren und besteht aus folgenden Teilschritten:

1. Suchen Sie sich, wenn möglich, ein ruhiges Plätzchen. Versuchen Sie dann, sich zu entspannen.
2. Denken Sie sich eine Szene aus, die Sie als friedvoll empfinden.
3. Wenn Ihnen das schwer fällt, stellen Sie sich einfach vor, wo Sie jetzt gerne wären.
4. Überlegen Sie sich, was dann um Sie herum wäre.
5. Stellen Sie sich dabei jeden Gegenstand detailliert vor – in Farbe, Form, Größe und Beschaffenheit. Wo befindet er sich in Ihrem Szenario?
6. Welche Geräusche hören Sie? Horchen Sie in sich hinein, und denken Sie sich aus, welche Geräuschkulisse zu Ihrem Szenario gehört.
7. Wie fühlen Sie sich?
8. Schauen Sie sich um und nehmen Sie in sich auf, so viel Sie können.

Weitere Anregungen:

- Wenn Ihr Bild Lücken hat, geben Sie sich Mühe, diese zu schließen.
- Versuchen Sie, Ihr imaginäres Szenario so realistisch wie möglich zu gestalten, indem Sie möglichst viele Details hinzufügen. Setzen Sie dabei all Ihre Sinne ein.
- Wo kommen Sie ins Bild? Sind Sie überhaupt anwesend? Sehen Sie die Szenerie mit eigenen Augen oder schweben Sie vielleicht darüber? Welche Perspektive haben Sie?

- Natürlich werden sich unpassende Gedanken und Geräusche in Ihr Fantasiebild drängen. Nehmen Sie das Geräusch oder die Störung einfach zur Kenntnis, und konzentrieren Sie sich dann wieder ganz auf Ihre Vorstellung.

Die Gefühle anderer nachempfinden

Zum Einsatz Ihres Vorstellungsvermögens ist noch ein weiterer Schritt erforderlich: Verleihen Sie Ihrem Fantasiebild die richtigen physischen Empfindungen – Empfindungen, die zu der Emotion passen, die Sie erzeugen wollen.

Dazu müssen Sie aber erst einmal wissen, wie sich unterschiedliche Emotionen anfühlen. Ein Gefühl ist eine körperliche Empfindung wie Wärme, Herzschlag oder Atmung. Viele Menschen glauben, dass jede Emotion mit einer individuellen Gefühlskonstellation verbunden ist. Die Forschungsergebnisse bestätigen diese Ansicht allerdings nicht. Emotionen lassen sich nicht anhand eindeutiger Gefühls- oder Empfindungskonstellationen unterscheiden. Die Verknüpfung von Gefühlen und Emotionen ist eine Methode, um Emotionen leichter und präziser freizulegen oder zu erzeugen. Betrachten Sie dazu verschiedene grundlegende Emotionen, wie in der nächsten Übersicht aufgelistet, sowie Gefühle, die möglicherweise damit verbunden sind.

Emotionen und Empfindungen

Emotion	Atmung	Herzfrequenz	Muskeln	Temperatur	Region
• Angst	Anstieg	Anstieg	Spannung	Kälte	Bauch
• Wut	Schwäche	Anstieg	Anspannung des Kiefers	Hitze	ganzer Körper
• Traurigkeit	extrem	Verlangsamung	Entspannung	Kälte	Brustraum
• Glück	Verlangsamung	leichter Anstieg	Entspannung	Wärme	Brustraum

Zunächst achten Sie nur auf Ihre Empfindungen und verbessern Ihr emotionales Bewusstsein. Anschließend identifizieren Sie verschiedene Empfindungen und Gefühle, die bestimmte Emotionen begleiten.

So entwickeln Sie Ihre emotionale Vorstellungskraft

Wie kann man die emotionale Vorstellungskraft steigern? Die folgende Übung hilft Ihnen, diese wichtige Kompetenz weiterzuentwickeln – Sie können sie nach Bedarf einsetzen, um sich leichter in die Stimmung anderer hineinzuversetzen, um Interesse oder einen Sinn für Dringlichkeit zu entwickeln oder um Ihr Denkvermögen zu steigern. Dafür müssen Sie zunächst festlegen, welche Stimmung oder Emotion Sie hervorrufen möchten. Ausgangspunkt ist dabei das Verständnis dafür, wie Stimmungen unser Denken beeinflussen.

1. Wählen Sie die Emotion, die Sie erzeugen möchten, und denken Sie dann an einen Moment, in dem Sie diese Emotion erlebt haben. Fällt Ihnen dazu kein spezifisches Ereignis ein, können die folgenden Anregungen helfen:

- Traurigkeit: Sie haben etwas sehr Wertvolles verloren.
- Wut: Sie wurden unfair behandelt.
- Angst: Sie sind in Sorge, dass etwas Schlimmes passieren könnte.
- Überraschung: Etwas Unerwartetes ist gerade passiert.
- Glück: Ein großer Wunsch ist in Erfüllung gegangen.

2. Stellen Sie sich diese Situation bildlich vor. Fällt Ihnen das schwer, denken Sie einfach an eine andere Situation, die noch nicht so lange zurückliegt, noch lebhafter in Erinnerung ist und die Sie leichter rekonstruieren können.

3. Spüren Sie die Gefühle, die physischen Empfindungen, die die entsprechenden Emotionen kennzeichnen.

- *Traurigkeit* – Es ist kalt, Sie frieren. Sie fühlen sich träge. Es fällt Ihnen schwer, sich zu bewegen, als hätten Sie Gewichte an den Füßen. Sie sind leicht gebeugt. Um Sie herum ist es dunkel. Sie können Formen unterscheiden, doch wie im Nebel. Sie atmen langsam und tief, lassen die Luft allmählich entweichen. Beim Ausatmen stöhnen Sie leise. Ihre Augen öffnen sich nur halb, die Mundpartie erschlafft.

- *Angst* – Um Sie herum ist es ganz still, nichts rührt sich. Gleich passiert etwas, doch Sie wissen nicht, was oder wann. Alle Ihre Muskeln sind angespannt. Sie sind erstarrt. Ihr Herz hämmert, Ihre Haut wird fahl. Ihr Mund ist trocken.
- *Liebe* – Wärme durchflutet Ihren Körper. Sie lächeln unwillkürlich. Sie strahlen von innen heraus und wissen, dass man Ihnen auf den ersten Blick ansieht, dass Sie voller Freude, Leidenschaft und Hoffnung sind. Ihr Herz klopft ein wenig schneller als sonst. Die Welt ist pastellfarben.
- *Wut* – Ihre Kieferknochen sind aufeinander gepresst, und Sie stieren Ihr Gegenüber unverwandt an. Im Wechsel ballen Sie die Hand zur Faust, lösen sie wieder und schlagen schließlich mit einer Faust in die Handfläche der anderen Hand. Sie spüren Wärme, Ihr Herzschlag beschleunigt sich. Ihre Mundwinkel ziehen nach unten, der Mund spannt sich an und ebenso die Schultern.
- *Glück* – Das Gefühl ist angenehm und warm. Sie empfinden aber keine Hitze, sondern fühlen sich sicher, zufrieden, geborgen und beschützt. Es ist, als würden Sie in einem warmen Wasserbecken treiben, das aus einer Quelle gespeist wird. Sie lachen und lächeln. Ab und zu jubeln Sie laut auf. Sie sind zappelig und würden am liebsten herumtanzen.

4. Intensivieren Sie die Bilder und physischen Wahrnehmungen nach Bedarf. Lassen Sie das Bild in Ihrer Vorstellung in Zeitlupe ablaufen. Spüren Sie in jeder Szene den Empfindungen nach. Versuchen Sie, die Lebhaftigkeit und Intensität der Gefühle zu verstärken.

5. Setzen Sie einen positiven Schlusspunkt. Geht es in Ihrem Bild um eine Emotion wie Wut, Traurigkeit oder Angst, ist es wichtig, dass die Übung in einer anderen Atmosphäre endet. Stellen Sie sich dazu eine idyllische Szene vor, die Sie entspannt und glücklich macht. Intensivieren Sie dieses Bild und die entsprechenden Gefühle, bis Sie die gewünschten Empfindungen durch Ihren Körper strömen spüren.

Die individuelle Gestaltung

Wenn Sie Ihre Gefühlslage beeinflussen wollen, um die Art Ihres Denkens zu verändern, müssen Sie diese Praktiken zunächst gründlich einüben. Doch Sie benötigen auch eine ganz persönliche Strategie, um diese Methoden in Ihren Alltag zu integrieren. So ist es wenig empfehlenswert, kurz vor einer Vertriebssitzung in meditative Trance zu verfallen. Stattdessen sollten Sie trainieren, sich rasch zu entspannen, sich ein eingeübtes Szenario vorzustellen und in die entsprechende Rolle zu schlüpfen.

Vielleicht sind Sie ja musikalisch oder künstlerisch interessiert. Dann suchen Sie sich doch eine fröhliche Melodie aus oder ein aufheiterndes Bild – etwas, das Ihnen spontan in den Sinn kommt. Denken Sie einfach an das Gemälde oder spielen Sie die Melodie in Ihrem Kopf ab, um in eine fröhliche Stimmung zu kommen. Sie können sich auch aufheiternde Sprüche oder persönliche Erinnerungen aufschreiben – was immer bei Ihnen am besten funktioniert. Die geeignetsten Bilder sind solche, die für Sie von großer Bedeutung und besonders inhaltsreich sind. Die folgende Liste von Szenarien kann Ihnen helfen, wenn Sie dabei Probleme haben oder mal etwas anderes ausprobieren wollen.

1. Sie werden zum Manager des Jahres gekürt.
2. Ihr Chef überrascht Sie mit einer verdienten, doch großzügigen Gehaltserhöhung und einer Beförderung.
3. Sie haben eine ungeheuer schwierige Aufgabe zur Zufriedenheit aller erfolgreich gemeistert.
4. Sie haben vor einer Gruppe internationaler Kollegen gesprochen, und Ihre Rede wird mit donnerndem Applaus begrüßt.
5. Sie lachen aus vollem Halse.

Schneller Stimmungswechsel

Eine der wirkungsvollsten Strategien zur Veränderung der Stimmung ist, einfach bestimmte Aussagen zu wiederholen.

Wenn Sie sich schnell aufheitern wollen, müssen Sie nur die folgenden Sätze lesen. Im Idealfall sprechen Sie sie laut aus – natürlich nicht unbedingt in einem überfüllten Fahrstuhl. Können Sie die Sätze gerade nicht laut sagen, dann wiederholen Sie sie eben still im Kopf.[112]

- Ich fühle mich heute richtig gut.
- Ich bin sehr glücklich.
- Alles entwickelt sich positiv.
- Heute ist ein schöner Tag.
- Mir geht es gut.
- Ich bin gut drauf.

Schäumen Sie gerade über vor Freude, haben aber eine Sitzung vor sich, in der Sie mehrere Leute entlassen müssen, dann möchten Sie Ihre Stimmung vielleicht ein wenig dämpfen. Die Aussagen, die Sie sich dann vorsagen sollten, müssen die Stimmung wiedergeben, die Sie anvisieren.

So schalten Sie um

Es gibt Augenblicke, da sollten wir uns traurig fühlen. Der Verlust eines geliebten Menschen oder eine große Enttäuschung machen uns traurig und bedrückt. Solche Traurigkeit ist für uns und andere ein Signal dafür, dass wir Trost und Unterstützung brauchen.

Manchmal aber müssen wir die Traurigkeit beiseite schieben, weil sie Fortschritt und Aktivität behindert. In der Geschichte gibt es viele Beispiele für Menschen, die unglaubliche Traumata nicht nur überstanden haben, sondern mit erneuerter Hoffnung, Stärke und Mut daraus hervorgegangen sind. Es gibt Berichte über Menschen, ja ganze Völker, die schon am Rande des Abgrunds standen und dann in einer neuen Welt zu neuer Blüte gelangten. Ob wir an die Geschichte der afrikanischen Sklaven in den Vereinigten Staaten denken, an den Holocaust oder an Städte, die von Naturkatastrophen heimgesucht wurden, Berichte von Wiedergeburt und Hoffnung können uns neuen Mut geben, wenn wir verzweifelt sind.

Natürlich sind unsere Enttäuschungen und Krisen nicht mit solch schrecklichen Ereignissen zu vergleichen. Doch es kann hilfreich sein, sich zu überlegen, wie andere – und auch wir selbst – mit emotionalen Konflikten fertig geworden sind. Legen Sie sich eine persönliche Hoffnungsgeschichte zurecht, damit Sie sie dann in Zeiten persönlicher Verzweiflung anzapfen und daraus Zuversicht ziehen können. Versuchen Sie es einmal mit folgender Übung. Absolvieren Sie die einzelnen Schritte dabei in der angegebenen Reihenfolge:

- Denken Sie an einen emotionalen Konflikt, den Sie positiv und effektiv lösen konnten – eine emotionale Situation, an der außer Ihnen noch eine Person beteiligt war, eine Situation, die verfahren war und böse hätte ausgehen können.
- Erinnern Sie sich, wer beteiligt war.
- Beschreiben Sie die Sachlage detailliert.
- Versuchen Sie, sich an die vorhergehenden Ereignisse zu erinnern, die zu der Situation geführt haben.
- Versuchen Sie, sich zu erinnern, was die jeweiligen Beteiligten, auch Sie selbst, getan haben.

Bedenken Sie dabei, was Ihr Vorsatz war, was Sie durch diese Situation gelernt haben und wie Sie sich nach der Beilegung der emotionalen Krise gefühlt haben. Machen Sie sich Notizen zu der Situation. Beschreiben Sie sie mit positiven, gefühlvollen Worten. Fertigen Sie anhand Ihrer Notizen eine Kurzgeschichte an, die bewegende Erinnerungen hervorruft.

Diese Geschichte, das Ergebnis dieser Übung, ist Ihr Werkzeug zur Erzeugung positiver Stimmung in harten, schweren Zeiten. Im Idealfall erzählen Sie diese Geschichte flott, energisch und lebendig. Selbst wenn Sie sich die Geschichte mit Bildern und Gefühlen nur durch den Kopf gehen lassen, norden Sie sich dadurch wieder auf eine positive Stimmung ein, die Wachstum und Entwicklung ermöglicht.[113]

Zusammenfassung

Jeden Tag denken wir, treffen Entscheidungen und fällen Urteile. Jeder Gedanke, jede Entscheidung und jedes Urteil entsteht unter dem Einfluss von Emotionen. Das können wir nicht ändern. Wir sind eben so beschaffen. Ignorieren wir die emotionale Komponente bewusst und bemühen uns, rational vorzugehen, beeinträchtigt das die Qualität unserer Entscheidungen.

Stattdessen sollten wir unsere Emotionalität für unsere Zwecke einsetzen. Was wäre, wenn Sie die Welt durch die Augen anderer sehen und erfahren könnten? Was haben Sie davon? Gibt Ihnen diese Fähigkeit die einzigartige Gelegenheit, andere zu verstehen? Wenn Sie mit einem verärgerten Kunden verhandeln müssen, dann ist Wut das Letzte, was Ihnen weiterhilft. Wenn Sie sich in den Kunden hineinversetzen können, schaffen Sie Solidarität. Sie sehen die Dinge dann aus demselben Blickwinkel. Als Leiter eines Produktentwicklungsteams, das nur schleppend Fortschritte macht, würden Sie vielleicht gern mehr Sinn für Dringlichkeit vermitteln. Das sollten Sie jedoch auf eine Weise tun, die dem Team und dem Niveau entspricht. Und das wiederum können Sie nur, wenn Sie die Angelegenheit aus dessen Perspektive betrachten.

Um sich in die richtige Stimmung zu versetzen, müssen Sie Emotionen präzise identifizieren können und wissen, wie Gefühle und Gedanken zusammenspielen. Dann müssen Sie nur noch das betreffende Gefühl heraufbeschwören. Sie sind dabei gleichzeitig der Fänger, der durch Zeichen angibt, wie der Ball zu schlagen ist, und der Schläger, der den Schlag mit aller Kunstfertigkeit und Kompetenz ausführen muss, die er besitzt.

Als nächstes beschäftigen wir uns mit dem Verstehen von Emotionen, dem dritten Schritt unseres Modells.

Kapitel 10

Steigern Sie Ihre Fähigkeit, Emotionen zu verstehen

Was aber, wenn Sie nicht besonders gut darin sind, sich in andere hineinzuversetzen, oder wenn Sie es schwierig finden, zu erklären, wie sich Emotionen entwickeln, verschmelzen und transformieren? Emotionen zu verstehen, ist von den vier emotionalen Kompetenzen in vielerlei Hinsicht die, die am leichtesten zu erwerben ist. Das Verständnis für Emotionen stellt unsere emotionale Wissensbasis dar, ebenso wie das Verstehen der Sprache, mit der wir Emotionen und Gefühlen beschreiben.

Wie bereits erwähnt, funktionieren Emotionen nach bestimmten Regeln, wie ein Schachspiel. Und genau wie beim Schach kann man emotionale Spiele mit unterschiedlicher Komplexität betreiben – von ganz einfachen Zügen einzelner Figuren bis hin zu Partien zwischen Großmeistern. Emotionale Großmeister denken oft mehrere Schritte voraus und beziehen das gesamte emotionale Schachbrett in ihr Spiel ein.

Dieses Kapitel soll Sie dabei unterstützen, ein Großmeister der Emotionen zu werden. Das geht nicht über Nacht, doch mit der Zeit werden Sie durch die Verbesserung Ihrer emotionalen Wissensbasis und durch das Verständnis der emotionalen Regeln deutlich erfolgreicher spielen als zuvor.

Unser Ausgangspunkt ist dabei der Ausbau Ihrer emotionalen Wissensbasis und Ihres Vokabulars, damit Sie präziser beschreiben können, wie sich andere fühlen. Abschließend werden wir Ihnen dabei helfen, einen Blick in die Zukunft zu werfen – zumindest emotional.

Der Aufbau Ihrer emotionalen Wissensbasis

Wie geht's denn so? Gut, sagen Sie? Mir geht's auch nicht schlecht. Das ist in etwa unsere Grundausstattung an emotionalem Vokabular – und die ist tatsächlich recht kümmerlich. Um seinen emotionalen Wortschatz zu erweitern, muss man kein Sprachwissenschaftler sein. Die meisten von uns verfügen bereits über ein gewisses Kontingent an Gefühlswörtern. Und ein bescheidener Kenntnisstand bringt uns hier schon sehr viel weiter.

Der emotionale Grundwortschatz

Wie viele Emotionen gibt es? Wie kann man sie beschreiben? Zur Vereinfachung können wir so genannte Zwei-Faktoren-Emotionsmodelle verwenden. Der Forscher James Russell hat ein System entwickelt, in dem Emotionen kreisförmig angeordnet sind. Punkte im emotionalen Feld werden dabei durch zwei Hauptdimensionen bezeichnet: das Empfinden einer Emotion (von angenehm bis unangenehm) und der energetische Zustand (von ruhig bis extrem erregt).[114] Wir haben Abbildung 8 entwickelt, um Ihnen zu helfen, Ihren emotionalen Grundwortschatz zu erweitern. Es stellt Emotionen in zwei Dimensionen dar: Gefühle (positive oder negative) und Energie (hoch oder niedrig).

Abbildung 8: Emotionaler Grundwortschatz

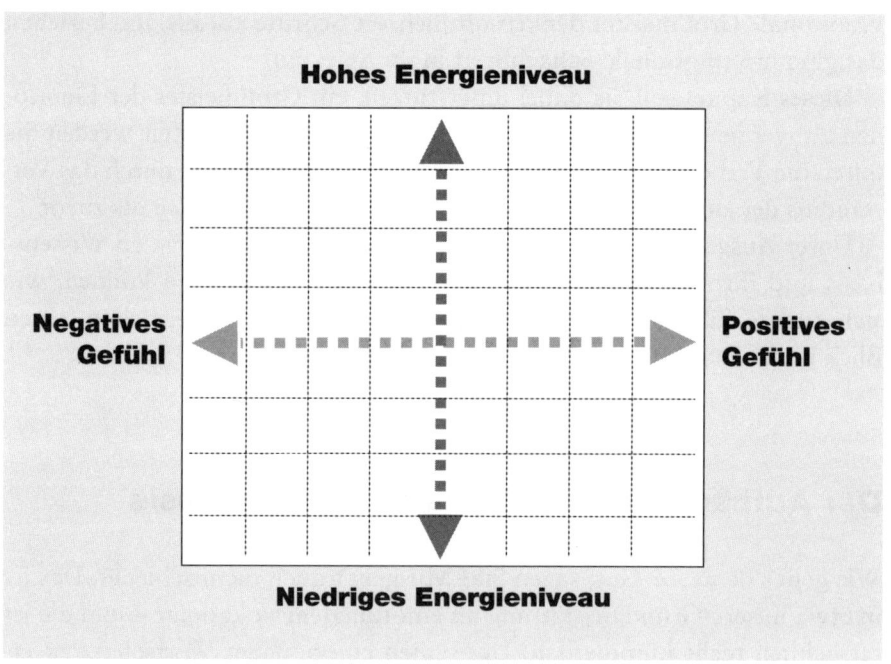

Wenn Sie nun jemand fragt, wie es Ihnen geht, so könnten Sie zum Beispiel antworten: »Ich fühle mich wohl und verspüre eine mäßige Menge Energie.« Oder: »Ich bin sehr aufgebracht und finde das ausgesprochen unangenehm.« Eine solche Formulierung wäre im Alltag natürlich eher ungewöhnlich. Diese beiden Dimensionen liefern ein emotionales Grundvokabular, wobei sie eher beschreibender Natur sind und weniger in präzisen Begriffen bestehen. Verbinden wir diese beiden Gefühlsdimensionen von emotionalen Begriffen, so könnten Sie im ersten Fall sagen, Sie seien »glücklich«, und im zweiten, Sie hätten »Angst«. Das ist schon mal ein Anfang, wenn auch noch recht bruchstückhaft und primitiv. Wir benötigen weitere Informationen.

Die Ursachen grundlegender Emotionen

Die Bedeutung vieler Signale erlernen wir bereits in frühester Kindheit. Sind Sie schon einmal im Meer schwimmen gewesen? Wenn das Wasser ruhig ist und in sanften Wellen ans Ufer plätschert, hisst die Wasserwacht grüne Flaggen, um sichere, überwachte Strandabschnitte zu kennzeichnen. Rote Flaggen werden dagegen dort aufgezogen, wo das Schwimmen verboten ist. Wenn Eltern ihre Kinder zum ersten Mal mit an den Strand nehmen, zeigen sie meist auf die Flaggen und erklären den Kindern, was sie bedeuten.

Emotionen haben eine ganz ähnliche Funktion wie diese Strandbeflaggung. Sie warnen uns vor möglichen Gefahren oder kündigen positive Entwicklungen an. Doch Emotionen wirken gewöhnlich subtiler als die bunten, flatternden Wimpel. Und leider bringen die meisten Eltern ihren Kindern nicht bei, wie sie solche emotionalen Signale zu deuten haben. Das müssen wir selbst lernen, wobei manche Menschen begabter sind als andere. Doch wie gut wir diesbezüglich auch vorgebildet sind, es kann nicht schaden, die Bedeutung von Emotionen und ihrer Signalwirkung zu rekapitulieren. Wir beginnen mit den fünf Grundemotionen: Wut, Freude, Angst, Überraschung und Traurigkeit.

Wut

Wut ist nicht von Haus aus eine negative Emotion. Sie entsteht, weil wir Dinge als falsch oder ungerecht empfinden. Wir finden, dass wir oder andere unfair behandelt werden. Ohne Wut würden wir Ungerechtigkeit, Ungleichheit und Vorurteile tolerieren.

Doch Wut kann auch zu Zerstörung und Gewalt führen. Was wir für ungerecht halten, kann manchmal schlicht auf einem Missverständnis beruhen. Man kann auch andere zur Wut aufstacheln und einen rücksichtslosen Mob entfesseln, der grundlos gewaltbereit oder für Vernunft nicht mehr zugänglich ist.

Diese beiden Beispiele zeigen, wie man Wut intelligent oder eben unintelligent einsetzen kann. Ein unintelligenter Einsatz oder Auslöser von Wut zeichnet sich dadurch aus, dass wir unser rationales Denkvermögen einbüßen und blind vor Wut agieren, obwohl wir nicht wirklich in Gefahr sind. Dieses Bild von der blinden Wut ist sehr einprägsam. Wir sind dann so wütend, dass wir nichts mehr sehen, und weil wir nichts mehr sehen, reagieren wir bewusst destruktiv, schlagen um uns und treffen jeden, der in unsere Nähe kommt.

Der intelligente Einsatz von Wut dagegen verleiht uns die nötige Kraft und Energie, ein Übel an der Wurzel zu packen oder ein Unrecht geradezurücken. Intelligenter Einsatz von Wut ist die Kraft, die sich dem Tyrannen widersetzt – die Kraft, die die Welt verbessert.

Doch Wut hat ihren Preis: Die negativen Auswirkungen von Wut auf die körperliche Gesundheit sind gut dokumentiert.[115] Dennoch glauben wir, dass wir diesen Preis für unser langfristiges Wohlergehen und das Wohl unserer Familien und Unternehmen in Kauf nehmen müssen. Wenn Wut unser Leben um ein paar Stunden verkürzt, wir dafür aber anderen einen Dienst erweisen, ist das ein Verzicht, zu dem wir bereit sind.

Mehr zum Thema Wut finden Sie im nächsten Kapitel, in dem es um den Erwerb von Strategien und Kompetenzen zum Emotionsmanagement geht. Dort lernen Sie, Wut intelligent einzusetzen.

Freude

Die altgriechischen Stoiker misstrauten Gefühlen wie Freude oder Vergnügen. Sie hielten sie für überflüssig. Freude oder Glück sind aber keineswegs irrational, denn diese Emotionen lassen uns freundlich auf andere zugehen.

Glücksgefühle signalisieren, dass wir etwas Gutes getan haben, etwas, auf das wir stolz sind. Wir sind glücklich, wenn wir unseren Wertvorstellungen genügen. Glücksgefühle sind ein Zeichen dafür, dass wir bewusst leben. Ein Glücksgefühl sagt uns, dass wir ein Ziel erreicht und Wert geschaffen haben. Wir fühlen uns glücklich, wenn wir einen Verkauf abgeschlossen, eine gute Präsentation gehalten oder ein fantastisches Jobangebot erhalten haben. Diese Gefühle inspirieren und motivieren uns dazu, es wieder zu versuchen und unseren Erfolg zu wiederholen.

Angst

Sorgen, Befürchtungen und Ängste signalisieren, dass etwas Schlimmes passiert oder bevorsteht. Sie sind die roten Flaggen, die Gefahr bedeuten, und müssen unbedingt beachtet werden. Angst ist häufig zukunftsorientiert – man ahnt etwas Schlimmes voraus, das erst noch passieren wird. Sie beinhaltet auch ein Gefühl der Unsicherheit und signalisiert uns, dass wir etwas übersehen haben. Die Sorge, die wir vor einer Präsentation empfinden, kann uns zu einer Überprüfung in letzter Minute anhalten, bei der wir feststellen, dass der Overhead-Projektor nicht funktioniert. Die Sorge darüber, die vorgegebenen vierteljährlichen Verkaufszahlen nicht zu erreichen, kann dazu führen, dass wir noch ein paar zusätzliche Anrufe tätigen.

Besorgnis entsteht aus einem anhaltenden allgemeinen Angstzustand. Sie bezieht sich auf bevorstehende Probleme und kann einen Menschen mit der Zeit psychisch beeinträchtigen. Dann sind wir besorgt, obwohl gar keine potenzielle Bedrohung vorhanden ist. Die Psychologie bezeichnet das als Angststörung. Es ist keine echte Emotion.

Überraschung

Entwickeln sich Ereignisse nicht planmäßig, sind wir überrascht. Überraschung zeigt an, dass unsere Pläne nicht aufgehen, weil etwas Unerwartetes eingetreten ist. Sie lenkt unsere Aufmerksamkeit auf neue Dinge.

Überraschung hat eine Neuorientierungsfunktion. Wir lassen dann alles stehen und liegen und konzentrieren uns ganz auf die Quelle der Überraschung. Mit weit geöffneten Augen versuchen wir herauszufinden, was vor sich geht.

Traurigkeit

Traurigkeit entsteht durch Enttäuschung oder Verlust. Wenn wir ein Ziel nicht erreichen oder wenn uns etwas genommen wird, das wir lieben, dann betrauern wir diesen Verlust. Trauer lässt uns die Vorstellung verarbeiten, dass wir das Ersehnte nicht bekommen.

Traurigkeit hat auch einen zwischenmenschlichen Aspekt: Im traurigen Gemütszustand bedrohen wir niemanden. Unsere Traurigkeit regt andere an, uns zu unterstützen und uns zu helfen – und zwar genau dann, wenn wir es am meisten brauchen.

Ursachen sozialer Emotionen

Soziale oder sekundäre Emotionen sind kulturspezifischer als die fundamentalen Emotionen. Wir können die ursächlichen Faktoren für diese sozialen Emotionen zwar verstehen, doch wir müssen darüber hinaus auch die Normen der Gruppe oder der Gesellschaft berücksichtigen, um herauszufinden, wann diese Emotionen auftreten.

Abscheu

Abscheu bewirkt Anpassung. Er definiert die Grenzen zwischen akzeptablem Verhalten und einem Verhalten, das zu stark abweicht, um toleriert zu werden. Angesichts der ausgeprägten kulturellen Komponente des Abscheus ist dabei in jedem Fall zu berücksichtigen, dass nicht alle Menschen dasselbe gleich stark verabscheuen.

Obwohl der Abscheu ursprünglich wohl dazu diente, zu verhindern, dass wir giftige Dinge essen, ist er zu einer komplexen Emotion mit vielen verschiedenen Ursachen geworden. Eine Handlung, die Abscheu erregt, ist eine Tat, die unseren ureigenen Überzeugungen davon widerspricht, was sich gehört und was sich nicht gehört. Abscheu gewährleistet, dass unser gesellschaftliches Wertesystem erhalten bleibt. Erregt etwas irgendwann keinen Abscheu mehr, so ist das ein Zeichen dafür, dass sich unsere Werte gewandelt haben. Steigt unser Abscheu vor einem bestimmten Verhalten, so ist das ebenfalls ein Zeichen für einen Wertewandel. Ein Verhalten, das vordem noch akzeptabel war, ist es jetzt nicht mehr.

Scham und Schuld

Scham zeigt an, dass wir unseren persönlichen Idealvorstellungen oder Werten nicht entsprochen haben. Insofern ähnelt das Gefühl sehr stark der Schuld. Doch es gibt einige entscheidende Unterschiede zwischen den beiden Emotionen.

Scham und Schuld beginnen auf die gleiche Weise, nämlich mit einem Versagen Ihrerseits, einen bedeutenden objektiven oder moralischen Standard zu erreichen. Sie fühlen sich zum Beispiel schuldig, weil Sie ein Versprechen gegeben und dieses ohne guten Grund nicht eingehalten haben. Dieses Versagen wäre vermeidbar gewesen.

Sowohl Scham wie auch Schuld führen dazu, dass wir uns unwohl fühlen. Sie erinnern uns daran, dass wir etwas vermasselt haben und uns bei der Person entschuldigen müssen, die wir im Stich gelassen haben, und stellen sicher, dass wir nicht erneut versagen. Scham und Schuld können uns auf dem richtigen Weg halten.

Die Psychologin June Tangney behauptet auf der Basis der vorangegangenen Arbeit von Helen Block Lewis, dass der grundlegende Unterschied zwischen Scham und Schuld in der Richtung besteht, in die unsere Aufmerksamkeit gelenkt wird. Schuldgefühle sind handlungsorientiert: »Schaut nur, was ich *getan* habe.« Bei Scham dagegen liegt der Schwerpunkt auf der Person, die die Fehlleistung begangen hat: »Schaut nur, was *ich* getan habe.«[116]

Peinlichkeit

Auch die Peinlichkeit gehört zu den komplexeren Emotionen. Sie vereint mehrere einfache Emotionen, darunter Schuld und Scham. Wenn etwas peinlich ist, so wird Schuld publik gemacht. Auch ein Überraschungselement ist enthalten, wenn plötzlich herauskommt, dass Sie einen gesellschaftlichen Fauxpas begangen haben. Wir sind peinlich berührt, wenn uns klar wird, dass wir ein gesellschaftliches Tabu oder eine soziale Norm gebrochen haben. Wir sehen es ein, rechnen mit Strafe und versuchen, unser Gegenüber durch Unterwürfigkeit zu beschwichtigen – eben indem wir Verlegenheit zeigen.[117]

Welchem Zweck kann es dienen, sich verlegen, beschämt oder schuldig zu fühlen? Solche Emotionen sind uns selbst extrem unangenehm und auch die Menschen um uns herum fühlen sich unwohl dabei. Doch Verlegenheit erfüllt die wertvolle Funktion, Konflikte und Meinungsverschiedenheiten zu verhindern. Sagen oder tun wir unbeabsichtigt etwas, das einen anderen erregt oder verletzt, könnte derjenige wütend werden. Wir wissen, dass Wut zu Aggressionen führen kann. Da eine Aggression in diesem Fall ein schrecklicher Fehler wäre, müssen wir glaubhaft machen, dass wir irrtümlich gehandelt haben, unser Tun bedauern und uns dafür entschuldigen.

Verlegenheit ist eine für den anderen sichtbare Entschuldigung dafür, dass wir uns falsch verhalten haben.

Denken Sie dabei weniger daran, wie Sie sich fühlen, wenn Ihnen etwas peinlich ist, sondern mehr daran, wie Sie aussehen. Man beugt sich vor und senkt den Blick. Man zieht die Schultern hoch und lächelt unbehaglich. Dadurch wirkt man kleiner, schwächer und unbedeutender.

Es ist viel schwerer, auf jemanden sauer zu sein, der zum Ausdruck bringt, dass ihm eine Sache peinlich ist. Verlegenheit deutet an, dass uns unser Verhalten leid tut. Wer also zeigt, dass ihm etwas peinlich ist, hat bessere Chancen, einer Strafe zu entgehen – egal, ob er ein Kind oder ein Krimineller ist.

Eine tiefere Verständnisstufe erreichen

Sie müssen Ihre analytischen Fähigkeiten einsetzen, um sich und andere zu verstehen. Hinweise gibt es in Hülle und Fülle, aber Sie müssen sich ihrer Existenz bewusst sein und wissen, wonach Sie Ausschau halten müssen. Außerdem ist es notwendig, jede Menge Fragen zu stellen und Was-wäre-wenn-Szenarien einzusetzen. (Dazu später mehr in diesem Kapitel.)

Ihr emotionales Wissen beginnt bei den Grundlagen – dem Verständnis der eigentlichen Ursachen von Emotionen. Dann müssen Sie Ihr Wissen anhand Ihrer Kenntnisse der Gruppen-, Organisations- und Individualnormen und -werte abstimmen. Was Sie glücklich macht, kann einen anderen Menschen unglücklich machen.

Um ein emotional intelligenter Manager zu werden, müssen Sie unbedingt lernen, jenseits Ihres Kopfes und Ihrer persönlichen Erfahrung zu denken und zu erkennen, wie jemand anders auf dieselbe Situation reagieren könnte.

Die individuelle Gestaltung

Wie kann man herausfinden, wo die emotionalen Sprengköpfe anderer Menschen liegen? Setzen Sie dazu am besten an Ihrem eigenen Gefühlsleben an. Überlegen Sie sich zum Beispiel, was Sie aus der Fassung bringt.

Was muss passieren, damit Sie sich elend und traurig fühlen? Versuchen Sie sich an das letzte Mal zu erinnern, als Sie sich so gefühlt haben.

1. Beschreiben Sie das Ereignis, das dieses Gefühl ausgelöst hat.
2. Überlegen Sie, was dem vorausgegangen ist und wie Sie sich gefühlt haben.
3. Wie haben Sie sich gefühlt, als das Ereignis ablief oder einsetzte?
4. Schreiben Sie nieder, was Sie erhofft oder erwartet hatten.
5. Wie haben Sie sich gefühlt, als das Ereignis vorüber war?
6. Versuchen Sie sich zu erinnern, wie sich Ihre Emotionen infolge des beunruhigenden Geschehens verändert haben. Geben Sie alle Gefühle an, die Sie empfunden haben, bis Sie Ihrer Erinnerung nach wieder in neutraler oder sogar positiver Stimmung waren.

Stellen Sie sich auch zu anderen Emotionen solche Fragen. Wenn Sie ein guter Beobachter sind, können Sie viel über die persönlichen Ängste, Vorlieben und Leidenschaften anderer herausfinden. Überlegen Sie, wann Sie einen Kollegen zuletzt besorgt erlebt haben. Rekapitulieren Sie dann die Ereignisse, die zu diesem Eindruck geführt haben. Interpretieren Sie die Ereignisse dabei nicht aus Ihrer Sicht, sondern überlegen Sie sich, ob Ihr Kollege die Welt vielleicht mit ganz anderen Augen gesehen hat.

Aufbau Ihres emotionalen Vokabulars

Sobald Sie die Auslöser verschiedener Emotionen ermittelt haben, können Sie die Sprache der Emotionen erlernen und Ihren emotionalen Wortschatz erweitern. Als emotional intelligenter Manager benötigen Sie auf jeden Fall ein reichhaltiges emotionales Vokabular. Selbst wenn Sie in drei der vier Kompetenzbereiche bereits als emotional intelligent einzustufen sind, können Sie Ihre Erkenntnisse doch nicht zum Ausdruck bringen und auch nicht mit Tiefgang kommunizieren, wenn Ihnen der nötige emotionale Sprachschatz fehlt.

Wir haben für Sie eine Liste mit Emotionsbegriffen zusammengestellt, die Ihnen helfen wird, Ihr emotionales Vokabular zu erweitern. Für jeden üblichen Emotionsbegriff geben wir Ihnen mehrere Wörter an die Hand:

- für die schwächste Intensität der betreffenden Emotion,
- für die mittlere Intensität der Emotion,
- für die intensive Erfahrung der Emotion.

Um Ihr emotionales Vokabular anzuwenden, müssen Sie sich der Emotion zunächst genau bewusst sein. Dann müssen Sie feststellen, wie intensiv das Gefühl ist, dass Sie erleben. Schließlich suchen Sie sich den passenden Emotionsbegriff aus, der das Gefühl möglichst genau beschreibt.

Sprache und Wörter sind mächtig. Da Emotionen Informationen und Daten enthalten, benötigt der emotional intelligente Manager einen gehobenen emotionalen Wortschatz, um möglichst präzise und effektiv mit anderen zu kommunizieren.

Manager kommunizieren mit anderen, und je effektiver die Kommunikation ist, desto effektiver ist auch das Team. Ob es wichtig ist zu sagen, wenn man über die Vorschläge des Teams überrascht, geschockt oder wütend ist? Davon können Sie ausgehen! Ein Manager, der in einer solchen Situation lediglich andeutet: »Ihre Ideen sind ein wenig überraschend«, vermittelt keine detaillierten Informationen und gibt ganz sicher kein konkretes Feedback, anhand dessen sein Team den vorgeschlagenen Plan überarbeiten könnte. Wenn dieser Manager aber stattdessen sagte: »Ich bin überrascht, dass Sie für die Beendigung dieses Projekts noch zusätzliche sechs Monate benötigen werden. Ich bin bestürzt, dass ich heute zum ersten Mal von dieser Verzögerung höre«, würde das Team diese emotionale Kommunikation anders aufnehmen.

Emotionales Vokabular

Glück • Heiterkeit • Glück • Freude • Ekstase

Verwandte Begriffe • Vergnügen • Fröhlichkeit • Euphorie • Zufriedenheit • freudig • hoch erfreut • gut gelaunt • zufrieden • ansteckende Fröhlichkeit • sich für jemanden freuen • positiv • geteilte Freude

Akzeptanz • Bewunderung • Akzeptanz • Vertrauen

Verwandte Begriffe • annehmen • begrüßen • Zutrauen • Glaube • schätzen • Vorliebe • Liebe • Verehrung • Interesse

Vorfreude • Interesse • Vorfreude • Wachsamkeit

Verwandte Begriffe • faszinieren • begeistert sein • anziehen • Charme • gespannt erwarten

Überraschung • Ablenkung • Überraschung • Erstaunen

Verwandte Begriffe • Staunen • Ehrfurcht • Verwunderung • Schock • verwirrt • Ungläubigkeit • ungläubig • Verblüffung

Wut • Ärger • Wut • Zorn

Verwandte Begriffe • Hass • irritiert • frustriert • Boshaftigkeit • übel gesinnt • aufgebracht • sauer • entrüstet • stocksauer

Abscheu • Langeweile • Abscheu • nicht ausstehen können

Verwandte Begriffe • schmähen • Aversion • Abneigung • amoralisch • unverschämt

Angst • Befürchtung • Angst • Schrecken

Verwandte Begriffe • Grauen • verängstigt • zittrig • Besorgnis • Sorge • Betroffenheit • Beklommenheit • angsterfüllt • nervös • misstrauisch • unstet • sorgenvoll • Bedenken • voll Furcht

Traurigkeit • nachdenklich • traurig • Betrübnis

Verwandte Begriffe • niedergeschlagen • unglücklich • Leid • Kummer • Schmerz • einsam • deprimiert • bedrückt • ausgeliefert

Ein Blick in die emotionale Zukunft

Emotionen entwickeln sich nach bestimmten Regeln. Sie folgen gewissen Mustern und Verläufen. Die Fähigkeit, emotionale Was-wäre-wenn-Szenarien zu entwickeln, sich ein Bild davon zu machen, was uns und anderen emotional wohl als Nächstes passiert, gehört zu den Kompetenzen der emotionalen Intelligenz.

Emotionale Verläufe

Die Planung und Analyse von Was-wäre-wenn-Szenarien gehören zu den Kernaufgaben eines Managers. Allerdings müssen auch die analytischsten Pläne scheitern, wenn sie nicht auch emotionale Was-wäre-wenn-Szenarien enthalten. Werden Ihr Team, die Vorstandsdirektoren oder die Kunden Ihren Plan und die Art und Weise, wie Sie ihn vermitteln, sinnvoll finden? Sie müssen die Emotionen anderer berücksichtigen, um mögliche Reaktionen auf verschiedene Aspekte des Plans voraussagen zu können. Das ist zwar nicht einfach, aber aufgrund der Regeln und Muster von Emotionen möglich.

Manche emotionalen Muster sind dabei plausibler als andere. Wir könnten eine beliebige Zahl von Szenarien entwickeln, um jedes emotionale Muster oder jeden Verlauf zu illustrieren. Manche dieser Szenarien sind jedoch zu bizarr. Nehmen wir zum Beispiel den folgenden emotionalen Verlauf:

1. Sie sind verwundert.
2. Sie sind überrascht.
3. Sie sind geschockt.

Das ist zwar ein sehr komplexer Verlauf, doch ich bin mir sicher, dass Sie sich dazu eine passende Geschichte ausdenken könnten. Versuchen Sie es: Schreiben Sie eine Geschichte, die möglichst plausibel belegt, wie man diese Emotionen in der vorgegebenen Reihenfolge durchlaufen könnte. Lesen Sie dann die folgende Geschichte.

Ich saß am Schreibtisch und fragte mich verwundert, welche Auswirkungen die schlechten Quartalszahlen beim Umsatz wohl auf die Firma haben werden. Ich war überrascht, als mein Chef meinte, unsere Vertriebsgruppe könnte von dem schlechten Ergebnis betroffen sein. Doch als ich hörte, dass meine Stelle gestrichen werden sollte, dass ich meinen Job verlieren würde, war ich geschockt.

Hatten Sie Mühe, eine Geschichte zu erfinden? Könnten andere diese Geschichte logisch nachvollziehen? Oder würden Ihre Zuhörer sie für eine wirre Verknüpfung emotionaler Ereignisse halten?

Was wäre, wenn wir die Liste der Emotionen verlängern und die Reihenfolge verändern würden? Wäre es dann schwieriger oder leichter, eine schlüssige Geschichte zu erfinden? Würde die Geschichte glaubwürdig klingen oder eher konstruiert? Versuchen Sie, sich eine Geschichte zu folgendem emotionalen Verlauf auszudenken:

1. Überraschung
2. Verwunderung
3. Glück
4. Schock
5. Traurigkeit

Schreiben Sie diese Emotionen auf einen Zettel, und lassen Sie sich ein paar Minuten Zeit, um eine Geschichte dazu zu erfinden: Diese soll so glaubwürdig wie möglich werden. Eine leichte Aufgabe? Denken Sie daran: Das ist keine Übung zum kreativen Schreiben. Sie müssen eine Geschichte abliefern, die nicht nur für Sie, sondern für die meisten Menschen nachvollziehbar ist. Sicher, möglich ist grundsätzlich alles, doch je stärker der emotionale Verlauf von den emotionalen Regeln abweicht, desto abgehobener wird Ihre Geschichte. Da dieser Verlauf emotional gesehen wenig Sinn ergibt, ist es schwierig, ihn in eine Geschichte zu verpacken.

Der Verlauf negativer Emotionen

Wenn es für Emotionen Regeln gibt, sollte man an sich beantworten können, welcher von zwei emotionalen Verläufen wahrscheinlicher ist. Lesen Sie sich die beiden folgenden Listen mit Emotionsbegriffen durch, und entscheiden Sie dann, welche nachvollziehbarer geordnet ist.

Chaos der Gefühle

A. Sauer werden • sauer • reizbar • aufgebracht • verärgert • aufgeregt • zornig • wütend • frustriert

B. Sauer werden • reizbar • verärgert • frustriert • aufgeregt • sauer • wütend • aufgebracht • zornig

Emotionsexperten würden vermutlich sagen, dass die Variante B besser illustriert, wie Emotionen funktionieren, als Variante A. Am Anfang steht eine leicht negative Stimmung. Der Betreffende ist nicht wütend oder aufgeregt, sondern nur ein wenig reizbar. Wird er weiter und stärker gereizt, reagiert er zunehmend verärgert. Bleibt der Auslöser für die Verärgerung bestehen, empfindet er Frustration, weil seine Pläne behindert oder vereitelt werden. Das regt ihn erst richtig auf, und dieses Gefühl steigert sich, bis er wirklich sauer ist. Richtet sich dieses Gefühl gegen jemand anderen, werden wir wütend auf diese Person. Hört sie nicht auf, uns zu drangsalieren, so bringt uns das auf. Verletzt sie uns weiter, verlieren wir die Kontrolle und der Zorn übermannt uns.

Es ist sehr wichtig, das alles herauslesen zu können. Wenn Sie wissen, wie Emotionen funktionieren – und wie nicht –, können Sie lernen, in die Zukunft zu sehen – zumindest so weit, um sagen zu können, wie sich jemand fühlen wird, wenn ein bestimmtes Ereignis eintritt.

Der Verlauf positiver Emotionen

Befassen wir uns nun mit positiven Emotionen, etwa mit dem Gefühl der Freude. Wie sieht die emotionale Progression aus, die zu Freude führt? Versuchen Sie, die folgende Auflistung von Emotionen in eine emotional sinnvolle Reihenfolge zu bringen. Am Ende Ihrer Liste sollte Freude stehen.

Emotionales Puzzle für Freude   • Glücklich   • freudig   • Freude   • gut gelaunt   • gelassen   • positiv   • zufrieden

Emotionen bewegen sich zwar wie Schachfiguren auf vorgegebenen Bahnen, doch ihre Züge sind nicht so genau festgelegt wie beim Schach. Es gibt einige Möglichkeiten, die Emotionen zur Freude hinführend zu ordnen. Die nächste Liste beginnt mit einer positiv-neutralen Stimmung – der Gelassenheit – und endet mit einer aktiven, positiven Stimmung – der Freude eben – und ordnet so das Durcheinander der Gefühlswörter in einer emotional intelligenten Reihenfolge an.

Von Gelassenheit zu Freude   • gelassen   • zufrieden   • freudig   • gut gelaunt   • positiv   • glücklich   • Freude

Weitere Emotionspuzzles

Puzzle der Angstgefühle   • besorgt   • angstvoll   • unstet   • misstrauisch   • in Panik   • nervös   • aufmerksam

Auflösung   • aufmerksam   • unstet   • misstrauisch   • nervös   • besorgt   • angstvoll   • in Panik

Puzzle zur Depressivität • deprimiert • bekümmert • bedrückt • traurig • neutral • verzweifelt • düster

Auflösung • neutral • bekümmert • bedrückt • düster • traurig • verzweifelt • depressiv

Puzzle zu Liebe und Leidenschaft • sympathisch • hingebungsvoll • leidenschaftlich • voll Verehrung • liebend • vertrauensvoll • freundlich

Auflösung • freundlich • sympathisch • vertrauensvoll • hingebungsvoll • voll Verehrung • liebend • leidenschaftlich

Wir möchten nicht den Eindruck erwecken, dass Menschen hundertprozentig vorhersagbar reagieren. Nach unserer Erfahrung trifft das keinesfalls zu. Doch Emotionen entwickeln sich entlang bestimmter Pfade, und sie werden von einem Stadium zum anderen intensiver. Sie sind rational nachvollziehbar und laufen nach bestimmten Regeln ab. Diese Regeln können Sie erlernen. Das erworbene Wissen wird Ihnen helfen, andere besser einzuschätzen. Zu verstehen, wie sich Emotionen verändern und transformieren und welche Faktoren sie auslösen, gibt Ihnen die Fähigkeit, in die Zukunft zu blicken und mit hinlänglicher Wahrscheinlichkeit Prognosen zu stellen. Sie werden dadurch nicht vorhersagen können, ob jemand im Lotto gewinnt, oder wie im Varieté Größe und Gewicht erraten können, doch Sie können lernen, zu prognostizieren, wie jemand auf bestimmte Ereignisse und Situationen reagieren wird. Diese emotionale Was-wäre-wenn-Kompetenz kann einem emotional intelligenten Manager zu effektiverer Strategie und Planung verhelfen.

Was fangen Sie aber nun mit Ihren emotionalen Einsichten und Vorhersagen an? Im nächsten Kapitel beschreiben wir den vierten Schritt unseres Modells – Strategien, die Ihnen helfen werden, ein besserer emotionaler Manager zu werden.

Kapitel 11

Verbessern Sie Ihr Emotionsmanagement

Kommen Sie sich besonders intelligent vor, wenn Sie sehr emotional reagieren? Es muss doch Momente geben, in denen unser Ansatz des emotional intelligenten Management einfach nicht funktioniert? Wir glauben, dass ein emotionsbasierter Ansatz bei der Entscheidungsfindung und Problemlösung deshalb unumgänglich ist, weil Emotionen und Gedanken unauflöslich verwoben sind. Nichtsdestotrotz müssen Gefühle manchmal gemanagt werden – eigene, aber auch die anderer Menschen. Auf dieses Problem wollen wir im vorliegenden Kapitel näher eingehen. Bedenken Sie dabei, dass unsere Emotionen uns signalisieren, dass tatsächlich ein Problem existiert.

Sie lenken unsere Aufmerksamkeit auf das, was wirklich wichtig ist. Einer unserer Leitsätze, der sich durch dieses Buch zieht, ist: Emotionen enthalten Informationen. Die Nutzung dieser Daten kann uns nötige Einblicke vermitteln und wegweisend sein. Impulsives Vorgehen aus dem Bauch heraus kann jedoch zu Problemen führen, wenn die Impulse oder das Bauchgefühl auf falsch interpretierten emotionalen Daten beruhen. Erst wenn uns solide, fundierte Daten vorliegen, sollten wir unser Bauchgefühl bemühen und uns danach richten.

Wenn Sie für Emotionen wenig übrig haben und sich lieber davon distanzieren, wird es Sie einige Mühe kosten, diese Gewohnheit abzulegen. Offen zu sein für mächtige Gefühle, negativer oder positiver Natur, bringt Ihnen entscheidende Informationen. Es kann aber auch Leid und Ärger verursachen, wenn Sie die nötige Sorgfalt vermissen lassen. In diesem Kapitel wollen wir versuchen, Sie auf der Kurve des Emotionsmanagements voranzubringen. Sie erfahren, wie Sie offen für Emotionen bleiben, wie Sie Stimmungen ausblenden, aber Emotionen zulassen können und worauf es beim »Ärgermanagement« ankommt.

Strategien für das Emotionsmanagement

Emotionale Kompetenzen sind kein herkömmlicher Unterrichtsstoff. Deshalb kursieren zu diesem Thema viele mehr oder minder professionelle Theorien von unterschiedlicher Qualität und Effektivität. Manche emotionalen Hausmittel wirken, manche aber aus dem falschen Grund.[118]

Was nicht funktioniert

Die Stressbekämpfung nach dem Motto »Essen-trinken-glücklich-sein« funktioniert nicht. Aber beantworten Sie die folgenden Fragen und entscheiden Sie für sich selbst.

Sind Sie viel unterwegs? Möglicherweise als Folge der neuesten Umstrukturierungsversuche Ihres Unternehmens? Wurden Sie von der Geschäftsleitung aufgefordert schlauer zu arbeiten statt härter, ohne auch nur eine Ahnung zu haben, was damit gemeint ist? Wenn ja, dann befinden Sie sich in guter Gesellschaft und haben höchstwahrscheinlich jede Menge Stress.

Nach landläufiger Meinung sollten Sie sich jetzt ein Pause gönnen und etwas Erfreuliches tun – zum Beispiel ein Bier trinken. Oder holen Sie sich am besten gleich ein Bier, ein paar Stück Schokoladenkuchen und eine Zigarette. Danach wird es Ihnen sicher viel besser gehen. Wenn man Impulsen nachgibt, indem man isst und trinkt, wird dadurch tatsächlich Stress abgebaut. Es hilft uns zu vergessen, was uns im Kopf herumgeht.

Gibt man solchen Impulsen nach, hat man jedoch ein Problem: Diese Strategie hilft nämlich nur kurzfristig. Der Auslöser des Stressgefühls ist am nächsten Morgen noch da – mit dem Unterschied, dass ein weiterer Tag untätig verstrichen ist. Prompt fühlen wir uns noch schlechter, und das Problem hat sich vielleicht verschärft. Die Lektion, die wir daraus lernen können: Für einen gewissen Preis können wir uns ein gutes Gefühl erkaufen!

Wir möchten aber nochmals betonen, dass wir Ihnen nicht empfehlen, Bier trinken, Zigaretten rauchen oder Schokolade essen als effektive Strategien zum Stimmungsmanagement einzusetzen. Das funktioniert nicht, wie Robert Thayers Forschungsergebnisse, die an anderer Stelle in diesem Kapitel noch erläutert werden, belegen.

Ähnliche Fluchtstrategien, die ebenso wenig funktionieren, sind Fernsehen oder Tagträumen. Natürlich hat man nach solcherlei Ablenkungen vielleicht ein besseres Gefühl, doch das ist häufig sehr kurzlebig. Und nach längerem Fernsehen, das ja kaum mentale oder physische Anstrengungen erfordert, fühlen wir uns manchmal sogar noch schlechter. Stellen Sie sich vor, wie es Ihnen geht, wenn Sie aus schlechter Laune stundenlang vor dem Fernseher oder dem Computer gesessen haben, statt sich mit einer produktiveren und erfreulicheren Tätigkeit zu befassen. Wahrscheinlich fühlen Sie sich ein wenig schuldig und gereizt.

Was funktioniert

Genauso wie Musik kann uns das Schreiben emotional sehr stark beeinflussen. James Pennebakers Forschungsergebnisse zeigen, dass Menschen ihren Blutdruck und ihren Puls senken können, indem sie über ihr Gefühlsleben schreiben. Andere Forscher haben entdeckt, dass es sich positiv auf unser Immunsystem und unsere Fähigkeit auswirkt, schwierige Situationen zu meistern, wenn wir über unsere Emotionen schreiben. Wie wir mit dem Verlust unseres Arbeitsplatzes fertig werden, kann davon abhängen, ob wir unsere Gefühle und Emotionen niederschreiben.[119]

Schreiben Sie Ihre Emotionen nieder

Es ist nicht der Akt des Schreibens als solcher, der diese positive Wirkung erzielt. Es ist vielmehr spezifisch das Niederschreiben unserer tiefsten Gefühle und Emotionen und ihre Integration in die Gedanken, die wir uns über die auslösende Situation machen. Zur Gestaltung eines effektiven Emotionstagebuchs sollten Sie:

- im Idealfall täglich mindestens 20 Minuten schreiben;
- ohne Unterbrechung schreiben;
- einfach drauflosschreiben, ohne nachzudenken, was Sie sagen wollen oder wie Sie es sagen wollen;
- positive Emotionswörter sowie kausale und erkenntnisreiche Sätze verwenden.

Worüber Sie schreiben sollten? Das ist im Grunde egal. Sie können über jedes beliebige Ereignis schreiben, das es Ihnen ermöglicht, sich gehen zu lassen *und* Ihre tiefsten Emotionen und Gedanken zu ergründen.

Statt eines Tagebuchs können Sie auch einen Brief schreiben – an einen Freund oder eine imaginäre Person. Sie müssen ihn ja nicht abschicken. Sie können auch einen Zeitungsartikel oder einen Bericht schreiben – was immer Ihnen am meisten bringt.

Sport treiben

Psychologen haben festgestellt, dass körperliche Betätigung eine ausgezeichnete Methode ist, um das emotionale Gleichgewicht in Ihrem Leben wiederherzustellen. Robert Thayer glaubt, dass Bewegung *der* Schlüsselfaktor beim Stimmungsmanagement ist.[120] Fühlen Sie sich häufig angespannt, wütend, deprimiert oder als Spielball Ihrer Gefühle, dann sollten Sie ein regelmäßiges Sportprogramm in Betracht ziehen. Versuchen Sie, mindestens dreimal die Woche etwa 20 bis 30 Minuten eine aerobe Sportart zu betreiben. Besonders geeignet sind dafür beispielsweise rasches Gehen, Laufen, Rad fahren, Schwimmen, Step-Aerobic, Basketball, Fußball und Hockey.

Ist Ihnen das zu viel? Schon wenn Sie nur flott um den Block, ein paar Treppen hinauf oder durchs Büro gehen, kann das dazu beitragen, Ihnen Gelassenheit zurückzugeben und Energie zu verleihen. Der leichteste Weg zum Energiestoß ist der Griff nach Kaffeetasse, Colaflasche oder Schokoriegel. Das bringt zwar den gewünschten Effekt, aber wieder nur kurzfristig. Das größte Problem solcher inaktiver Energiestöße ist, dass Sie sich oft noch schlechter fühlen, wenn die Wirkung von Koffein oder Zucker abgeklungen ist.

Das glauben Sie nicht? Probieren Sie es ruhig öfter aus. Marschieren Sie fünf Minuten lang flott oder nehmen Sie einmal die Treppe statt den Fahrstuhl. Das wird Ihnen sehr schwer fallen, wenn Sie erschöpft sind, doch es ist der beste Weg, um neue Kraft zu tanken.

Um ein emotional intelligenter Manager zu werden, müssen Sie sich der Emotionen bewusst und ihnen gegenüber offen sein.

Offen für Gefühle sein

Es ist vorteilhaft zu wissen, wie empfangsbereit man für Gefühle ist.[121] Wie offen stehen Sie Ihren Emotionen gegenüber?

- Ich denke oft über meine Emotionen nach.
- Am besten lebe ich meine Emotionen voll aus.
- Ich schenke meinem Gefühlsleben viel Aufmerksamkeit.
- Meine Emotionen sind für mich unproblematisch.
- Ich bin mir meiner Gefühle auch dann bewusst, wenn sie schmerzhaft oder negativ sind.

Manche Menschen können starke Gefühle nicht ertragen. Sie zeigen eine Überreaktion. Einer der bedeutendsten Wissenschaftler auf dem Gebiet der Emotionsforschung, Silvan Tomkins, schreibt vom »Affekt-Affekt« der Menschen – davon, welche Gefühle unsere Gefühle auslösen.[122] Manche Menschen bekommen Angst vor der eigenen Wut, andere fühlen sich enttäuscht oder schuldig, wenn Sie Wut zum Ausdruck gebracht oder auch nur empfunden haben. Ähnliche Gefühle haben wir auch in Bezug auf andere starke Emotionen.

Wenn Emotionen wertvolle Informationen enthalten, kann es uns möglicherweise schaden, wenn wir uns diesen Informationen verschließen. Um offen zu bleiben für Emotionen, können wir eine Methode aus der Verhaltenstherapie anwenden, die als systematische Desensibilisierung für Gefühlserfahrungen bezeichnet wird. Sie besteht aus mehreren Schritten:[123]

1. Bestimmen Sie die Emotion(en), die Ihnen am meisten zu schaffen macht(en).
2. Listen Sie die Situationen auf, die zu dieser Emotion führen.
3. Ordnen Sie die Situationen graduell nach emotionaler Intensität.
4. Lernen Sie zu entspannen – etwa durch Übungen zur progressiven Muskelentspannung.
5. Erzeugen Sie eine gelassene, angenehme Stimmung, und entspannen Sie sich.
6. Malen Sie sich die am wenigsten intensive emotionale Situation aus.
7. Wenn Sie merken, wie Sie sich anspannen, versuchen Sie, sich wieder zu entspannen. Erzeugen Sie eine beruhigende Stimmung.

Wenn Sie sich ein emotionales Szenario vorstellen können, ohne sich vor der Emotion zu verschließen, gehen Sie zur nächst intensiveren Emotion über. Sobald Sie merken, dass Sie die irritierende Emotion zulassen können, ist die Zeit reif für einen Ausflug ins wirkliche Leben. Erweitern Sie Ihre Liste imaginärer Ereignisse um tatsächliche Verhaltenselemente.

Von einer Emotion zu einer anderen wechseln

Wenn Sie der Ansicht sind, dass Sie nicht von einer Emotion auf eine andere umschalten, denken Sie noch einmal nach. Wir sind uns ziemlich sicher, dass es schon Situationen gegeben hat, in denen Sie eine starke Emotion verspürten und daraufhin prompt Ihr Gefühl oder Ihre Verhalten verändert haben. Kommt Ihnen zum Beispiel eine dieser Situationen bekannt vor oder haben Sie schon einmal Ähnliches erlebt?

- Sie brüllen gerade einen Kollegen oder ein Familienmitglied an, als das Telefon klingelt. Sie heben ab und sagen vollkommen ruhig und freundlich: »Hallo?«
- Ihr Team diskutiert über die mit einem Projekt verbundenen Probleme, die die Produkteinführung um zwei Monate verzögern werden – was für den Unternehmenschef ausdrücklich inakzeptabel ist. Die Teammitglieder sind am Boden zerstört. Da kommt der Chef in den Konferenzraum und will über den Status des Projekts informiert werden. Sie erheben sich und beginnen mit der Präsentation.

Welche Emotionen hatten Sie da? Wie stark waren sie? Konnten Sie auf ein anderes Gefühl umschalten? Wie ist Ihnen das gelungen?

Die Fähigkeit, emotional umzuschalten, können Sie trainieren, um in anderen Situationen davon zu profitieren. Hier ein paar mögliche Maßnahmen:

- Stellen Sie sich eine extrem emotionsgeladene Situation vor.
- Malen Sie sich aus, was passiert und welche Emotion Sie empfinden.
- Stellen Sie sich jetzt vor, die Situation wird unterbrochen, etwa durch einen Anruf, ein Klopfen an der Tür oder dadurch, dass jemand Ihren Namen ruft oder das Zimmer betritt.

Wie fühlen Sie sich, wenn das passiert? Wie können Sie Ihr Verhalten ändern?

Stimmungen herausfiltern, Emotionen zulassen

Emotionen schaden unserer Leistung nicht, denn Denken und Fühlen sind miteinander verknüpft. Sie müssen aber kein Psychologe sein, um etwas festzustellen, das wir alle schon erlebt haben: wie Gefühle ins Chaos führen. Kleine Eifersüchteleien, ungezügelte Wut und grundlose Angst werfen uns aus der Bahn, verwüsten unser Leben und das Leben der Menschen um uns herum. Wie bereits dargelegt, entstammen solche Probleme häufig einer unpräzisen emotionalen Einschätzung der Situation oder aber unserer typischen Sichtweise der Dinge.

Abbildung 9: Ein Beispiel dafür, wie eine Stimmung Gefühle beeinflusst

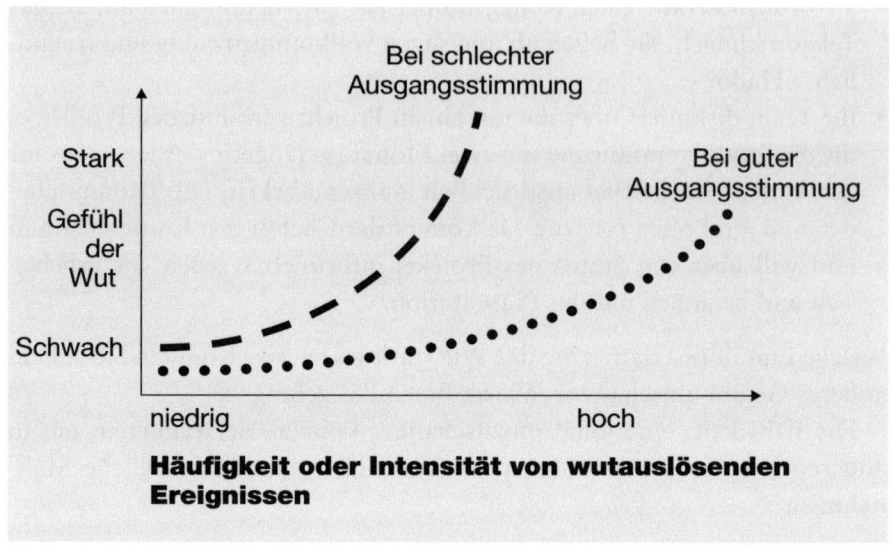

Die typische Art und Weise zu fühlen, wird manchmal als Stimmung bezeichnet. Emotionen sind relativ kurz und können einer leicht identifizierbaren Ursache zugeschrieben werden, während es sich bei Stimmungen eher um Hintergrundgeräusche und diffuse Gefühle handelt, denen wir ausgesetzt sind. Sehr oft sind die Gründe, warum wir uns in einer bestimmten Situation auf eine bestimmte Art und Weise fühlen, unbekannt. Unsere Interpretation eines Ereignisses hängt oft davon ab, wie wir uns fühlen.

Der Einfluss von Stimmungen auf Emotionen wird in Abbildung 9 dargestellt. Wenn Sie in einer negativen oder schlechten Stimmung sind, werden sie sich bereits durch kleine Dinge gestört und belästigt fühlen und plötzlich sind Sie wütend, ohne genau zu wissen warum. Wenn Sie jedoch positiv gestimmt sind, werden Sie genau die gleichen Ereignisse nicht so leicht aufregen. Letzten Endes werden Sie vielleicht trotzdem wütend werden, aber es braucht in diesem Fall eine ganze Menge, bis Sie sich tatsächlich so fühlen.

Manche Menschen haben ihre eigene Art, die Welt zu sehen und Ereignisse zu interpretieren. Sie filtern Ihre Erfahrungen durch die Linse der eigenen Stimmung. Eine solche Art der Weltsicht oder des Verhaltens wird manchmal als Persönlichkeitsmerkmal oder Dispositionseigenschaft bezeichnet. Zu den relevanten Dispositionseigenschaften gehören Depressivität, Besorgnis, Feindseligkeit, Optimismus, Nettigkeit, Stress und Vertrauen.

Nehmen wir das Beispiel Depressivität. Wenn Sie deprimiert sind, kann es sein, dass Sie negative Ereignisse überbewerten und bestimmten Begebenheiten negative Motive unterstellen. Sie sehen nur den negativen Aspekt der Dinge. Sie lassen zwar Emotionen zu, doch sind Sie sich der traurigen Emotionen und Ereignisse ungleich stärker bewusst. Einem neutralen Ereignis schreiben Sie eine negative Bedeutung zu, und Ihre ganze Umwelt wirkt deprimierend auf Sie, wenn Sie selbst deprimiert sind.

Es ist wichtig, Dispositions- oder Persönlichkeitsmerkmale zu behandeln, wenn Probleme wie Depressionen, Angstzustände und Feindseligkeit vorliegen. Solch »irrationale« Emotionen und Gedanken werden gewöhnlich als negativ und destruktiv eingestuft. Erfolgreiches Emotionsmanagement verlangt jedoch, dass wir uns der Neigung zur Über- oder Untertreibung jedweder Art von Emotion bewusst werden, nicht nur von Traurigkeit, Besorgnis oder Wut.

So ist die Folge einer optimistischen Grundhaltung, dass man dazu neigt, alles stets positiv zu interpretieren. Obwohl wir Optimismus mit bedeutenden und positiven Ergebnissen in Verbindung bringen, gilt für das Emotionsmanagement, dass Optimismus den Erfolg ebenso vereiteln kann wie Depressivität. Wenn wir uns in einer glücklichen und ausgelassenen Stimmung befinden, kann es passieren, dass wir Details übersehen. Unsere Fähigkeit Fehler zu entdecken kann unterdrückt werden und dadurch gelingt es uns nicht, Probleme zu erkennen oder zu akzeptieren. Wenn wir uns positiv und optimistisch fühlen, weisen wir jegliche Kritik unserer Marketing- und Anzeigenstrategie von uns, weil wir einfach wissen, dass »es funktionieren wird«. Und wenn unser Urteilsvermögen dann noch mehr auf einem positiven Gefühl als Hintergrundgeräusch als auf einer durch Daten fundierten positiven Emotion basiert, stehen die Chancen gut, dass wir später einige Erklärungen abzugeben haben.

Ein verwandtes Dispositionsmerkmal ist die Nettigkeit: die Neigung, mit anderen auszukommen, ihre Wünsche und Bedürfnisse zu erfüllen und umgänglich zu sein. Nette Menschen sind konfliktscheu und auskömmlich. Solche Menschen sind notorisch gutgläubig und vertrauensselig. Für sie ist es schwer zu erkennen und zuzugeben, dass jemand – drastisch formuliert – ein Widerling ist. Die Auswirkungen dieser und anderer Eigenschaften haben wir nachfolgend aufgeführt.

Eigenschaften und ihre Auswirkungen

Dispositionsmerkmal	Auswirkung
• Depressivität	empfindet Traurigkeit
• Besorgnis	empfindet Angst, Überraschung
• Feindseligkeit	empfindet Wut, Abscheu
• Optimismus	empfindet Glück
• Nettigkeit	maximiert positive Emotionen, minimiert negative Emotionen
• Stress	übertreibt negative Emotionen
• Vertrauen	kann echte von falschen Emotionen nicht unterscheiden

Um Ihre Stimmungen oder Dispositionseigenschaften besser zu verstehen, lesen Sie bitte Anhang I. Wir haben dort einen speziellen Fragenkatalog ausgearbeitet, der Ihnen helfen soll, herauszufinden, durch welche Stimmungen Sie Ihre Erfahrungen filtern. Das Ziel ist, die Signale der Emotionen vom Lärm der Stimmungen zu unterscheiden.

Emotionen filtern

Beruht Ihr Gefühl jedoch auf einer Emotion – also einem Gefühl mit Datengehalt – sollten Sie trotzdem nicht immer darauf hören. Ein emotional intelligenter Manager muss sich über seine Emotionen im Klaren sein und einschätzen können, wie typisch oder einflussreich diese Gefühle sind. Klarheit erfordert, dass wir Emotionen weder unter- noch überbewerten dürfen. Darüber hinaus müssen wir fähig sein, bestimmte Emotionen zuzulassen und festzustellen, ob wir bestimmte Gefühle selektiv herausfiltern oder einspeisen.

Bei Glücksgefühlen klappt das meist ganz gut, doch wenn wir Wut empfinden, fällt uns das bedeutend schwerer. Vielleicht sind wir aber auch offen für traurige Gefühle und schrecken vor Freude und Glück zurück.

Positive und negative Emotionen filtern

Wenn bestimmte Emotionen für uns weniger akzeptabel sind als andere, filtern wir unerwünschte Gefühle heraus. Selektiv berücksichtigen wir manche Gefühle und ignorieren andere.

Es gibt zwei universelle Formen dieses emotionalen Filters: (1) den positiven Emotionsfokus und (2) den negativen Emotionsfokus.[124] Ohne die Bedeutung von Optimismus für die Gesundheit und andere Bereiche in Abrede stellen zu wollen, können positives Denken oder die Konzentration auf positive Emotionen zu einem Mangel an emotionalem Bewusstsein führen. Das gilt ganz besonders, wenn wir viel Energie darauf verwenden, positive Emotionen zu erkennen. Dann steht uns entsprechend weniger Energie zur Verfügung, um negative Emotionen zu verarbeiten.

Bestimmte Emotionen akzeptieren

Ein weiterer Ansatz zum emotionalen Filterprozess ist, zu untersuchen, ob wir nur bestimmte Gefühle so stark werden lassen, dass wir sie wirklich akzeptieren und bewusst wahrnehmen – oder eben nicht. Manche Menschen filtern zwar nicht alle negativen Emotionen heraus, stellen aber vielleicht fest, dass Sie speziell die Verarbeitung von Wut abblocken. Für solche Menschen ist Wut eine inakzeptable Erfahrung.

Man könnte glauben, dass es generell die negativen Emotionen sind, die nicht akzeptiert werden. Dabei sehen viele Menschen starke positive Emotionen, wie Freude im Arbeitsleben, als ebenso inakzeptable und unwillkommene emotionale Gäste an.

Emotionen verallgemeinern

Die Entscheidung, wie typisch ein Gefühl ist, kann dadurch erschwert werden, dass wir zu gern glauben, ein spezifisches flüchtiges Gefühl sei nur Vorbote von etwas Größerem. Wir rechnen fest damit, dass unsere Gefühle intensiver werden. Oder wir glauben oder reden uns ein, dass wir uns immer so fühlen und werden von der Emotion überwältigt.[125]

Voreilige emotionale Schlussfolgerungen

Wenn wir meinen, dass unser aktueller emotionaler Zustand drastische Konsequenzen für uns haben wird, so ist das eine voreilige Schlussfolgerung. Wir gestehen unseren Gefühlen damit unglaublich viel Einfluss und Macht zu.

Wenn Sie bestimmte Emotionen herausfiltern oder zu stark verallgemeinern, kann Ihnen diese Strategie helfen, solche Emotionen besser zu managen.

1. Wählen Sie eine Emotion, die Sie Ihrer Meinung nach überbewerten.

2. Denken Sie an eine Situation, in der Sie diese Emotion in letzter Zeit wahrgenommen haben.

3. War das Gefühl in dieser Situation nachvollziehbar? Berücksichtigen Sie bei dieser Überlegung die rechts aufgeführten Ursachen von Emotionen.

    Wie wir fühlen

Ereignis	Gefühl
Bedrohung	Angst
Hindernis	Wut
Verlust	Traurigkeit
abstoßendes Verhalten	Abscheu
unvorhergesehenes Ereignis	Überraschung
wertvolles Geschenk	Freude

4. Wie stark war das Gefühl?

5. Überlegen Sie sich dazu Folgendes:
    - Haben Sie Wärme oder Kälte gefühlt?
    - Waren Sie angespannt oder eher entspannt?
    - Haben Sie sich leicht oder eher schwer und beladen gefühlt?
    - Haben Sie sich müde oder energiegeladen gefühlt?

6. Haben Sie dieses Gefühl oft?

7. Woran denken Sie, wenn Sie dieses Gefühl haben?
    - Ertappen Sie sich dabei, dass Sie dieses Gefühl haben?

8. Wieso fühlen Sie sich so? Woher kommt das Gefühl? Ermitteln Sie, aus welchem Grund Sie dieses Gefühl bekommen.

- Wie haben Sie das Ereignis interpretiert?
- Hätte es jeder andere auch so interpretiert?
- Ist es möglich, dass Ihre Sicht der Dinge falsch war?

9. Bewerten Sie alternative Erklärungen für dieses Gefühl. Fragen Sie sich, ob sie nachvollziehbar sind.

10. Üben Sie, das betreffende Gefühl zu entwickeln:

- Denken Sie vor Eintritt einer Situation über die Wahrscheinlichkeit nach, ... zu sein.
- Stellen Sie sich die Szenen bildlich vor, die das Gefühl hervorrufen.
- Entspannen Sie sich, und stellen Sie sich vor, wie Sie reagieren.
- Erst dann sind Sie bereit zu agieren und können sich auf die Situation einlassen.

Die Grundlagen des Emotionsmanagements

Emotionale Intelligenz basiert auf der Integration von Emotionen und Logik. Doch Emotionen können auf vielen Ebenen verarbeitet und verstanden werden. Wir glauben vielleicht, dass wir Emotionen auf intelligente Weise einbeziehen, und in Wirklichkeit lassen wir sie womöglich nur oberflächlich oder flüchtig zu.

Am Arbeitsplatz gelten Emotionen in den meisten Fällen als unprofessionell. Infolgedessen entwickeln Organisationen ungeschriebene Regeln zum Umgang mit Emotionen – dazu, welche Emotionen wahrzunehmen sind und welche nicht, und welche Emotionen zum Ausdruck gebracht werden dürfen und welche nicht. Der Prozess der Normalisierung von Emotionen, wie er von Managementforschern wie Black Ashforth erklärt wird, kann verschiedene Formen annehmen,[126] von der aktiven Unterdrückung der Emotion bis zu ihrer Umdeutung.

Daher brauchen wir eine Methode, um die verschiedenen Ebenen der Wahrnehmung und Verarbeitung von Emotionen zu unterscheiden. Die Strategien reichen von nichtemotional bis emotional, das heißt, sie integrieren Emotionen in graduell unterschiedlicher Ausprägung und Verarbeitungsqualität ins Denken. Wir betrachten zunächst solche Strategien, die Emotionen auf Distanz halten und abblocken. Anschließend untersuchen wir dann, wie Emotionen in den Entscheidungs- und Denkprozess einbezogen werden können.

Auf Distanz zur Emotion

Manchmal sind Emotionen unerträglich stark und schmerzhaft. In solchen Fällen haben wir viele Möglichkeiten und großen Einfluss darauf, wie wir die betreffenden Emotionen erleben. Doch manche dieser Strategien gehen auf Kosten unserer kognitiven Fähigkeiten. Ein anhaltendes Unterdrücken der emotionalen Erfahrung kann zum Beispiel dazu führen, dass wir Einzelheiten und Daten übersehen.

Wenn wir uns von einer Emotion distanzieren, bedeutet das, dass wir ausschließlich nichtemotionale Daten wahrnehmen und verarbeiten. Wir befassen uns unmittelbar und ausschließlich mit konkreten Daten und Informationen.

Vermeidung von Emotionen

Wir können uns auch einfach von einem Ereignis abwenden, uns zurückziehen oder gar nicht erst hineinziehen lassen. Ein Beispiel für diese Strategie zur Vermeidung von Emotionen ist, wenn jemand lieber gar nicht ins Kino geht, als sich einen emotional aufwühlenden Film anzuschauen. Er glaubt von vornherein, dass ihn das mehr kostet, als es ihm nützt.

Die Vermeidung von Emotionen hat wie jede emotionale Strategie ihre Vor- und Nachteile. Wer versucht, sämtliche emotionalen Situationen zu meiden, der wird ein ziemlich leeres Leben führen und Gelegenheiten verpassen, aus denen er lernen, an denen er wachsen und sich persönlich weiterentwickeln kann.

Verleugnung von Emotionen

Ist eine stark emotionsbelastete Situation nicht zu vermeiden, kann man eine andere Strategie zur Begrenzung von Emotionen einsetzen: die Verleugnung von Emotionen.

Viele von uns lernen diese Strategie sehr früh: Kleine Jungen werden ermahnt, sich »wie ein Mann zu benehmen«. Sie bekommen gesagt, dass »große Jungs doch nicht weinen«. Jungen und Mädchen wird beigebracht, sich von stark emotionalen Ereignissen und Szenen abzuwenden.

Haben Sie als Erwachsener schon einmal erlebt, dass bei einer Präsentation einer der Zuhörer dem Präsentator eine verkappte Beleidigung an den Kopf wirft? Der Betroffene wird gewöhnlich ein gezwungenes Lächeln aufsetzen, den Kopf schütteln und fortfahren. Vermutlich will er auf diese Weise aktiv das Gefühl von Überraschung und Wut verleugnen und verdrängen. Ob die Verleugnungsstrategie funktioniert, hängt von vielen Faktoren ab. Maßgeblich ist dabei vor allem, dass der Präsentator die Emotion ermittelt, die der Verbalattacke zugrunde lag, und die kommunizierte Information analysiert. War der Zuhörer aus irgendeinem anderen Grund verärgert? Missfällt dem (oder der) Betreffenden ein Aspekt der Planung, und versucht er (oder sie) nun, die Präsentation zu sabotieren, weil seine (ihre) Meinung nicht berücksichtigt wurde?

Reaktionen auf emotionale Ereignisse werden häufig selektiv unterdrückt. Vielleicht halten wir es für unangebracht, vor anderen Gefühle zu zeigen. Man »beißt sich auf die Zunge« oder lächelt, obwohl man in Wirklichkeit vor Wut kocht oder sehr verletzt ist. Man entscheidet sich dafür, untätig zu bleiben. Mit anderen Worten: Man benutzt seinen Verstand, um den Impuls, Gefühle zu zeigen, zu kontrollieren. Aber bedenken Sie die kognitiven Kosten, die entstehen, wenn Sie Emotionen unterdrücken: Sie verlieren Daten und Emotionen. Es muss eine bessere Möglichkeit geben.

Emotionseinsatz

Emotionen lassen sich auf unterschiedlichen Ebenen aktiv einsetzen. Befassen wir uns kurz mit den verschiedenen Strategien des Emotionsmanagements.

Neubewertung des Emotionsszenarios

Ein weiterer Weg, die Intensität einer subjektiven Emotionserfahrung abzuschwächen, ist die Veränderung der Perspektive. Wenn Sie beim Arzt eine unangenehme Untersuchung vor sich haben, betrachten Sie die Prozedur doch als Beitrag zur Genesung oder Gesundheit. Sie konzentrieren sich auf die positive Seite der Erfahrung, statt auf die negativen Aspekte der Prozedur. Das Verfahren zur Verordnung von Emotionen funktioniert ganz ähnlich. Wenn wir uns bestimmte Emotionen verordnen, stellen wir die emotionale Erfahrung so um, dass sie in unserem Arbeitsumfeld eher akzeptabel ist.[127]

Anerkennung von Emotionen

Die folgende Strategie ist nach Scarlet O'Hara benannt, einer Figur aus *Vom Winde verweht*. Zu ihren berühmtesten Zeilen gehört: »Verschieben wir's auf morgen.« Das sagt sie gegen Ende des Buchs (und des Films), als sie sich unmittelbar mit Tod, Verwüstung und Zerstörung auseinander setzen muss. Die Scarlet-Strategie des Emotionsmanagements geht dahin, dass man die Emotion zwar anerkennt, doch keinen Versuch unternimmt, das Problem zu lösen. Man erkennt die Emotion und geht zur Tagesordnung über. Diese Strategie sollten Sie einsetzen, wenn Sie vermitteln wollen, dass Ihnen das Problem bewusst ist, Sie sich im Moment jedoch nicht damit befassen können. Sie zeigen, dass Sie die emotionale Komponente einer Situation erfasst haben, steigen dann aber rasch auf weniger verfängliche Themen um. (Natürlich könnten Sie mit einer gewissen Berechtigung ins Feld führen, dass Scarlet Emotionen grundsätzlich meidet. Wir finden die Bezeichnung für dieses Phänomen jedoch treffend und verwenden sie für die Anerkennung von Emotionen, auch wenn Sie – wie wir selbst – vielleicht den einen oder anderen Vorbehalt haben.)

Nehmen wir an, Ihre Chefin lobt Sie für eine erstklassige Präsentation vor dem Team. Sie sagt vor der ganzen Gruppe: »Joe hat heute hervorragende Arbeit geleistet. Wie es aussieht, wird dieses Team alle seine Ziele erreichen oder sogar übertreffen.« Wie reagieren Sie darauf? Sie sagen etwas Unverbindliches und gehen dann zur Tagesordnung über – ungefähr so: »Herzlichen Dank, Jill, wie nett von Ihnen.« Damit haben Sie vermittelt, dass die Botschaft angekommen ist, ohne zu viel Überschwang zu zeigen. Aber vielleicht ist Ihnen Lob ja auch unangenehm und Sie möchten die Sache nicht vertiefen.

Integration von Emotionen

Wenn wir uns eigener und fremder Emotionen bewusst sind, können wir Emotionen und Denken integrieren. Dabei ist unsere emotionale Strategie jedoch unter Umständen recht primitiv. Wenn wir traurig sind und lieber fröhlich wären, dann können wir unsere Stimmung managen – und die Stimmung anderer. Doch dabei verstehen und unterscheiden wir unsere Gefühle vielleicht nicht exakt, und wichtige Informationsdetails gehen uns durch die Lappen.

Wir können uns auch einer spezifischen Emotion bewusst sein und diese unmittelbar anvisieren. Strategien auf der Basis dieses Ansatzes sind zwar stets direkt, doch nicht weniger primitiv. Das zugrunde liegende Problem kann damit gelöst werden, wenn es einfach genug gestrickt ist.

Die umfassendste Strategie zur Umsetzung emotionaler Intelligenz setzt eine gründliche Verarbeitung von Emotionen auf hohem und relevantem Niveau voraus. Emotionale Intelligenz in ihrer Idealform sollte die vier Schritte unseres emotionalen Konzepts enthalten:

1. Emotionen identifizieren

- Sind Sie sich Ihrer Stimmung bewusst?
- Wie präzise ist Ihr Bild?
- Ist diese Stimmung typisch für Sie?
- Ist das Gefühl akzeptabel?
- Wie stark ist dieses Gefühl?

2. Emotionen benutzen

- Was hat die Stimmung zu bedeuten?
- Woher kommt das Gefühl?

3. Emotionen verstehen

- Wo liegt die Ursache? Was ist die eigentliche Frage oder das wahre Problem?
- Stellen Sie sich emotionale »Was-kommt-dann«-Fragen.

4. Emotionsmanagement

- Welches Ergebnis wird angestrebt?
- Welche Maßnahmen können ergriffen werden?
- Stellen Sie emotionale »Was-wäre-wenn«-Fragen, um die Wirksamkeit verschiedener Alternativen zu bestimmen.

Fortgeschrittenenkurs: Wutmanagement am Arbeitsplatz

Da Wut eine Sonderstellung in diesem Buch verdient, widmen wir den folgenden Abschnitt eigens dem Management dieser Empfindung in all ihren Erscheinungsformen.

Aggression und Wut

In einer Konfrontationssituation, die Wut auslöst, neigen viele von uns zu verbaler Aggression. Nicht wenige verspüren dabei auch die Neigung zu physischer Gewalt.

In Zahlen ausgedrückt sind es ganze 82 Prozent, die ihren Aggressionen am liebsten verbal Luft machen. Immerhin 40 Prozent haben den Drang, den Gegner körperlich zu attackieren.[128]

Doch die allermeisten Menschen beschränken sich dabei offensichtlich auf den Gedanken. Ihr tatsächliches Verhalten sieht nämlich ganz anders aus, wie die folgende Übersicht zeigt.

Was wir machen, wenn wir wütend sind

Strategie	Anteil derer, die diese Strategie einsetzen
• sich beruhigen	60 %
• ruhig darüber sprechen	59 %
• verbal aggressiv reagieren	49 %
• mit dem Betreffenden reden	39 %
• besonders freundlich sein	19 %
• physisch attackieren	10 %

Im folgenden Abschnitt zeigen wir Ihnen, wie Sie auch wütend ein intelligenter Manager sein können. In diesem Fall signalisiert Ihnen Ihre Wut, dass ein Unrecht begangen wurde, das richtig gestellt werden muss.[129]

Wut konstruktiv nutzen

Wütend sein und wütend handeln sind zwei paar Stiefel! Wut kann eine starke konstruktive Emotion sein, aber auch eine starke destruktive. Wir wollen uns zunächst mit der destruktiven, emotional unintelligenten Seite der Wut befassen.[130]

Beginnen wir bei der präzisen Identifizierung der Gefühle: Ist Wut unproduktiv, so ist die Wahrscheinlichkeit groß, dass es bei der Emotionserkennung Probleme gegeben hat. Sie müssen zunächst genau ermitteln, welches Ereignis oder welche Handlung Ihre Wut ausgelöst hat. An dieser Stelle sind Ihre Stimmungs- und Emotionsfilter gefragt. Neigen Sie zu Reizbarkeit und Ihre Frustrationstoleranz ist gering, müssen Sie aktiv nach alternativen Erklärungen suchen, weshalb der Mensch, auf den Sie wütend sind, so gehandelt hat. Fragen Sie sich, ob Ihre Wut nachvollziehbar ist oder wie jemand anders die Situation aufgefasst hätte. Stellen Sie dann Ihre Wahrnehmung der Situation in Frage. Glauben Sie wirklich, dass Ihre Chefin Sie auf dem Kieker hat?

Vielleicht werden Sie feststellen, dass Sie die Ursache Ihrer Wut fälschlicherweise in den Handlungen eines anderen sehen, während Sie in Wirklichkeit schlicht »schlecht drauf« waren. Womöglich erkennen Sie dann, dass das vermeintlich schadenfrohe Grinsen auf dem Gesicht Ihres Kollegen eigentlich eher ein nachdenkliches Lächeln war. Wut ist stets zerstörerisch und führt grundsätzlich zu einem negativen Ergebnis, wenn sie einer echten Grundlage entbehrt.

Wenn Sie aus den falschen Gründen wütend sind und sich nicht die Zeit nehmen, Ihre Wahrnehmungen kritisch zu überprüfen, dann sind Sie vermutlich bereits auf dem Weg in die Destruktivität. Ihr Horizont wird enger, und Sie nehmen Ihr Gegenüber als Bedrohung wahr. Sie geraten in eine Argumentationskette, die Sie zu weiteren Beispielen für wuterzeugende Handlungen führt. Entweder handeln Sie dann aus unverhüllter Wut oder Sie halten die Wut zurück und kaschieren sie. Bilden Sie sich jedenfalls ein. Erinnern Sie sich noch an unsere Ausführungen dazu, wie schwierig es ist, seine Gefühle zu verbergen? Und wie viel nützliche Gedankenkraft bei dem Versuch verpufft, eine Emotionserfahrung aktiv zu unterdrücken? Wir glauben vielleicht, dass wir unsere wahren Gefühle verbergen, doch ein aufmerksamer Kollege wird uns durchschauen. Wir reden uns ein, dass wir immer noch mitkriegen, was bis zum Ende der Sitzung besprochen wird. Dabei können wir entscheidende Informationen gar nicht aufnehmen, während wir innerlich kochen.

Ein Beispiel: Auf Abstand zur Wut

Sie halten eine Präsentation vor dem Team. Eines der Teammitglieder stellt eine Frage, die verschiedene Ihrer grundlegenden Argumente in Zweifel zieht. Sie beantworten die Frage und gehen zur nächsten Folie Ihrer Präsentation über. Derselbe Teilnehmer unterbricht Sie erneut und stellt nun unverblümt Ihre Annahmen in Frage. Im Grunde fragt er immer wieder dasselbe, und die Fragen haben auf den ersten Blick gar nichts mit Ihren Erläuterungen zu tun. Sie sind irritiert.

Emotionen identifizieren: Ganz klar, dass Sie zunehmend frustriert sind. Die Art der Fragen und der Fragestellung lässt jedoch vermuten, dass der Betreffende keine feindseligen Absichten hat. Der Schlüssel: Es gibt keine echte Bedrohung. Es gibt jedoch ein Problem – eines, das Sie lösen müssen, und zwar effizient und schnell.

Emotionen nutzen: Versuchen Sie, die Angelegenheit kurz von der Warte Ihres Kritikers aus zu betrachten, um seinen Standpunkt zu verstehen. Seine Einwände beziehen sich auf die entfernte Möglichkeit, dass vorgeschriebene Genehmigungen nicht fristgerecht eingeholt werden könnten. Das Genehmigungsverfahren ist aber klar und im Produkteinführungsplan mit reichlich Zeit versehen. Doch die Frage liegt dem Betreffenden trotzdem im Magen. Für ihn steht das Genehmigungsverfahren im Mittelpunkt Ihrer Produktpräsentation.

Emotionen verstehen: Nun begreifen Sie, dass Ihre Antwort seine Besorgnis noch gesteigert hat. Wenn Sie seine eigentlichen Bedenken nicht auf der Stelle ausräumen, wird er nervös und ängstlich werden. Seine negativen Emotionen könnten das gesamte Team anstecken, wenn Sie nichts unternehmen.

Emotionen managen: Weil seine Fragen seiner ängstlichen Grundhaltung entspringen und nicht einer präzisen intuitiven Erfassung des Problems, können Sie die emotionalen Signale dieses Teammitglieds getrost ignorieren, aber Sie besprechen seine unausgesprochene Frage.

Was können Sie tun? Das hängt stark von Ihrem persönlichen Stil ab. Hier ein Vorschlag, wie ein emotional intelligenter Manager mit dieser Situation umgehen könnte:

Sie unterbrechen Ihre Präsentation und gehen auf den Bedenkenträger zu. Sie bleiben stehen und sehen ihn an. Mit ruhiger, gelassener und besänftigender Stimmer erklären Sie ihm: »Ich höre bei Ihnen Besorgnis in Bezug auf das Genehmigungsverfahren heraus. Vorläufige Genehmigungen liegen uns bereits vor, aber das ist natürlich keine Garantie. Es wäre sehr unangenehm, wenn sich unser Zeitplan durch Probleme mit der Genehmigung verzögern würde. Ich pflichte Ihnen daher bei, dass wir diesbezüglich Vorkehrungen treffen sollten. Ich hätte Ihre Bedenken gerne in aller Ausführlichkeit gehört und möchte Sie bitten, uns bei der Vermeidung etwaiger Probleme zu unterstützen. Für den Moment würde ich allerdings der Gruppe gerne den Plan vollständig erläutern, damit jeder im Bild ist. Auf diese Weise können wir auch eine effektivere Genehmigungsstrategie entwickeln. Sind Sie damit einverstanden?«

Vielleicht gibt er sich damit zufrieden und beruhigt sich. Andernfalls sind direktere Maßnahmen zum Emotionsmanagement angezeigt: der Betreffende muss emotional isoliert werden, damit er nicht die ganze Gruppe infizieren kann. Abhängig von Ihrem Führungsstil könnten Sie zum Beispiel andeuten, dass die Frage im vollständigen Plan bereits abgedeckt wurde und andere Dinge anstehen.

Unser Vier-Schritte-Ansatz schreibt Ihnen nicht vor, wie Sie zu fühlen oder zu handeln haben. Wie Sie sich von solchen Frustrations- und Wutgefühlen distanzieren, liegt ganz bei Ihnen. Wir glauben aber, dass Ihnen das Modell dabei ein nützliches Werkzeug sein wird.

Wann wütend werden

Wir wollen an dieser Stelle über eine Seite des Wutmanagements sprechen, die zugegebenermaßen ein heikles Thema ist: Wie man lernen kann, wütend zu werden, anstatt die Wut abzuwürgen. Wir werden uns mit Empfehlungen sehr zurückhalten, denn schließlich wollen wir Ihnen keinesfalls beibringen, wie Sie einen rechten Haken landen.

Wenn Sie wütend waren und nach Kräften versucht haben, das Gefühl zu ignorieren, sind Sie in guter Gesellschaft. 19 Prozent aller Menschen sind besonders nett zu ihrem Gegenüber, wenn sie Wut empfinden, und 60 Prozent versuchen sich »abzuregen«. (Wir vermuten, sie versuchen sich zu beruhigen, indem sie das Ereignis und die Person »vergessen«, die die Empfindung ausgelöst haben.)

Wut kann durchaus begründet sein. Sie kann sogar intelligent sein. Ob Wut nun im konkreten Fall klug ist oder nicht, können Sie anhand unseres emotional intelligenten Ansatzes feststellen. Hier unser Vorschlag dazu, wie Sie *mit* Wut managen sollten.

Wut im Management

Konstruktives Management im Zorn ist eine äußerst knifflige Aufgabe. Sie erfordert hoch entwickelte emotionale Kompetenz und basiert auf einer vollständigen und präzisen Identifizierung von Emotionen. Wir setzen erneut das komplette Vier-Schritte-Modell zur emotionalen Intelligenz ein.

Emotionen identifizieren: Sie haben Ihre eigenen Stimmungs- und Emotionsfilter analysiert und festgestellt, dass diese nicht die Ursache für Ihren wachsenden Ärger sind. Jetzt können Sie sich fragen, ob es da ein Unrecht oder einen Verstoß gegen Integrität oder Ehrlichkeit gegeben hat. Sind Parteilichkeit, Fanatismus oder Vorurteile im Spiel?
Obwohl Sie manchmal leicht in Rage geraten, können Sie Ihr aktuelles Gefühl klar einordnen und wissen auch genau, wie typisch es für Sie ist. Sie kommen zu dem Schluss, dass andere in der gleichen Situation ebenfalls in Wut geraten würden.

Emotionen nutzen: Diese Kompetenz gewährleistet, dass Sie auch im Zorn konstruktiv und nicht destruktiv handeln. Sobald Sie nachfühlen können, was der andere empfindet, reagieren Sie schon einmal nicht ungebührlich schroff. Sieht man die Dinge von der Warte des anderen, erhält man Einblick in dessen Welt. Auf diese Weise können Sie einen effektiven Handlungsplan entwickeln – und Maßnahmen ergreifen, die der andere als wirkungsvoll empfindet.
Sie sollten sich aber auch fragen: Bin ich zu sehr darauf gepolt, Probleme, Ungerechtigkeiten, Enttäuschung und Verletztheit wahrzunehmen? Wenn ich meinen Blickwinkel erweitere, was würde ich dann über die Person und die Situation erfahren?

Emotionen verstehen: Als Nächstes wollen Sie die Ursache für Ihre Wut herausarbeiten. Wann fing sie an, wie habe ich mich davor gefühlt? Intensiviert sich die Empfindung oder flaut sie ab und vergeht?

Verwenden Sie unbedingt Was-wäre-wenn-Analysen, um alternative Handlungsstrategien zu bewerten. Und ganz sicher möchten Sie auch wissen, was passieren wird, wenn Sie gar nichts unternehmen.

Emotionen managen: Wenn meine Wut gerechtfertigt ist, wenn also tatsächlich ein Unrecht begangen wurde, wie soll ich dann mit diesem Gefühl umgehen? Das hängt davon ab, was Sie erreichen möchten. Wie soll die Sache ausgehen? Welches emotionsbasierte Ergebnis streben Sie an? Wollen Sie, dass Ihr Gegenüber seinen Fehler einsieht? Wollen Sie, dass der Betreffende sein Verhalten ändert? Oder wollen Sie nur, dass er mit dem aufhört, was er gerade tut?

Bewerten Sie jede der potenziellen Strategien, die Ihnen dazu einfällt, mit Hilfe Ihrer emotionalen Was-wäre-wenn-Planungskompetenz, um das potenzielle Ergebnis zu prognostizieren. Durch die Kraft, die Ihnen Ihre Wut verleiht, sind Sie jetzt vielleicht in der Lage, zwar aus der Wut heraus zu agieren, aber trotzdem nicht wütend zu sein. Sie müssen laufend überwachen, wie Sie sich fühlen und wie sich die anderen fühlen. Sie müssen andere Perspektiven einnehmen, um eine Situation von Grund auf zu erfassen. Und wenn sich die Situation verändert, müssen Sie auch Ihre Handlungsweise verändern.

Wer lernen will, die eigenen Gefühle und die Gefühle anderer zu managen, muss zunächst etwas über die charakteristische Art und Weise seines Gefühlserlebens in Erfahrung bringen. Ist dieser Schritt getan, sind Sie bereit zum Erlernen und Einsetzen von Strategien zum Emotionsmanagement. Wir hoffen, dass Ihnen die in diesem Kapitel enthaltenen Erläuterungen und Übungen helfen werden, sich allmählich stärker für Gefühle zu öffnen, sie besser kennen zu lernen und sich anzueignen, wie sie mit Emotionen effektiv und intelligent managen können.

Der nächste Teil des Buches wird Ihnen helfen, Ihre erworbenen Fähigkeiten anzuwenden.

Teil IV
Nutzen Sie
Ihre emotionale Kompetenz

Verschiedene Wege zur Verbesserung Ihrer emotionalen Kompetenz haben wir Ihnen bereits aufgezeigt. Im nächsten Schritt gilt es, diese Fähigkeiten in die Praxis umzusetzen. Das folgende Kapitel enthält Fallbeispiele für unser Modell zur emotionalen Intelligenz, die Sie verallgemeinern können, um schließlich Ihr Verständnis von emotionaler Intelligenz auf Ihr Arbeitsleben anzuwenden.

Kapitel 12

Emotionale Intelligenz in der Praxis

Selbstmanagement

Erfolgreiche emotionale Intelligenz erfordert, dass Sie jede Situation mit den richtigen Fragen im Hinterkopf angehen. Jeder Schritt beinhaltet eine Reihe von Fragen, die Sie sich selbst stellen können, um geeignete Informationen zu erhalten und optimale Entscheidungen zu treffen.

1. Wie fühlen Sie sich? Wie stark ist das Gefühl?
2. Woran denken Sie? Wie beeinflussen Ihre Gefühle diese Gedanken?
3. Wieso fühlen Sie sich so? Wodurch wurde das Gefühl ausgelöst? Wie hat sich dieses Gefühl entwickelt, und wie wird es sich weiterentwickeln?
4. Was können Sie mit den Emotionen anfangen? Müssen Sie sie verändern? Wie können Sie dieses Gefühl so managen, dass es Ihre Entscheidungsfindung und bestimmte Verhaltensweisen unterstützt?

Wir empfehlen, emotionsgeladene Situationen anhand des vollständigen emotionalen Konzepts zu analysieren. In Anhang II haben wir Ihnen Richtlinien zur Anwendung des Konzepts und zahlreiche weitere Fragen zusammengestellt, die Sie sich stellen können.

Den wichtigsten Kunden jedes Managers und jeder Führungskraft zu entdecken, ist einfach: Alles was Sie tun müssen, ist in den Spiegel zu schauen. Das Auf und Ab von Firmenpolitik und Firmenkontrolle zu managen, erfordert ungeheure innere Ressourcen und dennoch vergessen viele Manager, mit denen wir arbeiten, diesen schwierigen Kunden in sich selbst. Aus diesem Grund konzentrieren wir uns jetzt auf das interne Emotionsmanagement und zeigen Ihnen, wie Sie das Emotionale Raster auf Ihr Leben als Manager anwenden können.

Ein Fallbeispiel: Ein vielschichtiges Leben

William Clay (Bill) Ford III, der Urenkel des Firmengründers ist nicht der typische große, böse Industrielle. Bekannt für seine umweltfreundliche Haltung, erschütterte Ford die Automobilindustrie, als er zugab, dass benzinschluckende Geländewagen keineswegs umweltfreundlich sind. Weiterhin machte er sich viele Gedanken um die Angestellten von Ford.

Als er Geschäftsführer und Vorstandsvorsitzender der Ford Motor Company wurde, hat er einen riesigen Berg scheinbar unüberwindlicher Probleme geerbt. Er trat daraufhin von einigen seiner Bekanntmachungen in Bezug auf Umweltbelange wieder zurück und verwandelte sich in den Augen einiger Betrachter in jemanden, der unter anderem bei Umweltfragen zwar viel verspricht, diese Versprechen aber nicht einhält. Ford selbst meinte, seine Seele an das Unternehmen verkauft zu haben.

Die emotional intelligente Manageranalyse

Aber hat er das wirklich? Ford zeigt viele Fähigkeiten, die ein emotional intelligenter Manager haben sollte. Er kann erkennen, wie andere sich fühlen, und erspüren, was andere tun werden. Er besitzt emotionale Empathie und ist in einem harmonischen Verhältnis mit vielen Menschen verbunden oder kann diese Verbindungen herstellen. Bei einer seiner ersten Ansprachen seien seinen Angestellten regelrechte »Schauer über den Rücken gelaufen«[131], und er zeigte sein Mitgefühl, als er zum gigantischen Rouge River Komplex eilte, in dem mehrere Angestellte durch eine Explosion ums Leben gekommen waren.

Er versteht die komplexen Personalprobleme des Unternehmens und hat die Schwierigkeiten der früheren Manager genauestens analysiert, die Lieferanten, Kunden und Händler entfremdet hatten. »Wir müssen die Beziehungen neu aufbauen«, sagte Ford. »Ich werde viel Zeit mit Börsenmaklern, Händlern, Angestellten und Lieferanten verbringen. Viele dieser Beziehungen sind zerstört oder nicht gesund.«

Als passionierter Umweltschützer, der eines der weltgrößten Industrieunternehmen betreibt, bleibt Ford offen gegenüber widersprüchlichen und komplexen Emotionen und integriert diese in sein Konzept. Jenes unbehagliche Gefühl, das jeden von uns überfällt, wenn eine unserer Ideen verworfen wird, kann dazu führen, dass wir uns verschließen und die Kritik als unberechtigt und fehlerhaft zurückweisen. Aber Ford soll ein guter Zuhörer sein, der offen für neue Ideen und Feedback ist, besonders für Feedback, das seiner eigenen Position widerspricht.

Emotionen können dazu führen, dass man Dinge aus einer anderen Perspektive betrachtet. Außerdem sind sie in der Lage, eine Zukunftsvision für ein Unternehmen oder ein Individuum zu beeinflussen. Ford hat die Zukunftsvision für sein Unternehmen in Worte gefasst, die für einen Geschäftsführer eher unerwartet und ungewöhnlich sind: »Ich weiß nicht, ob ein Unternehmen eine Seele haben kann, aber ich möchte gerne glauben, dass es so sein könnte«, sagt er. »Und wenn es möglich ist, dann möchte ich, dass unsere Seele eine alte Seele ist – mit allem was das bedeutet. Ich möchte über Dinge wie Werte und Seele sprechen, da diese Dinge nicht vergänglich sind, sondern für immer aufgebaut werden.«

Ein Plan für den emotional intelligenten Manager

Die Fähigkeit, etwas aus einer anderen Perspektive zu betrachten, setzt sich zusammen aus emotionalem Bewusstsein (Emotionen identifizieren) und emotionaler Empathie (Emotionen nutzen) und lässt sich durch emotionale Sprache beschreiben (Emotionen verstehen). Aber wie steht es mit der vierten emotional intelligenten Fähigkeit – dem Emotionsmanagement? Fords Effektivität als Geschäftsführer sowie seine Zufriedenheit und sein Engagement könnten durchaus auf seiner Fähigkeit beruhen, Emotionen zu managen. Natürlich wollen wir nicht andeuten, dass Erfolg oder Versagen der Ford Motor Company an die von uns beschriebenen Fähigkeiten gebunden ist, aber unser Modell kann Ford – und jedem anderen Manager – helfen, seine Rolle genauer zu bestimmen und in dieser erfolgreich zu sein.

Fords Rolle ist die Identifikation von Problemen, und dabei muss er die alltäglichen Probleme von den langfristigen und wichtigen Problemen trennen, die seine Zeit und Aufmerksamkeit erfordern.

Er kann seine emotionale Empathie wirksam einsetzen, um sein Unternehmen aus der Perspektive der wichtigsten Interessengruppen zu betrachten und eine Vision für Ford zu entwickeln. Mittels emotionaler Was-wäre-wenn-Analysen wird er besser ausgerüstet sein, um wichtige Meetings und Entscheidungen strategisch zu planen.

Zu guter Letzt muss er dazu in der Lage sein, unangenehmen Neuigkeiten sowie Meinungen, die von seinen persönlichen Werten abweichen, offen gegenüberzustehen. Er muss Maßnahmen ergreifen, die auf richtigen Entscheidungen basieren, ungeachtet ob Analytiker, Familienmitglieder oder der Sierra Club seiner Meinung sind oder nicht. Er muss Entscheidungen treffen, die sich mit den wirklichen Problemen des Unternehmens beschäftigen, und sie lösen, damit das Unternehmen Ford gesund bleibt und weiter wachsen kann.

Ergebnis

Ford hat einen wenig beneidenswerten Job – einen Job, den er nur noch aufwändiger gestaltet, wenn er erklärt: »Ich glaube, dass Geschäftsziele am besten dadurch erreicht werden können, dass man soziale und Umweltbedürfnisse mit einbezieht.« Vielleicht ist ein emotional intelligenter Manager besser gerüstet, um solche Konflikte zu handhaben.

Der »gute« Manager

Ist der emotional intelligente Manager auch zwangsläufig ein »guter« Mensch? Von Anfang an haben wir festgestellt, dass diese emotionale Kompetenz auf verschiedene Art und Weise genutzt werden kann. Es ist ähnlich wie mit dem Charisma: Charismatische Führungspersönlichkeiten können ihre Macht für das Wohl der Gemeinschaft oder für ihren eigenen Ruhm einsetzen. Ein Manager, der ein Experte im Emotionsmanagement ist, kann seine Fähigkeit nutzen, um Angestellte zu manipulieren. Wenn Manager allerdings wirklich und wahrhaftig emotional intelligent sind, dann besitzen sie auch ein gewisses Maß an emotionaler Empathie und können somit fühlen, was ihre Angestellten fühlen. Die Moral des emotional intelligenten Managers ist, wie wir hoffen, gut entwickelt. Man kann sich nur schwer vorstellen, dass dieser Manager anderen absichtlich oder unnötig Leid zufügen würde. Wir hoffen, dass ein emotionaler Manager nicht nur die Dinge richtig machen wird, sondern dass er auch »die richtigen Dinge tun wird«[132].

Wir haben es bisher nicht deutlich zum Ausdruck gebracht, also wollen wir das jetzt nachholen: Die Kompetenz zur emotionalen Intelligenz garantiert weder Gesundheit noch Reichtum noch Glück. Es ist sogar wahrscheinlich, dass der emotional intelligente Manager oft unglücklich und besorgt sein wird. Wir glauben, dass die Belohnung für den emotional intelligenten Manager nicht in Geld, Macht oder Prestige besteht, sondern in dem Wunsch und der Fähigkeit, für andere und für sich selbst etwas Gutes zu tun.

Selbstmanagement ist eine schwierige Aufgabe, die oft übersehen wird. Wir hoffen, Sie dazu inspiriert zu haben, über Wege nachzudenken, wie Sie die emotional intelligente Kompetenz auf Ihr eigenes Leben anwenden können.

Fremdmanagement

Sobald Sie sich mit dem allgemeinen Ansatz des emotionalen Konzepts vertraut gemacht haben, können Sie Ihre Managementfähigkeiten verbessern, indem Sie diesem Gerüst zusätzliche Elemente hinzufügen: nämlich die Emotionen anderer.

Erweitern Sie das Emotionale Raster, indem Sie sich noch einmal die Fragestellungen der emotionalen Intelligenz vor Augen führen – nur diesmal unter Einbezug der Emotionen einer ganzen Gruppe von Menschen. Stellen Sie sich folgende Fragen:

1. Wie fühlen sich die Menschen in dieser Situation?
2. Wie beeinflussen diese Gefühle ihre Gedanken?
3. Wieso fühlen sie sich so? Wie verändern sich diese Gefühle, wenn verschiedene Ereignisse eintreten?
4. Was können Sie mit ihren Emotionen anfangen? Wie können Sie ihre Emotionen in Ihrem Denken und Entscheiden berücksichtigen? Wie können Sie ihnen helfen, für die in ihren Gefühlen enthaltenen Informationen empfänglich zu bleiben und die Gefühle in ihr Denken und Handeln zu integrieren?

Mit dem folgenden Fallbeispiel wollen wir Ihnen veranschaulichen, wie Ihnen diese Version des emotionalen Rasters helfen kann, komplexe und kritische zwischenmenschliche Interaktionen besser zu managen.

Ein Fallbeispiel: Veränderungen managen

Das Management von Menschen, Teams oder einem Unternehmen ist ein Weg ständiger Veränderung. Der emotional intelligente Manager folgt dabei nicht einfach irgendeinem Kurs, sondern er bestimmt ihn selbst.

Der Führungsstil des Ex-Chefs von General Electric, Jack Welch, der als Prototyp des harten Geschäftsmanns gilt, könnte als unintelligent eingestuft werden. Er war bekannt für seine schroffe Art und sein impulsives, manchmal befremdliches Verhalten.

Welch erinnert sich zum Beispiel an eine Rede, die er vor der Elfun Society hielt – einer elitären gesellschaftlichen Organisation, deren Mitglieder sich aus dem Topmanagement von GE rekrutierten. Als Ehrengast auf einer großen Versammlung der Elfun Society sagte Welch den Versammelten unverblümt ins Gesicht, dass die Organisation ein Anachronismus und kaum von Wert sei. Dass diese Rede nicht auf Gegenliebe stieß, war verständlich. Tatsächlich geschah Folgendes: »Als ich meine Rede beendet hatte, herrschte entsetzte Stille. Ich versuchte, den Schlag abzumildern, indem ich mich noch eine Stunde lang in der Bar herumtrieb. Aber es fand sich niemand, der sich aufheitern lassen wollte.«[133]

Die emotional intelligente Manageranalyse

Keine Führungspersönlichkeit mit einem Funken emotionaler Intelligenz wäre von den Gefühlen überrascht gewesen, die diese Rede in einer so selbstzufriedenen Umgebung hervorgerufen hatte. Das war Welch von seiner schlimmsten Seite – schroff, aggressiv und zornig. Wirklich? Seine Worte waren sicher nicht erbaulich und förderten keinesfalls die laufenden Aktivitäten der Gruppe. Er stieß die rund 100 Anwesenden nicht nur vor den Kopf, sondern hat sie vermutlich auch befremdet und verärgert. Wenn Welch emotionale Intelligenz besaß, dann war er – wie wir glauben – von der Reaktion auf seine Rede nicht überrascht. Wir fragen uns, ob Welch nicht genau wusste, was er tat, und ziemlich präzise vorhersagen konnte, wie sich die Menschen fühlen würden, wenn er seine Bombe platzen ließ.

Seine Rede war eine bittere Pille. Doch die Pille war nötig, denn der Patient – die Elfun Society – war krank. Welch kurierte sie, und das tat weh. Einige Zeit nach Welchs Attacke begann von innen heraus ein Umbau der Elfun Society. Rückblickend könnte man die Attacke also auch als Weckruf oder Herausforderung betrachten. Die Mitglieder hatten den Ruf gehört und die Herausforderung angenommen. Sie entwickelten sich zu einer gemeinnützigen Gruppe, die für GE wie für sich selbst wieder sinnvoll und bedeutend wurde.

Sicher hätte es schonendere Methoden gegeben, Veränderungen herbeizuführen, doch angesichts der verknöcherten Strukturen der Organisation hätten diese Methoden vielleicht keine so durchschlagende Wirkung gezeigt. Manchmal muss der emotional intelligente Manager auch auf Konfrontationskurs gehen, Konflikte und negative Gefühle heraufbeschwören, um effektiv zu arbeiten. Das Schwierige dabei ist das Wann und das Wie. Und das hat Welch mit seiner Rede an jenem Abend mustergültig demonstriert.

Der Plan für den emotional intelligenten Manager

Hat Welch in dieser Situation oder während seiner langen Amtszeit an der Spitze von GE das Emotionale Raster eingesetzt? Das wissen wir nicht. Aber wir können es für ihn einsetzen. Dadurch werden Sie vielleicht klarer erkennen, wie es Ihnen helfen kann, sich zu einem emotional intelligenten Manager zu entwickeln.

Emotionen identifizieren: Die Stimmung der Gruppe ist geprägt von Selbstgefälligkeit, Zufriedenheit, Sattheit und Heiterkeit.

Emotionen nutzen: Die Gruppe konzentriert sich auf einen sehr kleinen, internen Bereich – sie betreibt Nabelschau. Das große Gesamtbild wird nicht gesehen oder gefühlt.

Emotionen verstehen: Ein Weckruf würde sie aus ihrer Selbstgefälligkeit herausreißen. Sie wären überrascht und dann auch wütend.

Emotionen managen: Einmal aufgeschreckt, könnte die Gruppe ihre selbstgefällige Weltanschauung in Frage stellen. Der emotionale Missklang könnte sie dazu motivieren, zu wachsen und sich zu entwickeln.

Ergebnis

Ist Welch nun als Mensch oder Manager emotional intelligent? Sein Verhalten am Arbeitsplatz war oftmals wenig angenehm oder förderlich. Es gibt eine Reihe von Beispielen für Aktionen und Entscheidungen, die zumindest für das Vorhandensein einiger der vier emotionalen Kompetenzbereiche sprechen.

In harten Zeiten zu führen bedeutet, harte Entscheidungen zu treffen. Wenn Sie diese harten Entscheidungen nicht treffen können, weil Sie zu nett sind und unfähig, mit negativen Gefühlen und Konflikten umzugehen, dann sind Sie in ruhigen Zeiten vielleicht ein effektiver Manager, aber in schwierigen Zeiten schlittern Sie hilflos herum. Wir sind keine Verfechter von Managementeigenschaften wie Brutalität, Bösartigkeit oder Jähzorn, aber wir befürworten das Identifizieren, Nutzen, Verstehen und Managen des gesamten Spektrums unserer Gefühle.

Zusammenfassung

Es ist eine wichtige Erkenntnis, dass man schlicht keine Wahl hat, wenn es um den Umgang mit Gefühlen geht. Emotionen sind unabdingbarer Bestandteil unseres Alltags als Manager, Mitarbeiter, Kunde, Freund, Elternteil, Kind oder Partner. Unsere emotionale Welt kann ein schwieriges Managementumfeld darstellen, doch gerade diese Komplexität macht es zu einer aufregenden und lohnenden Herausforderung.

Das Emotionale Raster stattet Sie nicht mit praktischen Antworten auf die komplexen Fragen des Lebens aus. Nutzen Sie es nicht, um schnelle Lösungen für emotionale Probleme zu finden. Verwenden sie dieses analytische Werkzeug vielmehr dafür, Ihre eigene Position anders einzuschätzen und sich den nötigen Einblick zu verschaffen, um die richtigen Entscheidungen zu treffen.

Kapitel 13

Ihr Weg zum emotional intelligenten Manager

Es ist keine leichte Aufgabe, ein emotional intelligenter Manager zu werden. Die Kompetenzen und der Weg, den wir Ihnen beschrieben haben, sind nicht für jeden geeignet. Technischer Sachverstand, allgemeine analytische Intelligenz, spezielle Kompetenzen oder Erfahrungen sind mit emotionaler Intelligenz nicht zu ersetzen. In manchen Fällen ist auch einfach das Glück der entscheidende Faktor zum Erfolg. Aber eines können wir versichern: Die von uns dargelegten emotionalen Kompetenzen können für Sie ein zusätzliches Werkzeug sein, das Ihnen im Alltag weiterhilft. Egal, ob Sie unabhängiger Dienstleister, Projektmanager oder CEO sind – jede Rolle, die Sie im Leben spielen, kann durch den Einsatz emotionaler Kompetenz gesteigert werden.

So entwickeln Sie sich zum emotional intelligenten Manager

Den Königsweg zum emotional intelligenten Manager gibt es nicht. Sie könnten bereits einen warmen, menschenbezogenen oder aber einen direkten, sachbezogenen Managementstil haben: Beide können auf verschiedene Weise effizient sein.

Vielleicht hatten Sie zu Beginn Ihrer Lektüre ausgezeichnete Werte bei Management- und Führungskompetenz im Quadranten B (siehe Abbildung 10). In diesem Fall sollten Sie andere Kompetenzen entwickeln, die emotionalen nämlich. Das würde Sie zu einem noch effektiveren Manager machen und weiter in Richtung Quadrant A bewegen. Emotional intelligente Leser, die sich nicht so recht trauen, ihre Fähigkeiten auch einzusetzen (Quadrant D), werden vielleicht durch die angebotenen Fallbeispiele motiviert, hier neue Wege zu gehen. Haben Sie noch keine Managementerfahrung und mangelnde emotionale Kompetenzen (Quadrant C), sind Sie nun bestens gerüstet, um sich diesbezüglich weiterzuentwickeln.

Abbildung 10: Entwicklung zur emotional intelligenten Führungskraft

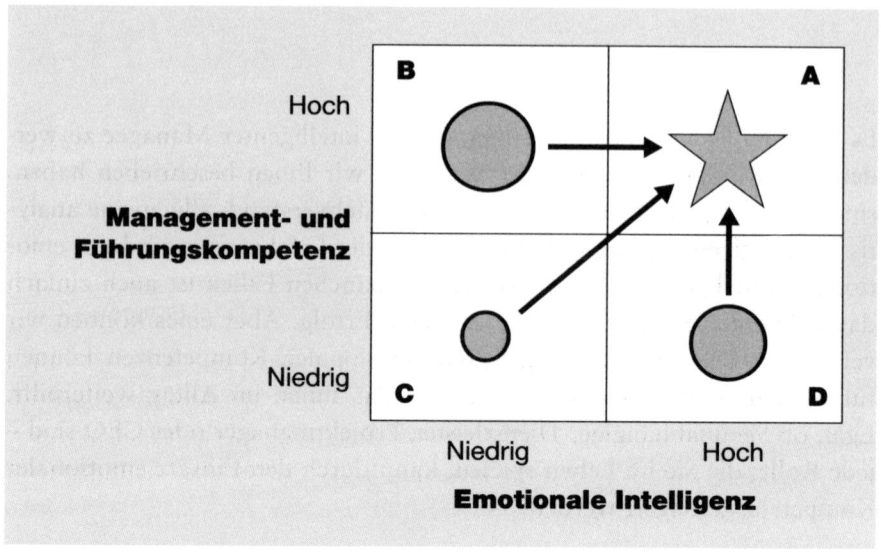

Schon die Tatsache, dass Sie dieses Buch gelesen haben, beweist, dass Sie Ihr Leben und das Leben anderer Menschen gern zum Positiven hin verändern möchten. Wir hoffen, dass wir Ihnen zumindest die eine oder andere Hilfe an die Hand geben konnten, um eine solche Veränderung zu bewerkstelligen. Denken Sie über die Möglichkeiten in Ihrem jeweiligen Stadium nach. Was können Sie tun, um weiterzukommen, und sei es noch so geringfügig?

Ein Fallbeispiel: Die vier emotionalen Schlüsselqualifikationen bei der Siemens AG

Dr. Heinrich von Pierer ist fraglos ein hoch gebildeter und intelligenter Manager. Er hat Wirtschaftswissenschaften und Jura studiert. Vor dem Eintritt bei Siemens gehörte er der juristischen Fakultät der Universität

Erlangen-Nürnberg an. 1969 wechselte er in die juristische Abteilung von Siemens und wurde 1992 zum Vorstandsvorsitzenden und CEO. Von einem so kopflastigen Manager und insbesondere vom Chef eines zukunftsweisenden Technologiekonzerns erwartet man nicht unbedingt besonders ausgeprägte emotionale Intelligenz. Wir haben Dr. von Pierers Managementstil daraufhin abgeklopft.

Kann Heinrich von Pierer Emotionen erkennen?

Die gesunde Selbsteinschätzung eines Managers ist ein viel diskutiertes Führungsmerkmal. Nur wenige Manager legen sie jedoch an den Tag und noch weniger erkennen ihre Bedeutung an. Viele CEOs zeichnen sich durch Arroganz aus, und Arroganz führt sicher nicht zu ehrlicher oder korrekter Selbsteinschätzung, sondern trägt dazu bei, Konkurrenten oder Marktbedingungen generell kritisch zu betrachten und Fehler bei ihnen zu entdecken.

Die CEO-Krankheit der Arroganz hat von Pierer offensichtlich nicht infiziert. Er scheint zu wissen, dass Effektivität und Erfolg ein hohes Maß an Selbstkontrolle verlangen: »... auch gewinnen will gelernt sein. Man muss lernen, nicht arrogant zu werden, denn jeder Sieg birgt in sich den Keim für die nächste Niederlage, sobald man einen Fehler macht.«[134]

Dr. von Pierers Erfolgsbilanz beim Verstehen und Erkennen von Emotionen lässt vermuten, dass er sich Zeit für solche Überlegungen nimmt und durchaus in der Lage ist, Gefühle korrekt zu identifizieren. Über die Ermittlung der Stärken und Schwächen eines Gegners hat er gesagt: »... man muss seinen Gegner einschätzen können. Ich kann schon nach wenigen Minuten des spielerischen Schlagabtauschs sagen, wo seine Schwächen und Stärken liegen.« Er spricht wohlgemerkt nicht von einem geschäftlichen Konkurrenten, sondern davon, wie man ein Tennismatch spielt und gewinnt! Selbstverständlich ist für ihn auch, die eigenen Kompetenzen und Fehler zu kennen: »... natürlich kenne ich meine eigenen Stärken und Schwächen ...«[135]

Kann von Pierer Emotionen einsetzen?

Wir haben immer wieder betont, dass unser fähigkeitsbasierter Ansatz zur EI sich von der gängigen Auffassung des »EQ« stark unterscheidet. Eine der Abweichungen liegt darin, dass wir auf die Betonung positiver Gefühle oder Emotionen verzichten. Wir erkennen zwar die Kraft und die Bedeutung positiver Emotionen an, doch wir sehen ebenso die Notwendigkeit so genannter negativer Emotionen.

Dr. von Pierer versteht es, positive Emotionen nutzbringend einzusetzen. So sagt er etwa: »Es ist leicht, sich von diesen Innovationen begeistern zu lassen.«[136]

Doch von Pierer versteckt sich nicht hinter einer Maske des Lächelns. Er erkennt ganz klar auch die Daseinsberechtigung negativer Emotionen. In einem Interview zum Thema Tennis wurde er mit dem Satz zitiert: »Man muss seinen Gegner eine gewisse Zeit lang hassen können.«[137] Hass ist ein sehr starkes Gefühl. Was von Pierer sagen wollte, ist sicher, dass man sich von Aggression und Kampfgeist leiten lassen muss, wenn man Erfolg haben will.

Kann von Pierer Emotionen verstehen?

Eine Vorstandssitzung in Deutschland ist etwas ganz anderes als ein amerikanisches Board Meeting. Man muss Einblick in die Kultur, die Sichtweise der Arbeitnehmerseite und die Dynamik haben, die die verschiedenen Gruppen antreibt. Die harten Bandagen eines Jack Welch passen kaum zur Siemens-Kultur. Von Pierer ist sich darüber vollkommen im Klaren, wie folgende Äußerung belegt: »Dass man mit den Leuten redet; dass man sie einbezieht; dass man Entscheidungen auf der Basis eines breiteren Konsenses trifft.«[138]

Er ist scheinbar auf der Suche nach Informationen, die ihm die Gefühle anderer Menschen – Mitarbeiter, Kunden oder Aktionäre – verstehen helfen. Und er setzt diese Informationen ein, um Ergebnisse zu prognostizieren. »Auch in schwierigen Zeiten gelingt es uns immer, unsere Stärke zu konsolidieren. Wir haben die richtigen Produkte, Systeme und Lösungen, um am Aufschwung teilzuhaben. Ich glaube, dass wir das Schlimmste hinter uns haben. Das wird sich besonders in der zweiten Jahreshälfte zeigen. Wir bei Siemens spüren, dass ein neues Zeitalter anbricht.«[139] (Der Aktienkurs von Siemens, die Messlatte der meisten amerikanischen Finanzexperten für die Leistungsfähigkeit eines CEO, brach kurz darauf ein, erholte sich aber bis Jahresende wieder etwas.)

Kann von Pierer Emotionen managen?

Krisenmanagement gehört zu den wesentlichen Aufgaben eines Managers. Es wird oft gesagt, dass sich Führungsqualitäten erst in Krisensituationen beweisen. Für von Pierer scheint effektives Emotionsmanagement in der Krise kein Fremdwort, sagte er doch: »Was ich Menschen in Krisensituationen rate: Ruhig bleiben. Lassen Sie sich auf keinen Fall von der Nervosität anstecken.«[140]

Doch Worte allein machen noch keinen emotional intelligenten Manager aus: Es kommt auf die Taten an. Diese müssen auf Emotionen und Verstand basieren und effektiv sein. Gerade dieser emotionale Bereich wird von vielen Topmanagern, vor allem solchen mit technischem Hintergrund, sträflich vernachlässigt. Tatsächlich wurde von Pierer als traditionsverhafteter, wandlungsscheuer Unternehmenslenker kritisiert. »Einen traditionsverbundeneren deutschen Industriellen als von Pierer finden Sie kaum. Er ist sicher nicht derjenige, der den Aufstand probt.«[141]

Dennoch war von Pierer offen und ehrlich in seiner Einschätzung der Probleme seines Unternehmens. Er sagte: »Ich bin mit der Ertragslage überhaupt nicht zufrieden.« Die Lage war sicher ernst und seine Einschätzung dazu extrem unverblümt.

Von Pierer ergriff emotionsbasierte Maßnahmen: Er kündigte unverzüglich ein tiefgreifendes Umstrukturierungsprogramm an, das die zentralen Probleme direkt in Angriff nahm. Dieses 10-Punkte-Programm wurde größtenteils noch im Geschäftsjahr 2000 umgesetzt.[142]

Der emotional intelligente CEO

Wir haben die Führungspraxis Heinrich von Pierers aus dem Blickwinkel des fähigkeitsbasierten Modells zur emotionalen Intelligenz beleuchtet. Wir wollen keinesfalls den Eindruck erwecken, Heinrich von Pierer sei fehlerlos oder seine erfolgreiche Amtszeit als CEO beruhe ausschließlich auf seiner emotionalen Intelligenz.

Die Zukunft von Siemens hängt darüber hinaus nicht allein von seinem CEO und dessen EI-Kompetenzen ab. Doch wir sind der festen Überzeugung, dass die Kompetenzen, die von Pierer zeigt, eine wichtige Ressource darstellen, die er und sein Unternehmen anzapfen können, um das Überleben und den Erfolg von Siemens auf Jahre hinaus zu sichern.

Der emotional intelligente Manager in der Führungsposition

In diesem Buch haben wir immer wieder die Interaktion zwischen Emotion und Kognition, Gefühl und Denken, Leidenschaft und Vernunft betont. Wir hoffen, dass wir Sie davon überzeugen konnten, dass rationales Denken Emotionen beinhaltet und dass beide Komponenten nur schwer voneinander zu trennen sind. Nehmen wir an, Sie sind überzeugt: Wo führt Sie diese Idee hin? Wir sagen, dass sie Sie einen großen Schritt näher bringt, eine wirkliche Führungspersönlichkeit zu werden und nicht bloß ein Manager.

Wir möchten Ihnen nicht zu viel versprechen, was Sie mit emotionaler Kompetenz alles erreichen können. Sie sollten nicht erwarten, sich mit etwas emotionaler Intelligenz plötzlich in eine allmächtige Führungspersönlichkeit nach dem Typ »Master of the Universe« zu verwandeln.[143] Aber wenn Sie sie lernen und anwenden, werden Sie die Chance bekommen, ein Führer von Teams und Unternehmen zu werden, die durch Loyalität, Engagement und dem Streben, das Richtige zu tun, bleibende positive Qualitäten zeigen und ihnen so einen Vorsprung verschaffen.

Wenn Sie sich mit den aktuellen Theorien über Führung oder mit den Beschreibungen bewährter Führungspersönlichkeiten befassen, ist klar zu erkennen, dass emotionale Kompetenz – genau so wie die Eigenschaft, »das Richtige zu tun« – hier zumindest ebenso wesentlich ist wie fachliches Können und Branchenkenntnisse, vielleicht sogar noch wichtiger.[144] Managementgurus wie James Kouzes und Barry Posner behaupten, dass es fünf Schlüsseleigenschaften für erfolgreiche Führungspersönlichkeiten gibt:

1. die Vorbildfunktion, andere zum Handeln nach den eigenen Werten zu motivieren,
2. die Entwicklung einer gemeinsamen Vision,
3. das Infragestellen traditioneller Verfahren zugunsten der Suche nach Innovationschancen,
4. die Förderung der Handlungsfähigkeit anderer durch verstärkte Zusammenarbeit und Übertragung von Kompetenzen und
5. das Ansprechen des Herzens.

Mit dem letzten Punkt sind die Anerkennung der Beiträge anderer und die Schaffung von Gemeinschaftsgeist gemeint.[145] Es ist schwer vorstellbar, wie diese Ziele ohne emotionale Intelligenz erreicht werden sollen.

Mit ihrem verbesserten Verständnis und Gefühl für emotionale Intelligenz werden Sie vermutlich Ihre eigenen Verknüpfungen zwischen den Dingen herstellen, die Sie als Manager tun, und den Kompetenzen, die wir in diesem Buch beschrieben haben.

Lassen Sie uns nun feststellen, wie Ihnen emotionale Intelligenz dabei helfen kann, mit den sechs Kernthemen bei Management und Führung umzugehen, die wir in der Einführung zu diesem Buch erläutert haben:

1. effektive Teams aufbauen,
2. effektiv planen und entscheiden,
3. Mitarbeiter motivieren,
4. eine Vision vermitteln,
5. Veränderungen bewirken,
6. effektive zwischenmenschliche Beziehungen schaffen.

Effektive Teams aufbauen

Teams werden gebildet, nicht geboren. Wie Steve Zaccaro im Zuge seiner Arbeit festhielt, schafft ein effektiver Teammanager Vertrauen zwischen einzelnen Teammitgliedern. Dieses Band des Vertrauens nutzt er dann und zieht es durch die ganze Gruppe, um ein tragfähiges Team aufzubauen.[146] Wenn ein Führer angestrebte Handlungsweisen vorbildhaft verkörpern will, muss er klare Wertvorstellungen haben, und seine Handlungen müssen diesen Werten entsprechen. Wie das funktioniert? Eine Möglichkeit ist, auf Gefühle zu hören. Welche Vorstellungen machen stolz? Welche Umstände – wie etwa Zurückweisung – lösen stattdessen Schuld oder Scham aus? Um einen eigenen Stil zu entwickeln, wie Kouzes und Posner allen Führungskräften empfehlen, müssen Sie zunächst Ihre Gefühle präzisieren.

Entscheidend für die Entwicklung einer gemeinsamen Identität ist zeitige und häufige Kommunikation zwischen den Teammitgliedern. Die »Fähigkeit, die Qualität der Interaktionen von Teammitgliedern durch Ausräumung von Unstimmigkeiten, Einsatz kooperativen Verhaltens oder Nutzung motivationsfördernder, aufbauender Aussagen zu optimieren«, ist der Schlüssel zur Entwicklung produktiver Interaktionen zwischen Teammitgliedern.[147]

Dafür zu sorgen, liegt häufig in der Verantwortung der Führungskraft. Wie der (pensionierte) Generalmajor Lon Maggart bemerkte: »Führung ist ein wesentlicher Faktor bei der Entwicklung des Vertrauens, das für den Aufbau von Zusammenhalt in einer Organisation nötig ist, und die einzige mir bekannte Quelle für Herz, Schneid, Entschlossenheit, unauslöschliche Hoffnung und Beharrlichkeit. Der Führer ist der einzige, der seine Untergebenen aus dem bloßen theoretischen Verständnis zum praktischen Handeln leiten kann.« [148] Andere handlungsfähig zu machen, indem man Zusammenarbeit und Kompetenzteilung fördert, kann wiederum nur, wer in der Lage ist, sich in andere hineinzuversetzen – auch über längere Zeiträume. Darüber hinaus müssen Manager über so viel Selbstvertrauen verfügen, dass sie es fertig bringen, anderen die Lorbeeren für positive Ergebnisse zuzugestehen (ohne sie deshalb automatisch für Misserfolge verantwortlich zu machen).

Effektiv planen und entscheiden

Von den sechs zentralen Managementfunktionen ist die Planung die konkreteste und rationalste. Gleichzeitig stellt sie die geringsten Ansprüche an die emotionale Intelligenz. Doch stimmt das wirklich? Planung ist zweifelsohne eine logische Angelegenheit. Effektive Planung erfordert es jedoch, offen zu bleiben für viele verschiedenartige Informationen und Daten, die in Form von Fakten vorliegen können, aber auch in Form von Emotionen.

Ein Manager, der behauptet, dass »es keine Rolle spielt, wie die Betroffenen darüber denken, weil sie sich so oder so damit abfinden müssen«, wird mit dieser Einstellung vielleicht durchkommen – aber sicher nicht lange. Vernünftige und realistische Ziele und Pläne müssen berücksichtigen, wie das Team diese Ziele und Pläne empfindet und wahrnimmt und diese Gefühle in die Planung integrieren. Der Planungs- und Entscheidungsprozess profitiert von Emotionalität, weil sie zur Ermittlung möglicher Alternativszenarien und zu Was-wäre-wenn-Analysen beiträgt.

Der Einsatz des Emotionalen Rasters

Stellen Sie sich vor, Sie sind auf dem Weg zu einer wichtigen Sitzung. Sie sollen dort entscheiden, ob ein traditionelles Geschäftsfeld, in dem Ihr Unternehmen bereits seit Jahrzehnten tätig ist, aufgegeben werden soll. Die Menschen in Ihrem Unternehmen sind mit diesem Geschäftsfeld verhaftet, es ist Teil ihrer Kultur und ihrer Identität. Der betreffende Bereich schreibt seit sieben Jahren rote Zahlen, doch die Verluste sind leicht zurückgegangen. Die anstehende Entscheidung wird – wie so viele wichtige geschäftliche Beschlüsse – nicht in einem Datenvakuum getroffen. Ihnen liegen stapelweise Informationen zum Geschäftsfeld, zur Wettbewerbssituation und zu Markttrends vor. Doch wenn Ihnen – wie vielen anderen Entscheidungsträgern – wirklich alle notwendigen Daten zur Verfügung stehen, warum sind die Entscheidungen dann so häufig falsch?

Ein Emotionales Raster zur effektiven Entscheidungsfindung beruht auf Ihrer Fähigkeit, offen zu bleiben für unliebsame Fakten und eben einfach für alle Daten, die vorliegen. Wer sich unbequemen Informationen nicht verschließen will, muss zunächst genau erfassen, in welchem emotionalen Zustand er sich gerade befindet. Emotional intelligente Entscheidungen, die auf einer Sitzung oder im Team getroffen werden, berücksichtigen auch die Gefühle der anderen Teilnehmer.

Offen bleiben für Gefühle

Anne Mulcahy, CEO von Xerox, demonstriert diese Aufnahmefähigkeit für heikle Informationen und Kritik im Allgemeinen auf besonders anschauliche Art und Weise. Mag sie auch manchmal anderer Meinung sein, so zeigt sie sich doch stets offen für kritische Überlegungen. Anne Mulcahy sagte über den Ablauf der Entscheidungsfindung: »Die Menschen um Sie herum wollen gefallen. Und hier übernehmen ehrliche Kritiker eine wichtige Rolle. Ermutigen Sie sie, die Fakten auf den Tisch zu legen.«[149] Wer seinem Chef ein ehrliches Feedback geben will, muss sich kompetent fühlen. Andererseits muss auch der Chef in der Lage sein, mit dem Gehörten umzugehen – womit wir wieder beim Thema Emotionsmanagement angelangt wären.

Viele Manager unterdrücken oder ignorieren die Gefühle, die sie beschleichen, wenn sie beunruhigende Neuigkeiten erfahren. Damit ignorieren sie aber gleichzeitig den Informationsgehalt dieser Emotionen. Außerdem beansprucht die Unterdrückung von Gefühlen kognitive Ressourcen. Die Folge ist, dass man sich nicht mehr voll auf das eigentliche Problem konzentriert – ein zweifaches Handicap also.

Dabei geht es nicht darum, wer der Klügere ist – clever sind alle, Sie ebenso wie Ihre Konkurrenten. Auch liegen allen jede Menge informativer Daten vor. Der Schlüssel zu effektiver Entscheidung und Planung liegt vielmehr darin, all diese verfügbaren Daten intelligent zu nutzen – die Fakten zur Konkurrenzsituation ebenso wie die Marktdaten und die Weisheit, die in den Gefühlen steckt.

Mitarbeiter motivieren

Nach Kouzes und Posner ist die Ermutigung durch Anerkennung der Leistungen anderer und bewusste Pflege des Gemeinschaftssinns derjenige Aspekt von Führungskompetenz, der am eindeutigsten emotional geprägt ist. Hier müssen Manager in der Lage sein, komplexe Gefühle zu verstehen. Wie können wir zum Beispiel sicherstellen, dass sich alle Kollegen im Ruhm mitsonnen, wenn besondere Leistungen Einzelner gefeiert werden? Dass sie nicht neidisch auf deren Erfolge schielen? Welche Art des Feierns wird als echt und natürlich empfunden? Wie belohnen wir Leistung, ohne gleichzeitig die innere Motivation zu unterminieren? Das alles sind Herausforderungen für den emotional intelligenten Manager.

Welchem Herren dienen wir in Wirklichkeit?

Jede Führungspersönlichkeit, welche die Entwicklung anderer im Auge hat, muss sich fragen: »Wem dient eigentlich ein Führer?« Dient er in erster Linie sich selbst? Oder den Bedürfnissen seines Teams? Den Aktionären? Den Kunden? Das Konzept des dienenden Führers hat in letzter Zeit wieder verstärkt Interesse erregt.[150] Der dienende Führer ist motiviert, zunächst die Bedürfnisse seiner Leute zu erfüllen und erst in zweiter Linie Interesse an Führung und Führungskompetenz zu zeigen. Im Grunde liegt der Schwerpunkt des dienenden Führers auf den Bedürfnissen seiner Mitarbeiter, ihres Wachstums und ihrer Entwicklung. Es macht sicher Spaß, für einen solchen Menschen zu arbeiten. Ob der dienende Führer aber auch in anderen Bereichen effektiv ist, das sei dahingestellt.

Doch das Konzept des dienenden Führers erinnert uns daran, dass es zu den Zielen eines guten Führers – und in unseren Augen auch eines emotional intelligenten Führers – gehört, das Richtige für die anderen zu tun. Die Ressourcen einer Führungskraft sind die Menschen im Unternehmen, das Humankapital. Ein guter Führer erledigt anstehende Aufgaben durch den umsichtigen Einsatz dieser Ressourcen, die er gleichzeitig wieder auffüllt. Wir haben festgestellt, dass Menschen von höherer emotionaler Intelligenz eher an der Förderung und Entwicklung der Menschen interessiert sind als andere.[151] Der emotional intelligente Manager sollte sich daher auf die Entwicklung seiner Humanressourcen konzentrieren.

Stellen Sie sich vor, Sie wären ein Produktmanager. In der Form des Matrix-Managements, die Ihr Unternehmen praktiziert, berichtet das Entwicklungsteam nicht an Sie. Nun haben Sie gerade eine vorläufige technische Analyse erhalten, die darauf hindeutet, dass Kosten und Termingestaltung Ihres Produkts überhaupt nicht der Planung entsprechen. Für das Team ist das eine böse Überraschung. Sie müssen die Teammitglieder nun motivieren und eine Möglichkeit finden, das Entwicklungsprojekt unter Berücksichtigung der veränderten Rahmendaten zu retten. Wie gehen Sie vor?

Emotional intelligentes Management

Es gibt eine ganze Reihe von Ansätzen, die auf den ersten Blick vernünftig erscheinen. Nicht alle sind jedoch auch effektiv. So würden sich viele Manager zwingen, gute Miene zum bösen Spiel zu machen, und versuchen, ihr Team allein durch ihre positive Willenskraft anzuspornen. Es gibt sicherlich Situationen, in denen man Dinge lächelnd hinnehmen muss. Doch Ihr Team wird hundertprozentig merken, wenn Ihr Optimismus nur vorgespielt ist. Sobald auffliegt, dass Ihre aufmunternden Sprüche fromme Lügen waren, ist jedes bis dahin entstandene Vertrauen verspielt.

Für das Problem unseres Produktmanagers gibt es nicht die eine, stets ideale Lösung. Doch wenn Sie eine Reihe von Fragen zum emotionalen Konzept durchgehen, zeichnen sich vielleicht verschiedene Lösungsmöglichkeiten ab:

Emotionen erkennen: Was für ein Gefühl haben Sie bei dieser Interaktion? Wie wird sich das Team dabei fühlen? Und wie steht es um die Techniker, die die Analyse erstellt haben?

Emotionen einsetzen: Wie werden sich diese Gefühle auf Ihren Ansatz und Ihre Gedanken zu dieser Interaktion auswirken? Wie wird das Team diese Interaktion aufnehmen und beurteilen?

Emotionen verstehen: Wie wird das Team reagieren? Was erwarten die Leute von Ihnen? Wie werden Sie sich zum Beispiel fühlen, wenn Sie sie bitten, »härter an der Lösung des Problems zu arbeiten«?

Emotionen managen: Wie gehen Sie mit Ihren Gefühlen bei dieser Interaktion um? Wie wollen Sie mit den Gefühlen des Teams umgehen, damit auch die anderen den Ernst der Lage erkennen und sich engagiert an die Arbeit machen?

Vielleicht werden Sie feststellen, dass Sie in der ersten Panik das Projekt als hoffnungslos und unrettbar betrachtet haben. Inzwischen haben Sie sich etwas beruhigt und empfinden die Nachricht zwar immer noch als schlecht, aber nicht mehr als so katastrophal wie zunächst befürchtet. Sie spüren die Besorgnis Ihres Projektteams und nutzen die gemeinsame Ernüchterung, um sich auf die Details und die Problemerkennung zu konzentrieren. Sie bereiten das Team auf die Hiobsbotschaft vor – ohne Schönfärberei. Dabei machen Sie jedoch klar, dass noch lange nicht alles verloren ist. Vielleicht lassen Sie sogar durchblicken, dass auch Sie zunächst dachten, das Projekt sei am Ende, dass weitere Analysen diese Schlussfolgerung jedoch relativiert haben.

Sie zeigen Mitgefühl für das Team und Verständnis für die Verwirrung, die Wut, die Überraschung und die Angst, die Ihnen entgegenschlägt. Doch weil die Nachricht zwar unerfreulich, aber keinesfalls vernichtend ist, erkennen und kommunizieren Sie, dass dieses spezielle Projekt weitergeführt werden muss; dass das Team zusammenbleiben wird und einen Ausweg aus dem Dilemma finden muss. Das wäre der geeignete Zeitpunkt für eine Motivationsansprache, die Sie mit emotionaler Offenheit und intellektueller Ehrlichkeit präsentieren müssen. Wenn Sie – wie der zuständige Techniker – tatsächlich glauben, dass das Produkt zu retten ist, dann ist es Ihre Aufgabe, dem Team diese Botschaft ebenso effektiv zu kommunizieren, wie Sie sie selbst verinnerlicht haben. Gedanken zur Entwicklung Ihrer eigenen Gefühle können Ihnen bei der Erstellung der Wegeskizze helfen, die Sie brauchen, um das Team auf das gemeinsame Ziel einzuschwören.

Der Weg dorthin ist notgedrungen steinig, und das Team wird Rückschläge einstecken müssen. Ihre Aufgabe als Manager ist es dabei nicht, jedes mögliche Problem vorherzusehen. Vielmehr sollten Sie sich darauf einstellen, sich selbst und das Team in der Krise effizient zu managen. Die erste weibliche Regierungschefin einer islamischen Nation, Benazir Bhutto, hat reichlich praktische Erfahrung im Umgang mit Hindernissen und Rückschlägen. Doch die ehemalige pakistanische Premierministerin zog daraus folgenden Schluss: »Führung steht und fällt mit der Fähigkeit, Niederlagen anzunehmen und zu überwinden.«[152]

Eine Vision vermitteln

Wie Teamforscher Ed Salas bemerkte, »wirkt Kommunikation als Klebstoff, der alle anderen Teamwork-Prozesse verknüpft«.[153] Ist dieser Klebstoff zu schwach, fällt das Team auseinander. Daraus folgert Salas, dass Kommunikationsprobleme im Team zu den Hauptgründen für das Scheitern von Projekten gehören. Salas' Arbeit mit Flugzeugbesatzungen ergab übrigens, dass die meisten Flugzeugabstürze auf Kommunikationsstörungen zurückzuführen sind.[154]

Wir wollen hier natürlich keine Kommunikationstheorie propagieren. Doch effektive Kommunikation muss darauf basieren, dass die beabsichtigte Botschaft übermittelt wird, und zwar so, dass sie von anderen gehört und verstanden wird. Inhalt und Tenor der Botschaft sollten dabei widerspiegeln, wie sich der Empfänger gerade fühlt. Diese Gefühle richten seine Aufmerksamkeit auf diese Botschaft oder lenken sie ab.

Eine gemeinsame Vision zu vermitteln, gehört zum Kommunikationsprozess effektiver Führungspersönlichkeiten. Auch dabei gilt, dass Führer in der Lage sein sollten, Gefühle anderer zu verstehen und mitzufühlen. Ansonsten dürfte es ihnen schwerlich gelingen, ihr Umfeld für die eigene Zukunftsvision zu begeistern. Ausgangspunkt für die Formulierung einer gemeinsamen Vision ist natürlich das Verständnis für die gegenwärtigen Bedenken und Einstellungen der anderen.

Die Vision als Führungsinstrument

Es ist nicht schwer, eine Vision für eine Organisation zu entwickeln. Weit schwieriger ist es dagegen, diese Vision so zu kommunizieren, dass sie ihren Zweck erfüllt: zu motivieren, anzuleiten und das Unternehmen in die Lage zu versetzen, ein wichtiges Ziel anzustreben. Die Vision muss für das Unternehmen sinnvoll sein und vor allem verstanden, gefühlt und verinnerlicht werden. Und hier sind die besonderen Fähigkeiten eines emotional intelligenten Managers gefragt.

Betrachten wir dazu eine Produktvision der Sony Corporation namens »Digital Dream Kids«. Dieser wohlklingende Begriff kommuniziert mehrere Bedeutungsebenen. Die Vision bezieht sich auf die Wandlung des Kundenkreises von Sony. Es sind die Kids, die in einer digitalen Welt aufwachsen. Doch der Slogan enthält gleichzeitig eine Herausforderung für die Sony-Mitarbeiter: Sie sollen denken lernen wie die Kinder des digitalen

Zeitalters. Gedanklicher Vater dieser Vision war Sony-Chef Nobuyuki Idei, der seine Belegschaft dazu aufforderte, »selbst zu Dream Kids zu werden, um neue Produkte zu entwickeln, die den Erwartungen unserer zukünftigen Kunden entsprechen«.[155]

Die Instrumentalisierung der Angst

Natürlich gibt es bei der Formulierung einer Vision für Sony oder jedes andere Unternehmen viele Möglichkeiten. Häufig liest man, dass CEOs versuchen, ihre Belegschaft mit Horrorszenarien auf Trab zu bringen. Eine solche Vision ist von Angst geprägt. »Sorgt für Wandel, werdet schneller oder ihr geht unter« – so oder ähnlich klingt die beunruhigende, drastische Botschaft, die hier verkündet wird. Angst kann ausgesprochen motivierend wirken, sie kann sogar buchstäblich Leben retten. Allerdings funktioniert das nur kurzfristig. Angst führt früher oder später zum Burn-out. Sie ist nicht vorwärtsgerichtet, sondern eine Emotion des Hier und Jetzt.

Ein emotional intelligenter Manager muss die Angst vor der Ungewissheit, die seine Mitarbeiter und Kunden verspüren, im Griff haben. Angst führt dazu, dass sich alle Beteiligten nur noch auf potenzielle Bedrohungen konzentrieren. Doch nach dem ersten Schock muss die Aufmerksamkeit neu ausgerichtet und der Adrenalinschub zielführend eingesetzt werden. Und genau dafür brauchen Sie Ihre Vision.

Die Vision muss ein gutes Gefühl erzeugen und für die Menschen einen Sinn ergeben. Wenn Sie Ihre Mitarbeiter, Kunden und Aktionäre wirklich verstehen, werden Sie in der Lage sein, im Geist verschiedene Visionsbotschaften durchzuspielen und emotionale Was-wäre-wenn-Analysen durchzuführen.

Veränderungen bewirken

Wer Prozesse durch Innovation, Experimente und zusätzliche Risiken in Frage stellen will, braucht emotionale Managementkompetenzen. Ist ein Manager zu ängstlich, wird er risikoscheu und meidet Rückschläge und Verluste um jeden Preis. Ist er zu optimistisch, geht er vielleicht zu hohe Risiken ein oder übersieht die möglichen Auswirkungen verschiedener potenzieller Ergebnisse.

Wir haben gelernt, dass Wandel begrüßenswert ist, dass er herbeigeführt und gemanagt werden muss. Tatsächlich sind Veränderungen aber für viele Menschen problematisch. Sie sind nicht nur grundsätzlich schwer zu verkraften, sondern stoßen in vielen Unternehmenssituationen bisweilen auf starken, konzertierten Widerstand. Nehmen wir das Beispiel Hewlett-Packard. Die Hewlett-Packard Company (HP) schrieb sich den berühmten »HP Way« auf die Fahne. Diese Philosophie, eine Unternehmenskultur der Ideen und des unternehmerischen Individualismus, den die Unternehmensgründer David Packard und Bill Hewlett gefördert und favorisiert haben, wurde von der damals neu ernannten CEO Carleton (Carly) Fiorina in Frage gestellt.

Fiorina startete einen Frontalangriff auf die HP-Kultur. Dabei ging es ihr nicht ums Ideelle, aber sie war der Ansicht, dass diese Philosophie »Veränderungen im Wege stand«[156]. Für sie bewirkte die Unternehmenskultur von HP genau das Gegenteil ihres eigentlichen Zwecks. Dazu Fiorina: »Wenn Kultur zu Gruppendenken wird, wenn Kultur Aufgeschlossenheit verhindert, wenn Kultur bedeutet, dass ›Handlungsweise, Identität und Erscheinungsbild immer gleich bleiben‹, dann macht die Kultur das Unternehmen kaputt.«[157] Sie erkannte, dass Wandel nötig war, und identifizierte auch gleich eines der Hindernisse, die diesem Wandel im Wege standen. Blieb die Frage, was zu tun war.

Emotionen erkennen

Change-Management erfordert eine gehörige Portion Mut und ein gesundes Selbstvertrauen. Für eine Kultur wie die von HP gilt das in besonderem Maße. Erfolgreiches Change-Management setzt bei Fakten und Daten ein. Wer Emotionen korrekt erkennen kann, ist dabei im Vorteil. Als Katalysator des Wandels muss man sich fragen: »Was halte ich von den zurzeit üblichen Verfahren und Methoden? Was halte ich vom Stand der Dinge?« Wittern Sie dabei ein Problem, müssen Sie es bis auf seine Ursache zurückverfolgen.

Erweiterung der Perspektive

Wenn Sie sich beim Thema Wandel gewohnheitsmäßig auf das größere Ganze konzentrieren, wie es der bei HP üblichen fundamentalen Weltsicht entsprach, können Sie einen Sachverhalt aus verschiedenen Perspektiven beleuchten. Hier kommt die Fähigkeit zur effektiven Nutzung von Emotionen zum Tragen.

Um die unternehmensgeschichtlichen Hintergründe und das Verfahren, das Sie als veränderungswürdig betrachten, richtig einordnen zu können, müssen Sie nicht nur Ursache und Wirkung begreifen, sondern auch die Geschichte des Unternehmens und der Emotionen. Die Fähigkeit, Gefühle zu verstehen und alternative Was-wäre-wenn-Szenarien aufzustellen und durchzuspielen, liefert Ihnen die zur Lösung Ihres Change-Problems und zur Entwicklung eines Aktionsplans nötigen Daten.

Jedes noch so vielversprechende Streben nach Wandel wird fehlschlagen, wenn Ihr Aktionsplan sich nur oberflächlich auf die Aspekte bezieht, die für die beabsichtigte Veränderung notwendig sind. Er muss auch berücksichtigen, wie die Betroffenen voraussichtlich reagieren werden, wie die Menschen empfinden, die Ihr Streben nach Wandel mittragen sollen. Nur so können Sie erkennen, wer aggressiv reagieren wird, wer Angst bekommen wird und wer vielleicht nicht glücklich darüber sein, aber zunächst ruhig bleiben und abwarten wird. Im nächsten Schritt erfordert Change-Management, dass Sie die Standpunkte dieser Menschen in Betracht ziehen. Sie müssen es schaffen, bei allen das Gefühl zu wecken, dass die anstehenden Veränderungen vielleicht schmerzhaft sein, aber das Unternehmen langfristig stärken werden.

Bei HP war das nicht ganz einfach. So berichtet Fiorina: »Schwierig wird es, wenn man nicht nur kommunizieren will, wohin die Reise geht, sondern, wie das Ziel zu erreichen ist. Ein hehres Traktat über Unternehmenswerte kann jeder zusammenschreiben. Doch das Problem ist – wie wir alle wissen –, diese Werte auch umzusetzen.«[158] Change-Management verlangt ebenso wie Emotionsmanagement, dass man Veränderungen selbst vorleben und die neuen Regeln im eigenen Handeln und Tun verkörpern muss.

Effektive zwischenmenschliche Beziehungen schaffen

Besonders offensichtlich werden die Kompetenzen eines emotionalen Managers im täglichen Umgang mit Kollegen, Mitarbeitern und Kunden. Nach Erkenntnissen des Psychologen Marc Brackett haben emotional unintelligente Menschen viel häufiger Schwierigkeiten mit ihren Kollegen als Personen mit stärker ausgeprägter emotionaler Intelligenz.[159] Ein niedrigerer Grad an emotionaler Intelligenz ging (zumindest bei Männern) häufiger mit aggressivem Verhalten, Drogenkonsum und exzessivem Alkoholgenuss einher. Ähnliche Ergebnisse zu zwischenmenschlichen Beziehungen legte auch der Forscher Paulo Lopes vor. Er hat festgestellt, dass emotional intelligentere Zeitgenossen besser mit anderen Menschen zurechtkamen und weniger negative Interaktionen mit engen Freunden erlebten. Lopes' Arbeit wies darüber hinaus einen Zusammenhang zwischen gegenseitiger Unterstützung im Team und emotionaler Intelligenz nach.

Effektive Beziehungen zu schaffen, ist ein hartes Stück Arbeit. Es erfordert die Fähigkeit und die Bereitschaft zur Unterstützung, aber auch zur Konfrontation. Sie müssen loben, wenn eine Aufgabe zur Zufriedenheit erledigt wurde, aber auch ernsthaft Kritik üben, wenn Fehler auftreten.

Die emotional intelligente Entwicklung zwischenmenschlicher Beziehungen

Stellen Sie sich folgendes Szenario vor: Sie müssen als Vorgesetzter einen Ihnen direkt unterstellten Mitarbeiter im halbjährlichen Turnus beurteilen. Sie haben den Eindruck, dass er mit seiner Leistung zufrieden ist. Ihre Analysen haben jedoch ergeben, dass er zwei der fünf entscheidenden Ziele in diesem Jahr nicht erreichen wird. Vielen Managern fällt es schwer, konstruktiv Kritik zu üben – obwohl dies für den Erfolg des Betroffenen von großer Bedeutung ist. Unserer Erfahrung nach sind Mitarbeiter häufig vollkommen überrascht über eine negative Leistungsbewertung, eine niedrige Prämie oder das Ausbleiben einer erwarteten Beförderung. Sie können sich nun verhalten wie ein »netter« Manager, was Ihnen vermutlich die Sympathie Ihrer Belegschaft sichert. Effektive Beziehungsgestaltung in unserem Sinne ist das jedoch nicht. Sie wären zwar beliebt, doch wenn Nettsein bedeutet, dass Sie der Entwicklung Ihrer Mitarbeiter im Wege stehen, sind Sie in Wirklichkeit gar nicht nett.

Jack Welch gab ein besonders anschauliches Beispiel für effektives Feedback. (Nicht, dass wir ihn hier zum emotionalen Manager des Jahres küren wollen – es ist nur so, dass zu seinem Managementstil einfach sehr viele detaillierte Beispiele verfügbar sind.) Er erklärte, dass er seine Manager stets vorwarnte, wenn sie ihre Vorgaben nicht erfüllten. Dieser konfrontative Ansatz stellte sicher, dass der Betreffende genau wusste, wo das Problem lag und wie er es lösen sollte. Schaffte er das nicht, bedeutete das seine Entlassung. Durch seine Menschenkenntnis und seine Härte übermittelte Welch seinen Managern die Informationen, die sie brauchten, um zu wissen, was auf sie zukam – beruflich ebenso wie emotional. Welch selbst sagte dazu: »… niemand sollte über eine Kündigung überrascht sein. Einer Entlassung sind mindestens zwei oder drei persönliche Gespräche vorausgegangen, in denen ich meine Enttäuschung zum Ausdruck gebracht und dem Betreffenden die Chance gegeben habe, das Ruder herumzureißen. Überraschung oder Enttäuschung gab es also, wenn überhaupt, höchstens im ersten Gespräch – aber nicht mehr, wenn es bereits um Entlassung ging.«[160] Diese Was-wäre-wenn-Analyse ist das Herzstück beim Verstehen von Emotionen.

Wenn Sie die zentralen emotionalen Daten berücksichtigen, wird Ihnen das weiterhelfen. Wie Sie jedoch effektive Beziehungen schaffen und pflegen, richtet sich ganz nach Ihrem individuellen Stil und Ihren Werten. Beantworten Sie sich dazu die folgenden Fragen:

Emotionen erkennen: Wie fühlen Sie sich bei dieser Interaktion? Wie könnten sich Ihre Mitarbeiter fühlen?

Emotionen nutzen: Wie wirkt sich dieses Gefühl auf Ihren Ansatz und Ihre Betrachtungsweise zu dieser Interaktion aus? Wenn Sie vor einer Sitzung nervös sind, werden Sie dann versuchen, sie rasch abzuhandeln? Werden Sie die Reaktionen Ihrer Mitarbeiter unbeachtet lassen und heikles, negatives Feedback ignorieren?

Emotionen verstehen: Wie gehen Sie mit Ihren Gefühlen zu dieser Interaktion um? Wie wollen Sie die Gefühle Ihrer Mitarbeiter managen, um zu erreichen, dass sie aufgeschlossen bleiben und zuhören?

Vergessen Sie nicht: Emotionen enthalten Daten, und diese Daten vermitteln in erster Linie Informationen über Menschen und Beziehungen. Die korrekte Wahrnehmung von Emotionen und ihrer Bedeutung liefert dem emotional intelligenten Manager alle nötigen Voraussetzungen, um sich und andere zu verstehen. Das wiederum ist die Grundlage für effektive zwischenmenschliche Interaktionen.

Ein emotional intelligentes Fazit

Warten Sie nicht erst lange auf die richtige Gelegenheit, um ihre Kompetenzen auf dem Gebiet der emotionalen Intelligenz zu entwickeln und zu nutzen. Gelegenheiten bieten sich auf Schritt und Tritt: das nächste Telefongespräch, die Begegnung im Flur, die Teamsitzung oder der Gedanke oder das Gefühl, das Sie als Nächstes überkommt. Und in jeder dieser Situationen werden Sie fühlen, denken und entscheiden. Warum probieren Sie also nicht gleich mal eine emotional intelligente Herangehensweise aus?

Fragen Sie sich doch einfach jetzt sofort, wie Sie sich fühlen, wie diese Gefühle Ihre Gedanken steuern, wieso Sie sich so fühlen und wie sich Ihre Gefühle verändern könnten. Nehmen Sie wahr, was um Sie herum geschieht und wappnen Sie sich mit der Weisheit der Gefühle, wenn Sie denken, entscheiden und handeln.

Was aber, wenn Ihre Bemühungen nicht den gewünschten Erfolg haben? Jeder unterlassene Versuch ist auf jeden Fall ein Fehlschlag. Indem Sie die Grenzen Ihres Verständnisses und Ihrer Handlungsweise erweitern, entwickeln Sie Ihre emotionalen Fähigkeiten. Zum emotional intelligenten Manager entwickeln Sie sich Schritt für Schritt, Situation für Situation und Emotion für Emotion. Je mehr Sie über Emotionen wissen, desto klüger werden Sie.

Ein emotional intelligenter Manager strebt aber auch nach Erfolg. Angesichts der unzähligen Gelegenheiten, um Ihre neuen Kompetenzen praktisch zu erproben, werden Sie Erfolge erleben – im Großen oder im Kleinen. Diese müssen Sie anerkennen und gebührend feiern, denn das Gefühl von Glück, Zufriedenheit oder Freude wird Sie zum Durchhalten motivieren, wenn Sie auf Schwierigkeiten stoßen oder nicht sofort Ihr Ziel erreichen.

An dieser Stelle möchten wir noch einmal die wichtigste Botschaft dieses Buches betonen: Emotionen liefern Daten, die Ihnen helfen, rationale Entscheidungen zu treffen und angemessen zu reagieren. Wer diese Datenquelle ignoriert, vernachlässigt einen wichtigen Aspekt der verfügbaren Informationen. Die Arbeit einer Führungskraft oder eines Managers – die Entwicklung effektiver Teams, effektive Planung und Entscheidungsfindung, Mitarbeitermotivation, die Kommunikation einer Vision, Change-Management und die Schaffung effektiver zwischenmenschlicher Beziehungen – erfordert den Rückgriff auf Emotionen als Quelle der Inspiration und des Feedbacks. Das emotionale System ist ein intelligentes System, deshalb hat es sich in der Evolution durchgesetzt – nicht zuletzt beim Menschen. Unsere Emotionen weisen uns den Weg. Sie motivieren uns dazu, das Notwendige zu tun. In diesem Sinne schließen wir mit den Worten unseres favorisierten Emotionstheoretikers, der die Intelligenz der Gefühle bereits vor Jahrzehnten erkannt hat – Silvan Tomkins: »Aus der Verbindung von Vernunft und Affekt geht Klarheit mit Leidenschaft hervor. Vernunft ohne Affekt wäre wirkungslos, Affekt ohne Vernunft blind.«[161]

Teil V
Anhang

Anhang I
Ihr emotionaler Stil

Der erfolgreiche Einsatz emotionaler Intelligenz hängt in hohem Maße davon ab, wie gut wir uns selbst verstehen wollen und können. Mit Hilfe der Fragen in diesem Anhang können Sie Ihrem Verhalten in verschiedenen Situationen – vor allem folgenschweren und bedeutungsvollen – auf den Grund gehen, um daraus Erkenntnisse über Ihren emotionalen Stil zu gewinnen.

Es handelt sich dabei nicht um wissenschaftlich bestätigte psychologische Tests, sondern um eine Zusammenstellung von Fragen, die Ihnen eine strukturierte Möglichkeit bieten, sich mit Ihren emotionalen Kompetenzen auseinander zu setzen.

Im Gegensatz zum MSCEIT-EI-Kompetenztest gibt es hier keine richtigen oder falschen Antworten. Schon wenn Sie die Fragen nur durchlesen, wird Ihnen Ihr Selbstbild in Bezug auf diese Kompetenzen und Verhaltensweisen stärker bewusst.

Ziel der Fragen und Übungen ist es, Sie zum Nachdenken darüber zu bewegen, wie Sie mit Emotionen umgehen. Die Fragen stellen keine Diagnose irgendwelcher Umstände dar, und sie sind auch kein Ersatz für die korrekte Messung Ihrer emotionalen Kompetenz. Wir haben die Fragen in vier Kategorien unterteilt:

- Studium der eigenen emotionalen Intelligenz: Überblick über die vier Kompetenzen;
- Stil bei der Problemlösung: Ihr üblicher Ansatz bei Problemen;
- die Verarbeitung von Emotionen: Ihr Umgang mit bestimmten Emotionen;
- Stimmungsfilter: Ihre Sichtweise von Situationen.

Studium der eigenen emotionalen Intelligenz

Mit Hilfe dieses Abschnitts, der in die vier emotionalen Fähigkeiten gegliedert ist, können Sie ein bewussteres Bild von dem Selbstvertrauen und dem Verständnis entwickeln, mit dem Sie Ihren Kompetenzen auf dem Gebiet der emotionalen Intelligenz begegnen.

Lesen Sie die Fragen einfach der Reihe nach durch, und wählen Sie jeweils die Antwort aus, die Ihrem Gefühl nach am besten auf Sie zutrifft.

Emotionen identifizieren: Beurteilen Sie Ihr emotionales Bewusstsein

1. Emotionsbewusstsein

a. Ich bin mir meiner Gefühle fast immer bewusst. ☐
b. Ich bin mir meiner Gefühle manchmal bewusst. ☐
c. Ich achte nicht besonders darauf, wie ich mich fühle. ☐

2. Ausdruck von Gefühlen

a. Ich kann Emotionen so ausdrücken, dass andere verstehen, wie ich mich fühle. ☐
b. Ich kann manche Gefühle zeigen. ☐
c. Ich kann Gefühle nicht gut ausdrücken. ☐

3. Die Emotionen anderer erkennen

a. Ich weiß immer, wie sich andere fühlen. ☐
b. Ich nehme die Gefühle anderer manchmal wahr. ☐
c. Ich interpretiere die Gefühle anderer falsch. ☐

4. Subtile nonverbale emotionale Signale erkennen

a. Ich kann zwischen den Zeilen lesen und spüre, wie sich jemand fühlt. ☐
b. Manchmal erkenne ich nonverbale Signale, etwa in der Körpersprache. ☐
c. Auf so etwas achte ich nicht besonders. ☐

5. Falsche Emotionen erkennen

a. Ich weiß immer, wenn jemand lügt. ☐
b. Normalerweise merke ich, wenn jemand lügt. ☐
c. Ich lasse mich von anderen täuschen. ☐

6. Emotionen in der Kunst erkennen

a. Mein Sinn für Ästhetik ist stark ausgeprägt. ☐
b. Manchmal gelingt mir das. ☐
c. Ich bin an Kunst oder Musik nicht interessiert. ☐

7. Emotionen beobachten

a. Ich nehme Gefühle immer wahr. ☐
b. Ich nehme Gefühle für gewöhnlich wahr. ☐
c. Ich nehme Gefühle selten wahr. ☐

8. Manipulative Emotionen erkennen

a. Ich merke stets, wenn mich jemand versucht zu manipulieren. ☐
b. Ich merke es gewöhnlich. ☐
c. Ich merke es selten. ☐

Emotionen einsetzen: Bewerten Sie Ihre Fähigkeit, Gefühle zu erzeugen und sie für Ihr Denkvermögen zu nutzen

1. Wenn mir jemand von einer Erfahrung erzählt, ...

a. kann ich seine Gefühle nachvollziehen. ☐
b. verstehe ich seine Gefühle. ☐
c. konzentriere ich mich auf Fakten und Informationen. ☐

2. Auf Knopfdruck Emotionen zu erzeugen, ...

a. fällt mir bei allen Emotionen leicht. ☐
b. gelingt mir bei den meisten. ☐
c. fällt mir meist schwer. ☐

3. Vor einem wichtigen Ereignis ...

a. kann ich mich in positive, aktive Stimmung versetzen. ☐
b. kann ich mich unter Umständen psychisch aufbauen. ☐
c. halte ich meine Stimmung. ☐

4. Beeinflussen meine Gefühle meine Gedanken?

a. Unterschiedliche Stimmungen haben unterschiedliche Auswirkungen auf mein Denken und meine Entscheidungen. ☐
b. Es kann wichtig sein, zu bestimmten Zeiten in einer bestimmten Stimmung zu sein. ☐
c. Meine Gedanken werden nicht von Emotionen vernebelt. ☐

5. Der Einfluss starker Gefühle auf meine Gedanken

a. Gefühle helfen mir, mich auf das wirklich Wichtige zu konzentrieren. ☐
b. Gefühle haben nur wenig Auswirkungen auf mich. ☐
c. Gefühle lenken mich ab. ☐

6. Meine emotionale Vorstellungskraft ist ...

a. sehr ausgeprägt. ☐
b. leidlich entwickelt. ☐
c. kaum von Bedeutung. ☐

7. Meine Stimmung zu verändern gelingt mir

a. problemlos. ☐
b. gewöhnlich. ☐
c. nur selten. ☐

8. Wenn mir jemand ein stark emotionales Ereignis beschreibt, ...

a. kann ich mich gut in ihn hineinversetzen. ☐
b. verändern sich meine Gefühle ein wenig. ☐
c. bleiben meine Gefühle gleich. ☐

Emotionen verstehen: Beurteilen Sie Ihr emotionales Wissen

1. Mein emotionales Vokabular ist ...

a. nuanciert und reichhaltig. ☐
b. überdurchschnittlich. ☐
c. nicht besonders groß. ☐

2. Mein Verständnis dafür, wieso Menschen bestimmte Gefühle haben, liefert mir gewöhnlich ...

a. herausragende Erkenntnisse. ☐
b. so manche Erkenntnis. ☐
c. das eine oder andere Puzzleteil. ☐

3. Mein Wissen darüber, wie sich Emotionen verändern und entwickeln, ist ...

a. ausgeprägt. ☐
b. vorhanden. ☐
c. begrenzt und interessiert mich nicht sehr. ☐

4. Emotionale Was-wäre-wenn-Szenarien liefern ...

a. präzise Prognosen zu den Konsequenzen bestimmter Vorgehensweisen. ☐
b. manchmal Prognosen entstehender Gefühle. ☐
c. meist keine Vorausschau auf die Gefühle anderer. ☐

5. Wenn ich zu bestimmen versuche, was Emotionen verursacht, dann ...

a. suche ich stets eine Verbindung zwischen dem Gefühl und dem Ereignis. ☐
b. finde ich manchmal eine Verbindung zwischen Gefühl und Ursache. ☐
c. glaube ich nicht, dass Gefühle immer einen Grund haben. ☐

6. Widersprüchliche Emotionen ...

a. kommen gleichzeitig vor – etwa Liebe und Hass. .... ☐
b. sind vielleicht möglich. .... ☐
c. sind unlogisch.. .... ☐

7. Emotionen ...

a. verändern sich nach bestimmten Mustern. .... ☐
b. folgen manchmal auf andere Emotionen. .... ☐
c. kommen gewöhnlich in zufälliger Reihenfolge vor. .... ☐

8. Emotionale Argumentation

a. Ich verfüge über ein hoch entwickeltes emotionales Vokabular. .... ☐
b. Ich kann Emotionen gewöhnlich gut beschreiben. .... ☐
c. Ich muss nach Worten suchen, um Gefühle zu beschreiben. .... ☐

Emotionen managen: Beurteilen Sie Ihr Emotionsmanagement

1. Auf Gefühle reagiere ich ...

a. normalerweise. .... ☐
b. manchmal.. .... ☐
c. nur selten. .... ☐

2. Nach meinem Gefühl handele ich

a. direkt.. .... ☐
b. manchmal.. .... ☐
c. fast nie. .... ☐

3. Starke Emotionen ...

a. motivieren mich und helfen mir.. .... ☐
b. übermannen mich manchmal. .... ☐
c. sollten kontrolliert und nach Möglichkeit verdrängt werden.. .... ☐

4. Ich kann präzise sagen, wie ich mich fühle.

a. Normalerweise. ☐
b. Manchmal. ☐
c. Nur selten. ☐

5. Der Einfluss meiner Gefühle auf mich …

a. ist für mich nachvollziehbar anhand der Auswirkungen, die diese Gefühle auf mich haben. ☐
b. ist für mich manchmal nachvollziehbar. ☐
c. wird von mir selten verarbeitet oder wahrgenommen. ☐

6. Ich verarbeite starke Gefühle …

a. um sie nicht zu über- oder zu untertreiben. ☐
b. manchmal. ☐
c. um sie zu minimieren oder zu maximieren. ☐

7. Eine schlechte Stimmung kann ich …

a. gewöhnlich verändern. ☐
b. manchmal verändern. ☐
c. nur selten verändern. ☐

8. Eine gute Stimmung kann ich

a. gewöhnlich aufrechterhalten. ☐
b. manchmal aufrechterhalten. ☐
c. nur selten aufrechterhalten. ☐

Auswertung

Geben Sie an, wie oft Sie in jeder der vier Fragenkategorien die Antwort a, b oder c gewählt haben. Errechnen Sie dann Ihren Punktestand für jeden der vier Teile des Fragebogens, indem Sie sich für jede Antwort **a** *zwei Punkte*, für jede Antwort **b** *einen Punkt* und für jede Antwort **c** *null Punkte* geben.

Bereich	a (2)	b (1)	c (0)	Ihr Punktestand
Identifizierung von Emotionen				
Einsatz von Emotionen				
Verständnis von Emotionen				
Management von Emotionen				

Ein niedriger Punktestand läge in etwa bei acht oder weniger, ein hoher Punktestand bei neun oder mehr. Das Ergebnis soll Sie allerdings lediglich dazu angeregen, sich in Gedanken und Gefühlen näher mit diesen Fragen zu befassen. Es ist keine Messung Ihrer tatsächlichen Kompetenzen.

Die Punktwerte können Sie wie folgt interpretieren:

Emotionen identifizieren: Hier gibt Ihr Punktestand an, wie Sie tatsächlich zum Erkennen von Emotionen stehen. Beachten Sie diese Datenquelle oder ignorieren Sie sie? Und – falls Sie versuchen herauszufinden, wie andere ticken – ist Ihr Eindruck dann korrekt oder nicht?

Emotionen einsetzen: Ihr diesbezüglicher Punktestand vermittelt einen Eindruck davon, ob Sie Ihre Gefühle nutzen, um Erkenntnisse über andere zu gewinnen und Ihre Entscheidungsprozesse und Denkvorgänge zu verbessern.

Emotionen verstehen: Das Ergebnis dieses Fragenkatalogs hilft Ihnen besser zu verstehen, wie tief Ihr emotionales Wissen wirklich ist.

Emotionen managen: Ihre Wertung beim Emotionsmanagement zeigt, inwieweit Sie Ihre Gefühle zur Entscheidungsfindung beitragen lassen.

Stellen Sie sich zu dem Bereich, in dem Sie am besten abgeschnitten haben, die folgende Frage:

- Wo liegen meine Stärken?
- Wie könnte ich eine Situation angehen?

Zu dem Bereich, in dem Sie am schlechtesten abgeschnitten haben, sollten Sie sich fragen:

- Was steht mir im Wege?
- Mit welchen potenziellen Problemen hätte ich gegebenenfalls zu kämpfen?

Stil bei der Problemlösung

Wenn Sie verstehen, wie Sie Probleme anpacken, welche Daten und Informationen Sie suchen, können Sie Ihren emotionalen Stil besser kennen lernen.

Lesen Sie sich die Beschreibungen zu den folgenden Situationen durch, und wählen Sie dann die Handlungsweise, die Sie am ehesten befürworten oder am Arbeitsplatz einsetzen würden.

Fragen zum emotionalen Stil

1. Genau das Mitglied Ihres Teams, das dem CEO einen neuen Plan präsentieren soll, hat gerade erfahren, dass sein Hund überraschend verstorben ist. Was würden Sie tun?

a. Da er sich darauf vorbereitet hat, lassen Sie ihn präsentieren. ☐
b. Sie trösten ihn und fragen ihn, ob er unter diesen Umständen den Plan präsentieren möchte. ☐
c. Sie schicken ihn nach Hause. ☐

2. Sie wollen das Team dazu bringen, sich für einen bestimmten Kurs zu entscheiden. Es geht dabei um ein äußerst emotionales Thema, das alle Beteiligten sehr aufwühlt. Wie würden Sie vorgehen?

a. Sie betonen die rationale Analyse des Problems. ☐
b. Die Gefühle der Beteiligten sind ebenso wichtig wie die objektive Analyse. ☐
c. Sie heizen die Emotionen der Beteiligten weiter an, um sich ihre Aufmerksamkeit zu sichern. ☐

3. Sie wurden mit der abschließenden Prüfung des Gesamthaushalts für das kommende Jahr beauftragt und sollen Abweichungen und Fehler feststellen. Sie sind gut gelaunt und in bester Stimmung, als Sie sich an Ihren Schreibtisch setzen, um die Aufgabe in Angriff zu nehmen.

a. Sie legen sofort los. ☐
b. Sie schalten erst einen Gang zurück und konzentrieren sich dann auf den Haushalt. ☐
c. Sie erhalten Ihre gute Stimmung unbedingt aufrecht, wenn Sie sich den Details widmen. ☐

4. Ihnen wurde ein neuer, wichtiger Posten angeboten und Sie sind deshalb furchtbar aufgeregt. Welche Strategie würden Sie anwenden, um eine Entscheidung zu treffen?

a. So viele Fakten wie möglich über die Position sammeln. ☐
b. Sich überlegen, was Ihnen an der Stelle gefällt und was weniger. ☐
c. Da es eine aufregende Chance ist, würden Sie das Angebot auf jeden Fall annehmen. ☐

5. Ihre Chefin hat eine Entscheidung getroffen, die Sie nicht billigen. Wie gehen Sie damit um?

a. Sie legen ihr alle Fakten vor, die diese Entscheidung betreffen. ☐
b. Sie erläutern die Fakten, aber auch Ihre Gefühle dazu. ☐
c. Sie erklären ihr, was Sie bei dieser Entscheidung empfinden. ☐

6. Ihre Chefin muss entscheiden, ob Sie oder ein anderer Mitarbeiter Ihrer Abteilung befördert werden sollen. Ein Kollege hat Ihnen erzählt, dass Ihre Chefin eher zu Ihrem Konkurrenten tendiert. Wie würden Sie sich im Gespräch mit Ihrer Chefin verhalten, wenn es um diese Beförderung geht?

a. Sich auf Ihre Kompetenzen und Leistungen konzentrieren. .... ☐
b. Erzählen, was Sie für die Gruppe geleistet haben und wie sehr Ihnen die Arbeit gefällt. .... ☐
c. Erläutern, weshalb Sie glauben, dass solche Entscheidungen nicht personenbezogen getroffen werden sollten. .... ☐

7. Sie haben das alljährliche Feedback- und Beurteilungsgespräch mit einem Mitarbeiter angesetzt. Sie fühlen sich müde und entnervt, und dem Mitarbeiter scheint es ganz ähnlich zu gehen.

a. Sie trennen Fakten und Gefühle und führen das Gespräch planmäßig durch. .... ☐
b. Sie versetzen sich vor dem Gespräch in bessere Stimmung. .... ☐
c. Sie verschieben den Termin auf später, wenn alle in besserer Laune sind. .... ☐

8. Ein Mitarbeiter, der schon seit mehreren Jahren im Unternehmen, hat schlechte Leistungen gezeigt. Er hat in den letzten Monaten mehrere kostspielige Fehler begangen. Was würden Sie tun?

a. Sie interessiert nur, ob der Betreffende seine Arbeit erledigt oder nicht. .... ☐
b. Sie finden, dass man auf ein ausgewogenes Verhältnis zwischen den Bedürfnissen des Unternehmens und denen des Mitarbeiters achten sollte. .... ☐
c. Die emotionale Gesundheit und die Bedürfnisse des Mitarbeiters gehen vor. .... ☐

9. Sie arbeiten in einem Team mit einem Kollegen zusammen. Er hat wenig Erfahrung und seine Ideen sind unausgegoren. Was würden Sie tun?

a. Ihn bitten, seine Ideen gründlicher und sorgfältiger auszuarbeiten. ... ☐
b. Ihm Vorschläge machen und Fragen stellen.. .... ☐
c. Ihn ermutigen und unterstützen. .... ☐

10. Eine Kollegin erzählt Ihnen, dass Sie vorhat zu kündigen, weil die Dinge nicht so laufen, wie sie es sich vorgestellt hat. Sie glauben, dass der Job das Richtige für sie ist und die Krise vorübergehen wird. Was sagen Sie ihr?

a. Sie erklären ihr, sie solle ihre Gefühle beiseite schieben. .... ☐
b. Sie fragen sie, was ihre Gefühle wohl bedeuten. .... ☐
c. Sie ermuntern sie, ihre Gefühle offen auszusprechen. .... ☐

11. Wie würden Sie Ihren Entscheidungsstil ganz allgemein beschreiben?

a. Meine Entscheidungen basieren meist auf rationalem, objektivem Denken. .... ☐
b. Meine Entscheidungen spiegeln meine Gedanken, aber gleichzeitig auch meine Gefühle wider. .... ☐
c. Ich entscheide aus dem Bauch heraus, ganz nach Gefühl. .... ☐

Auswertung

Dieser einfache Fragebogen analysiert mögliche Ansätze zu Problemen und Verhaltensweisen am Arbeitsplatz. Für jedes dieser Probleme gibt es drei mögliche Reaktionen. Die erste Reaktion (a) lässt auf die Bevorzugung eines eher rationalen und logischen Ansatzes zur Lösung von Problemen am Arbeitsplatz schließen. Die dritte Reaktion (c) deutet darauf hin, dass Sie einen emotionsbasierten Ansatz vorziehen, bei dem Gefühle und Emotionen im Mittelpunkt stehen. Die zweite Reaktion (b) zeigt an, dass Sie Ihre Gefühle in Ihr Denken integrieren.

Betont rationaler Stil: Wir haben erlebt, wie Mitarbeiter abgemahnt wurden, weil sie betont oder übertrieben emotional reagiert haben. Eine übermäßig rationale Entscheidungsfindung ist jedoch genauso gefährlich. Denn eine Überbetonung des logischen Denkens bis hin zum Ausschluss von Gefühlen führt zu Entscheidungen, die nicht optimal sind und nicht alle Faktoren einbeziehen.

Viele von uns bemühen sich, am Arbeitsplatz möglichst konsequent logisch und rational zu agieren. Wir werden schließlich dafür bezahlt, umsichtig zu überlegen und zu handeln. Vielleicht ist an dieser Stelle die Neudefinition unserer Rolle als Manager oder Führungskraft angezeigt – nämlich für und mit anderen entscheidende Ziele zu setzen und zu erreichen. Und mit Rationalität allein lässt sich das nicht effektiv bewerkstelligen.

Betont emotionaler Stil: Zu emotional zu sein, ist häufig eine durchaus angebrachte Kritik. Das soll aber nicht heißen, dass es nicht Zeiten geben kann, in denen uns ein Gefühl intensiver Freude, Traurigkeit oder Angst motiviert. Wir sind nicht zu emotional, wenn wir Aufmunterung und Trost suchen, weil wir von umfangreichem Stellenabbau erfahren haben, oder wenn wir einem anderen Teammitglied unseren Jubel darüber zeigen, dass wir einen großen Auftrag an Land gezogen haben.

Wenn wir den Einfluss einer Stimmung mit den aus einer Emotion bezogenen Daten verwechseln, können wir entweder zu emotional oder aber mit den falschen Emotionen reagieren. Unser Verstand sollte stets eine Rolle spielen.

Wenn uns Emotionen überwältigen und mitreißen, wenn wir unsere Wut ungerechtfertigt an einem imaginären Gegner auslassen, sind wir zu emotional. Wenn wir in einem Anflug von Enthusiasmus einen kühnen neuen Plan genehmigen, der verheerende Folgen haben wird, sind wir zu emotional. Wenn die Emotion aber echt ist – wenn sie fundiert ist –, können wir gar nicht zu emotional sein.

Emotional intelligenter Stil: Zwei Dinge wollen wir Ihnen in diesem Buch unbedingt mit auf den Weg geben: Emotionen enthalten wertvolle Informationen, und effektive Entscheidungsfindung setzt die Integration von Fühlen und Denken voraus. Wenn wir unsere Emotionen und die Emotionen anderer Menschen ignorieren, tun wir das auf eigenes Risiko. Wir beachten damit Warnsignale und Leuchtfeuer nicht, die Gefahr verheißen. Und wir verpassen Chancen, dazuzulernen, uns weiterzuentwickeln und Neues zu entdecken.

Ein emotional intelligenter Stil integriert die rationalen und logischen Elemente einer Situation und die zugrunde liegenden zentralen Emotionskomponenten.

Die Verarbeitung von Emotionen

Wir verarbeiten unterschiedliche Emotionen auf unterschiedliche Weise. Mit den folgenden Fragen können Sie herausfinden, wie Sie Ihre Fähigkeit und Ihren Stil bei der Verarbeitung verschiedener Gefühlskategorien einschätzen.

Lesen Sie die Fragen der Reihe nach durch, und wählen Sie jeweils die Antwort aus, die nach Ihrem Gefühl am besten auf Sie zutrifft.

Wahrnehmung von Gefühlen

Wie gut verstehen Sie Ihre Emotionen? Geben Sie für jedes der unten aufgeführten Gefühle an, wie präzise Sie dieses Gefühl an sich wahrnehmen.

Kategorie	nie	selten	manchmal	meistens	immer
A. Angst					
Wut					
Traurigkeit					
Abscheu					

B. Interesse

Überraschung

Akzeptanz

Glück

1. Geben Sie in folgender Tabelle an, wie oft Sie die jeweilige Bewertung vergeben haben und multiplizieren Sie die Anzahl mit der entsprechenden Punktzahl. Das Ergebnis tragen Sie dann in der Summenspalte ein. Zum Schluss addieren Sie die Punkte.

Bewertung	Anzahl	Punkte	Summe
• nie		0	
• selten		1	
• manchmal		2	
• meistens		3	
• immer		4	
Gesamt			

2. Addieren Sie jetzt die Punkte für die ersten vier Gefühle (Kategorie A) und dann noch einmal für die zweite Vierergruppe (Kategorie B) separat.

Kategorie	Punkte
Kategorie **A**	
Kategorie **B**	

Je höher Ihre Gesamtpunktzahl ist – die zwischen 0 und 32 liegt –, desto höher ist die Wahrscheinlichkeit, dass Sie Ihre Gefühle auch bewusst wahrnehmen.

Die in der Kategorie A erfassten Gefühle sind negativ, die in der Kategorie B erfassten positiv. Die Bewertung kann jeweils zwischen 0 und 16 Punkten variieren. Manche Menschen sind negativen Gefühlen gegenüber aufgeschlossener als positiven, andere nehmen positive Emotionen eher wahr als negative. Ähnliche Werte in beiden Kategorien sprechen dafür, dass Sie beide Arten von Emotionen ähnlich verarbeiten.

Wenn Sie eine hohe Punktzahl erreicht haben, brauchen Sie kaum an Ihrem emotionalen Bewusstsein zu arbeiten. Gehen Sie stattdessen gleich zum nächsten Schritt des emotionalen Intelligenzprogramms über und lernen Sie, dieses Bewusstsein und das daraus bezogene Wissen zu nutzen.

Eine eher niedrige Punktzahl könnte Sie dazu veranlassen, Ihre Einstellung und Ihre Gefühle in Bezug auf Ihr Gefühlsleben zu überdenken. Bemühen Sie sich gezielt um die Weiterentwicklung Ihrer diesbezüglichen Wahrnehmung.

Ausdruck von Gefühlen

Überlegen Sie sich jetzt, auf welche Weise Sie bestimmte Gefühle normalerweise zum Ausdruck bringen. Entscheiden Sie für jedes der unten aufgeführten Gefühle, wie Sie es zum Ausdruck bringen.

Kategorie	verdrängen	impulsiv ausleben	indirekt durch den Tonfall ausdrücken	direkt in Worte fassen	mit Worten und Tonfall zum Ausdruck bringen
A. Angst					
Wut					
Traurigkeit					
Abscheu					
B. Interesse					
Überraschung					
Akzeptanz					
Glück					

1. Geben Sie in der folgenden Tabelle an, wie oft Sie die jeweilige Bewertung angegeben haben und multiplizieren Sie die Anzahl mit der entsprechenden Punktzahl. Das Ergebnis tragen Sie dann in der Spalte Gesamtzahl ein. Zum Schluss addieren Sie die Punkte.

Bewertung	Anzahl	Punkte	Summe
• verdrängen		0	
• ausleben		1	
• indirekt		2	
• in Worten		3	
• Worte/Tonfall		4	
Gesamt			

2. Addieren Sie jetzt die Punkte für die ersten vier Gefühle (Kategorie A) und dann noch einmal für die zweite Vierergruppe (Kategorie B) separat.

Kategorie	Punkte
Kategorie **A**	
Kategorie **B**	

Je höher Ihre Punktzahl ist – die zwischen 0 und 32 liegt –, desto höher ist die Wahrscheinlichkeit, dass Sie Ihre Gefühle ohne Umschweife zum Ausdruck bringen.

Auch hier können Sie feststellen, ob Sie negative und positive Emotionen unterschiedlich ausdrücken. Die Punktzahlen für die Kategorien A und B können zwischen 0 und 16 Punkten variieren. Der Ausdruck von negativen (Kategorie A) und positiven Gefühlen (Kategorie B) kann sich unterscheiden, muss aber nicht.

Menschen, die hier hohe Punktzahlen erreichen, handeln nach ihren Gefühlen und teilen anderen ihre Gefühle mittels Emotions- und Gefühlswörtern mit. Sehr hohe Punktzahlen deuten darauf hin, dass Sie Ihre Aussagen durch Wortwahl, Tonfall und andere nonverbale Signale unterstreichen.

Wer hier sehr wenige Punkte erreicht hat, neigt wohl dazu, Emotionen auf Distanz zu halten und sich gegen sie zu wehren. Möglicherweise halten Sie Emotionen für unwichtig und nebensächlich.

Die Emotionserfahrung

In diesem Abschnitt wollen wir genauer betrachten, wie Sie spezifische Emotionen anpacken und verarbeiten.

1. Wenn ich traurig bin, ...

a. denke ich an etwas, das meine Stimmung verbessert. ☐
b. gebe ich mich dem Gefühl hin. ☐
c. akzeptiere ich das Gefühl einfach. ☐

2. Wenn ich wütend bin, ...

a. denke ich an etwas, das meine Stimmung verbessert. ☐
b. gebe ich mich dem Gefühl hin. ☐
c. akzeptiere ich das Gefühl einfach. ☐

3. Wenn ich Angst habe, ...

a. denke ich an etwas, das meine Stimmung verbessert. ☐
b. gebe ich mich dem Gefühl hin. ☐
c. akzeptiere ich das Gefühl einfach. ☐

4. Wenn ich Abscheu empfinde, ...

a. denke ich an etwas, das meine Stimmung verbessert............ ☐
b. gebe ich mich dem Gefühl hin............................. ☐
c. akzeptiere ich das Gefühl einfach......................... ☐

Auswertung

Tragen Sie in die Tabelle ein, wie oft Sie die jeweilige Antwort – a, b oder c – gewählt haben.

Bewertung	Anzahl
a	
b	
c	

Negative Emotionen können auf drei verschiedene Arten erfahren werden:

a. *Stimmungsverbesserung:* Sie versuchen, sich aufzuheitern und sich in eine positivere Stimmung zu versetzen. Wie Sie Emotionen verarbeiten, hat große Bedeutung für Ihre emotionale Intelligenz. Die Stimmungsverbesserung kann produktiv und gesund sein. Gleichzeitig kann es aber auch Ihre Erfahrung und Ihre Sicht der Realität beeinträchtigen, wenn Sie ständig versuchen, Ihre Stimmung umzugestalten.

b. *Stimmungserhaltung:* Sie versuchen, das Gefühl in gleicher Intensität aufrechtzuerhalten. Das kann – je nach Situation – angemessen sein. Der Schlüssel dafür ist, das Gefühl ohne irgendwelche Störeinflüsse beizubehalten.

c. *Stimmungsakzeptanz:* Sie versuchen, das Gefühl zu akzeptieren, ohne es zu verändern. Das ist eine passive Strategie. Sie bleiben offen für das Gefühl und lassen es seinen Gang gehen, ohne es zu beeinflussen.

Das Erleben von Emotionen

Überlegen Sie jetzt, wie Sie verschiedene Emotionskategorien erleben. Welchen der folgenden Aussagen stimmen Sie zu?

1. Wenn ich richtig glücklich bin, ...

- **a.** denke ich an etwas, das das Gefühl dämpft. ☐
- **b.** gebe ich mich dem Gefühl hin. ☐
- **c.** lasse ich dem Gefühl freien Lauf. ☐
- **d.** versuche ich, das Gefühl zu steigern. ☐

2. Wenn ich Liebe empfinde, ...

- **a.** denke ich an etwas, das das Gefühl dämpft. ☐
- **b.** gebe ich mich dem Gefühl hin. ☐
- **c.** lasse ich dem Gefühl freien Lauf. ☐
- **d.** versuche ich, das Gefühl zu steigern. ☐

3. Wenn ich großes Interesse verspüre, ...

- **a.** denke ich an etwas, das das Gefühl dämpft. ☐
- **b.** gebe ich mich dem Gefühl hin. ☐
- **c.** lasse ich dem Gefühl freien Lauf. ☐
- **d.** versuche ich, das Gefühl zu steigern. ☐

4. Wenn ich Vertrauen empfinde, ...

- **a.** denke ich an etwas, das das Gefühl dämpft. ☐
- **b.** gebe ich mich dem Gefühl hin. ☐
- **c.** lasse ich dem Gefühl freien Lauf. ☐
- **d.** versuche ich, das Gefühl zu steigern. ☐

Tragen Sie in die Tabelle ein, wie oft Sie die jeweilige Antwort – a, b, c oder d – gewählt haben.

Bewertung	Anzahl
a	
b	
c	
d	

Positive Emotionen können auf vier verschiedene Arten erfahren werden:

a. *Stimmungsdämpfung:* Sie dämpfen die Stimmung, indem Sie das Gefühl abschwächen, um sich besser unter Kontrolle zu haben.

b. *Stimmungserhaltung:* Sie versuchen aktiv, das Gefühl mit gleicher Intensität beizubehalten.

c. *Stimmungsakzeptanz:* Sie versuchen, das Gefühl zu akzeptieren, ohne es zu verändern.

d. *Stimmungssteigerung:* Sie versuchen, die Stimmung zu verstärken, um sich noch besser zu fühlen.

Positive Gefühle können überwältigen. Deshalb versuchen viele Menschen, positive Emotionen zu dämpfen. Sie wollen nicht dumm oder lächerlich wirken. Die Dämpfung positiver Emotionen ist in der Arbeitswelt eine sehr verbreitete Strategie.

Doch positive Emotionen können uns Informationen und Feedback zu unserer Leistung liefern. Sie können uns motivieren und unseren Horizont erweitern. Die Aufrechterhaltung oder Akzeptanz eines Gefühls ist unter bestimmten Umständen die beste Strategie. Durch Stimmungssteigerung ist es allerdings möglich, ein positives Gefühl bis hin zur Freude zu steigern.

Das Verständnis von Emotionen

Wählen Sie bei den folgenden Aussagen möglichst spontan die aus, die am ehesten Ihre normale Reaktion wiedergeben.

1. Wenn ich mich glücklich fühle, ...

a. weiß ich, warum. ☐
b. bin ich nicht sicher, woher das kommt. ☐
c. denke ich nicht darüber nach, warum das so ist. ☐

2. Wenn ich Angst habe, ...

a. weiß ich, warum. ☐
b. bin ich nicht sicher, woher das kommt. ☐
c. denke ich nicht darüber nach, warum das so ist. ☐

3. Wenn ich wütend bin, ...

a. weiß ich, warum. ☐
b. bin ich nicht sicher, woher das kommt. ☐
c. denke ich nicht darüber nach, warum das so ist. ☐

4. Wenn ich überrascht bin, ...

a. weiß ich, warum. ☐
b. bin ich nicht sicher, woher das kommt. ☐
c. denke ich nicht darüber nach, warum das so ist. ☐

5. Wenn ich traurig bin, ...

a. weiß ich, warum. ☐
b. bin ich nicht sicher, woher das kommt. ☐
c. denke ich nicht darüber nach, warum das so ist. ☐

6. Wenn ich Interesse verspüre, ...

a. weiß ich, warum. ☐
b. bin ich nicht sicher, woher das kommt. ☐
c. denke ich nicht darüber nach, warum das so ist. ☐

7. Wenn ich Abscheu empfinde, ...

a. weiß ich, warum. ☐
b. bin ich nicht sicher, woher das kommt. ☐
c. denke ich nicht darüber nach, warum das so ist. ☐

8. Wenn ich etwas akzeptiere, ...

a. weiß ich, warum. ☐
b. bin ich nicht sicher, woher das kommt. ☐
c. denke ich nicht darüber nach, warum das so ist. ☐

Auswertung

Tragen Sie in die folgende Tabelle ein, wie oft Sie die jeweilige Antwort – a, b oder c – gewählt haben.

Bewertung	Anzahl
a	
b	
c	

Wie denken Sie über Gefühle nach? Welche Antwortkategorie haben Sie am häufigsten gewählt?

a. Sie denken über die Gefühle nach und verstehen sie problemlos.

b. Sie denken über die Gefühle nach und können nicht feststellen, woher sie kommen.

c. Sie machen sich keine Gedanken über Ihre Gefühle.

Wenn Sie nicht daran interessiert sind, Ihre Gefühle zu ergründen, verzichten Sie damit womöglich auf eine wichtige Datenquelle. Ähnlich wie die Schwerkraft unterliegen auch Ursache, Wirkung und Veränderung von Gefühlen bestimmten Gesetzen, wobei die emotionalen Gesetze zum jetzigen Zeitpunkt noch nicht klar definiert sind.

Nur wenn Sie bereit sind, sich mit Emotionen gedanklich auseinander zu setzen, können Sie sie verstehen. Dieses Verständnis ist wiederum die Voraussetzung für die richtige Reaktion in einer bestimmten Situation.

Die Integration von Emotionen

Beantworten Sie auch diese Fragen wieder ziemlich zügig, um Antworten zu erhalten, die Ihren tatsächlichen Reaktionen entsprechen.

1. Wenn ich mich glücklich fühle, …

a. hat mein Gefühl wenig Auswirkungen auf meine Entscheidungen oder Gedanken. ☐
b. werden meine Entscheidungen und Gedanken dadurch positiv beeinflusst. ☐
c. werden meine Entscheidungen und Gedanken dadurch negativ beeinflusst. ☐

2. Wenn ich Angst habe, …

a. hat mein Gefühl wenig Auswirkungen auf meine Entscheidungen oder Gedanken. ☐
b. werden meine Entscheidungen und Gedanken dadurch positiv beeinflusst. ☐
c. werden meine Entscheidungen und Gedanken dadurch negativ beeinflusst. ☐

3. Wenn ich überrascht bin, ...

a. hat mein Gefühl wenig Auswirkungen auf meine Entscheidungen oder Gedanken.. ☐
b. werden meine Entscheidungen und Gedanken dadurch positiv beeinflusst.. ☐
c. werden meine Entscheidungen und Gedanken dadurch negativ beeinflusst.. ☐

4. Wenn ich wütend bin, ...

a. hat mein Gefühl wenig Auswirkungen auf meine Entscheidungen oder Gedanken.. ☐
b. werden meine Entscheidungen und Gedanken dadurch positiv beeinflusst.. ☐
c. werden meine Entscheidungen und Gedanken dadurch negativ beeinflusst.. ☐

5. Wenn ich Interesse verspüre, ...

a. hat mein Gefühl wenig Auswirkungen auf meine Entscheidungen oder Gedanken.. ☐
b. werden meine Entscheidungen und Gedanken dadurch positiv beeinflusst.. ☐
c. werden meine Entscheidungen und Gedanken dadurch negativ beeinflusst.. ☐

6. Wenn ich traurig bin, ...

a. hat mein Gefühl wenig Auswirkungen auf meine Entscheidungen oder Gedanken.. ☐
b. werden meine Entscheidungen und Gedanken dadurch positiv beeinflusst.. ☐
c. werden meine Entscheidungen und Gedanken dadurch negativ beeinflusst.. ☐

7. Wenn ich etwas akzeptiere, ...

a. hat mein Gefühl wenig Auswirkungen auf meine Entscheidungen oder Gedanken.. ☐
b. werden meine Entscheidungen und Gedanken dadurch positiv beeinflusst.. ☐
c. werden meine Entscheidungen und Gedanken dadurch negativ beeinflusst.. ☐

8. Wenn ich Abscheu empfinde, ...

a. hat mein Gefühl wenig Auswirkungen auf meine Entscheidungen oder Gedanken.. ☐
b. werden meine Entscheidungen und Gedanken dadurch positiv beeinflusst.. ☐
c. werden meine Entscheidungen und Gedanken dadurch negativ beeinflusst.. ☐

Auswertung

Tragen Sie in die Tabelle ein, wie oft Sie die jeweilige Antwort – a, b oder c – gewählt haben.

Bewertung	Anzahl
a	
b	
c	

Welchen Einfluss üben Ihre Stimmungen und Gefühle auf Ihr Denken aus? Welche Antwortkategorie haben Sie am häufigsten gewählt?

a. Gefühle beeinflussen Sie angeblich überhaupt nicht. Wenn Sie sich durchgängig für »a« entschieden haben, sollten Sie sich noch einmal ernsthaft mit der Grundannahme zur emotionalen Intelligenz auseinander setzen: Gefühle und Stimmungen beeinflussen unser Denken, ob wir uns dessen bewusst sind oder nicht.

b. Gefühle steigern Ihr Denkvermögen. Im Idealfall nehmen Sie das Gefühl in vollem Umfang wahr, ohne es zu minimieren oder zu übertreiben. Die Emotion und die darin enthaltenen Daten können dann einen mächtigen, produktiven und effektiven Einfluss ausüben.

c. Gefühle beeinträchtigen Ihr Denkvermögen. Sie steigern sich in Stimmungen hinein und lassen sich von ihnen beherrschen. Gefühle und Stimmungen durchsetzen Ihre Gedanken und führen Sie zu falschen Schlussfolgerungen und wirkungslosen Strategien.

Ihr Stimmungsfilter

Neigen Sie zu bestimmten Gefühlen und filtern andere heraus?
Entscheiden Sie für jede der folgenden Aussagen, ob sie auf Sie zutrifft oder nicht. Kennzeichnen Sie Ihre Antwort entsprechend mit Ja oder Nein.

Kategorie 1

- Mir geht oft viel im Kopf herum.
- Ich bin häufig angespannt oder erregt.
- Ich fühle mich meist entspannt und gelassen.
- Ich mache mir um vieles Gedanken.
- Ich bin häufig nervös.
- Ich mache mir keine Sorgen.

Kategorie 2

- Ich bin manchmal traurig oder deprimiert. . . . .
- Ich bin häufig mutlos. . . . .
- Ich fühle mich selten bedrückt oder deprimiert. . . . . . .
- Es gibt Zeiten, in denen ich sehr niedergeschlagen bin. . .
- Ich bin etwas launisch. . . . .
- Gewöhnlich ist meine Stimmung positiv und glücklich.

Kategorie 3

- Bestimmte Menschen gehen mir auf die Nerven. . . . . .
- Ich bin ungeduldig. . . . .
- Ich bin leicht frustriert. . . . .
- Ich akzeptiere andere. . . . .
- Ich bin oft wütend oder frustriert. . . . .
- Mich bringt so leicht nichts aus der Ruhe. . . . .

Ihr emotionaler Stil | **231**

Kategorie 4

- Ich bin umgänglich. . . . .
- Ich komme gut mit anderen aus. . . . .
- Ich bin sehr wettbewerbsorientiert. . . . .
- Ich bin kein Teamplayer. . . . .
- Ich bin nicht sehr ehrgeizig. . . . .
- Ich teile die Lorbeeren gerne mit anderen. . . . .

Kategorie 5

- Ich halte mich für erfolgreich. . . . .
- Ich sehe die Dinge meist positiv. . . . .
- Ich habe keine großen Erwartungen an mich. . . . .
- Die Dinge entwickeln sich meist zum Guten. . . . .
- Das Leben ist voller Hindernisse. . . . .
- Ich sehe stets das Positive. . . . .

Kategorie 6

- Ich habe Vertrauen zu anderen. . . . .
- Im Zweifel glaube ich an das Gute im Menschen. . . . . .
- Die meisten Menschen sind vertrauenswürdig. . . . .
- Es ist ein Fehler, anderen zu vertrauen. . . . .
- Die meisten Menschen sind im Grunde ehrlich. . . . . . .
- Wenn man nicht aufpasst, wird man ausgenutzt. . . . . .

Kategorie 7

- Ich bin belastbar. . . . .
- Unter großem Stress fühle ich mich ganz aufgelöst. . . .
- Manchmal ist mir alles zu viel. . . . .
- Es gibt Zeiten, in denen ich mich überlastet fühle. . . . .
- Ich kann mit Stress gut umgehen. . . . .
- Manchmal fühle ich mich ganz erschlagen. . . . .

Auswertung

Für jede Frage gibt es entweder 0 Punkte oder 1 Punkt. Ermitteln Sie Ihre Punktzahl anhand des folgenden Schlüssels. Haben Sie eine Frage mit 0 Punkten mit Ja beantwortet, so bekommen Sie für diese Frage 0 Punkte. Wenn Sie die einzelnen Fragen ausgewertet haben, addieren Sie die Zahlen nach Kategorien, um die Wertung für jede Kategorie zu ermitteln.

Ihre Antwort	Schlüssel	Wertung
• Ja	Ja	1
• Ja	Nein	0
• Nein	Ja	0
• Nein	Nein	1

Ja/Nein   Wertung/Frage   **Punktestand**

Kategorie 1

- **Ja**   Mir geht oft viel im Kopf herum.

- **Ja**   Ich bin häufig angespannt oder erregt.

- **Nein**   Ich fühle mich meist entspannt und gelassen.

- **Ja** Ich mache mir um vieles Gedanken.

- **Ja** Ich bin häufig nervös.

- **Nein** Ich mache mir keine Sorgen.

Wertung dieser Kategorie 1

Kategorie 2

- **Ja** Ich bin manchmal traurig oder deprimiert.

- **Ja** Ich bin häufig mutlos.

- **Nein** Ich fühle mich selten bedrückt oder deprimiert.

- **Ja** Es gibt Zeiten, in denen ich sehr niedergeschlagen bin.

- **Ja** Ich bin etwas launisch.

- **Nein** Gewöhnlich ist meine Stimmung positiv und glücklich.

Wertung dieser Kategorie 2

Kategorie 3

- **Ja** Bestimmte Menschen gehen mir auf die Nerven.
- **Ja** Ich bin ungeduldig.
- **Ja** Ich bin leicht frustriert.
- **Nein** Ich akzeptiere andere.
- **Ja** Ich bin oft wütend oder frustriert.
- **Nein** Mich bringt so leicht nichts aus der Ruhe.

Wertung dieser Kategorie 3

Kategorie 4

- **Ja** Ich bin umgänglich.
- **Ja** Ich komme gut mit anderen aus.
- **Nein** Ich bin sehr wettbewerbsorientiert.
- **Nein** Ich bin kein Teamplayer.
- **Ja** Ich bin nicht sehr ehrgeizig.
- **Ja** Ich teile die Lorbeeren gerne mit anderen.

Wertung dieser Kategorie 4

Kategorie 5

- **Ja** Ich halte mich für erfolgreich.
- **Ja** Ich sehe die Dinge meist positiv.
- **Nein** Ich habe keine großen Erwartungen an mich.
- **Ja** Die Dinge entwickeln sich meist zum Guten.
- **Nein** Das Leben ist voller Hindernisse.
- **Ja** Ich sehe stets das Positive.

Wertung dieser Kategorie 5

Kategorie 6

- **Ja** Ich habe Vertrauen zu anderen.
- **Ja** Im Zweifel glaube ich an das Gute im Menschen.
- **Ja** Die meisten Menschen sind vertrauenswürdig.
- **Nein** Es ist ein Fehler, anderen zu vertrauen.
- **Ja** Die meisten Menschen sind im Grunde ehrlich.
- **Nein** Wenn man nicht aufpasst, wird man ausgenutzt.

Wertung dieser Kategorie 6

Kategorie 7

- **Nein** Ich bin belastbar.

- **Ja** Unter großem Stress fühle ich mich ganz aufgelöst.

- **Ja** Manchmal ist mir alles zu viel.

- **Ja** Es gibt Zeiten, in denen ich mich überlastet fühle.

- **Nein** Ich kann mit Stress gut umgehen.

- **Ja** Manchmal fühle ich mich ganz erschlagen.

Wertung dieser Kategorie 7

Kategorie	1	2	3	4	5	6	7
Wertung							

Jede Kategorie von Fragen bezieht sich auf eine bestimmte emotionale Disposition. Dispositionen sind persönliche Merkmale, die wir alle haben. Sie liefern uns ein Grundverständnis dazu, wie wir unser Leben erfahren und sehen.

Schauen Sie sich an, wie Sie bei den einzelnen Dispositionen abgeschnitten haben. Nutzen Sie die Ergebnisse als Denkanstoß, sie bieten Ihnen Hypothesen zu Ihrer Sicht der Welt an – die objektive Wahrheit stellen die Ergebnisse jedoch nicht dar!

Disposition	Denkanstoß bei geringer Punktzahl (0-4)	Denkanstoß bei höherer Punktzahl (5-6)
1 – Besorgnis	• Sorgen und Bedrohungen können verdrängt werden	• übermäßige Wachsamkeit, die Bedrohungen überbewertet
2 – Depression	• Traurigkeit wird selten empfunden	• Schwerpunkt auf Traurigkeit, Stimmung kann davon unabhängig schwanken
3 – Wut	• Akzeptanz anderer, Ungerechtigkeit wird ignoriert	• Neigung zur Wahrnehmung von Ungerechtigkeit und Unrecht
4 – Nettigkeit	• Konkurrenzdenken, sucht Haare in der Suppe	• Konfliktvermeidung
5 – Optimismus	• zugänglich für negative Emotionen	• Schwerpunkt auf positiven Emotionen
6 – Vertrauen	• Reflexion der Fehler und negativen Emotionen anderer	• sieht das Gute im Menschen, weniger seine negativen Emotionen
7 – Stress	• empfänglich für Stress	• Verdrängung emotionaler Situationen

Besorgnis Besorgnis wird häufig negativ beurteilt. Dabei kann sie in unserem Leben eine wichtige Rolle spielen. Wer besorgt ist, beobachtet seine Umgebung aufmerksam, weil er Angst hat, dass etwas passieren könnte. Besorgnis zwingt uns, unsere Möglichkeiten und Pläne zu überdenken.

Problematisch wird es, wenn man sich zu viele Gedanken macht. Dann kann Besorgnis lähmend wirken. Man sorgt sich um alle möglichen Eventualitäten und hat weder die mentale noch die physische Energie, sein Leben zu leben. Ständige Wachsamkeit führt unweigerlich zu Erschöpfung und Müdigkeit. Äußerlich wirkt der übermäßig Besorgte allerdings nervös, hektisch oder unruhig.

Wer aber nie besorgt ist, verdrängt vielleicht Gefühle wie Sorgen, Vorahnungen oder Angst. Er ist nicht wachsam genug und kann sich nicht angemessen schützen, wenn Gefahr im Verzug ist.

Depression Häufig ist es ein Verlust, der zur Traurigkeit führt. Wenn wir etwas verlieren, das wir schätzen oder das uns wichtig ist, fühlen wir uns traurig oder deprimiert. Wenn Sie schon einmal einen geliebten Menschen verloren haben, dann wissen Sie, was tiefe Trauer ist. Doch auch der Verlust des Arbeitsplatzes kann Traurigkeit auslösen.

Eine Depression ist dagegen ein Verlustgefühl, ohne dass tatsächlich ein Verlust stattgefunden hat. Dennoch fühlt man sich am Boden zerstört und hoffnungslos. Doch Menschen, die unter einer Depression leiden, sind nicht ständig traurig. An manchen Tagen sind sie optimistisch und positiv gestimmt, an anderen niedergeschlagen und deprimiert. Eine schwere Depression, die länger andauert, kann in Verzweiflung münden. Es ist wichtig, die Anzeichen einer Depression zu erkennen und etwas dagegen zu unternehmen. Als Betroffener sollten Sie unbedingt den Rat eines Psychologen suchen.

Ist Ihre Punktwertung bei dieser Disposition niedrig, kann das bedeuten, dass sie Verlust und Traurigkeit beim ersten Anzeichen verdrängen.

Wut Wütend wird man, wenn man beleidigt, ignoriert oder verletzt wird. Man findet etwas »nicht in Ordnung« oder »nicht fair« und hat damit vielleicht sogar Recht. Wut hat ihre Ursachen aber nicht nur in der Handlungsweise anderer, sondern ebenso in der eigenen Interpretation der Ereignisse. Wer hier hohe Punktzahlen hat, filtert Ereignisse womöglich in einer Weise, die Situationen personalisiert und Empfindungen wie Empörung und Wut hervorruft.

Wer hier nur wenige Punkte hat, wehrt Wut und ähnliche Gefühle vielleicht ab. Er meidet solche Erfahrungen und versucht aktiv, sie auszufiltern.

Nettigkeit Was ist das Gegenteil eines netten Menschen? Wir denken da an die Geschichte von dem Mann, der mit seinem Sohn Schach spielte. Seine Frau nahm ihm übel, dass er alle Register zog, statt dem Jungen eine Chance zu geben. Der Mann hielt dagegen, dass sein Sohn mehr lernen werde, wenn er gefordert würde – eine Theorie, die viele Anhänger hat. Derselbe Mann schnitt in puncto Nettigkeit sehr schlecht ab. Er ist ein wettbewerbsorientierter, aggressiver Mensch, der unbedingt gewinnen will. Sie müssen wissen, dass sein Sohn noch nicht einmal fünf Jahre alt und Anfänger war. Das Gegenteil von Nettigkeit ist demnach Konkurrenzdenken.

Nette, angenehme Menschen sind meist gute Teamplayer. Sie vergeben und vergessen. Sie genießen den Erfolg, aber sie erreichen ihn lieber im Team. Sie teilen Ruhm und Lorbeeren mit anderen.

Wer hier eine hohe Punktzahl erreicht, neigt zum Übersehen von Konflikten. Er meidet Unstimmigkeiten und wird sich weigern, von anderen schlecht zu denken.

Optimismus Türmt sich da vorne etwa noch ein Berg auf? Oder sind wir schon am Ziel? Im Leben stößt man immer wieder auf Hindernisse. Wenn wir diese Hindernisse als unüberwindlich betrachten, werden wir den Mut verlieren und kehrtmachen. Es ist der Optimismus, der uns weitertreibt, auch wenn wir Fehlschläge erleiden oder unvermeidlichen Hindernissen auf dem dornigen Weg zu einem erstrebenswerten Ziel begegnen. Wer hier wenige Punkte erzielt, sollte überprüfen, ob er das Leben vielleicht durch eine negative Linse betrachtet.

Optimismus ist nicht gleichzusetzen mit positivem Denken. Optimismus ist der Glaube, dass man Erfolg haben wird und muss. Positives Denken dagegen ist gemeinhin eine Methode, negative Gedanken auszuklammern – selbst wenn diese realistisch und realitätsbasiert sind. Optimismus gilt übrigens als ein wesentlicher Indikator für Erfolg im Vertrieb. Außerdem ist er eine Schlüsselkomponente charismatischer Führung. Doch Wunschdenken kann Sie dazu verleiten, emotionale Gefahrensignale oder Warnzeichen zu ignorieren.

Vertrauen Vertrauen bedeutet, an andere zu glauben. Es bedeutet: im Zweifel für den Angeklagten. Dieser Glaube wird auch nicht erschüttert, wenn man Enttäuschungen erlebt. Wer zu viel Vertrauen hat, wird schnell als naiv oder gutgläubig angesehen. Vielleicht wird er auch ausgenutzt. Doch in zwischenmenschlichen Beziehungen und auch in der Welt der Wirtschaft ist Vertrauen unabdingbar.

Vertrauen zu lernen ist nach manchen Theorien zur psychologischen Entwicklung ein zentrales Entwicklungsstadium. Doch nicht alle Menschen schaffen es. Manche Menschen sind sehr skeptisch und vertrauen kaum jemandem – vor allem nicht sofort. Ihr Vertrauen muss man sich über lange

Zeit hinweg verdienen. Mangel an Vertrauen macht zynisch und erschwert enge, intime Beziehungen. Gleichzeitig schützt er Sie aber davor, von skrupellosen Zeitgenossen hereingelegt oder betrogen zu werden.

Ein vertrauensvoller Mensch weigert sich, das Schlimmste anzunehmen, und sucht aktiv nach anderen Erklärungen. Er nimmt für bare Münze, was ihm andere erzählen.

Stress Wir messen dabei nicht, unter wie viel Stress Sie gegenwärtig stehen. Ihre Belastbarkeit gibt an, wie gut Sie mit Stress umgehen.

Nehmen wir an, eine Testperson hat hier niedrige Werte, eine andere hohe. Nehmen wir weiter an, wir hätten gerade eine Form von Stress erfunden, die messbar und portionierbar ist. Dann verabreichen wir der stressempfindlichen Testperson eine solche Standard-Stresseinheit – vielleicht in Form einer Reifenpanne. Der Betreffende wird damit nicht gut umgehen können. Er wird sich aufregen und hilflos fühlen. Wer in dieser Kategorie eine hohe Wertung hat, lässt sich leicht aus der Fassung bringen, womöglich übertreibt er negative Emotionen.

Die belastbare Testperson dagegen lässt sich davon nicht aus der Ruhe bringen. Ist Ihre Punktzahl hier niedrig, dann sind Sie widerstandsfähig und können eine ganze Menge Stress verkraften. Eine sehr niedrige Wertung könnte für die Minimierung negativer Emotionen sprechen.

Zusammenfassung

Analysieren Sie Ihre Wertung bei den einzelnen Dispositionen, um festzustellen, ob Sie mit bestimmten Stimmungen Schwierigkeiten haben. Verdrängen Sie bestimmte Gefühle, filtern Sie spezifische Emotionen heraus, oder übertreiben Sie sie?

Anhang II:

Das Emotionale Raster

Hier finden Sie ein nützliches Werkzeug zur intelligenten Analyse emotionsgeladener Situationen. Bei diesen Übungen gibt es keine richtigen oder falschen Antworten und auch keine Punktwertung. Die Fragen sollen Ihnen lediglich helfen, Ihre Gedanken und Gefühle zu schwierigen Situationen besser zu organisieren.

Entwickeln Sie zunächst ein Emotionales Raster für ein vergangenes Ereignis. Wenn Sie das geschafft haben, werden Sie auch in der Lage sein, ein solches Konzept für kritische Situationen zu entwickeln, die noch bevorstehen.

Ansatzpunkt für Ihr Emotionales Raster

Situationsanalyse

- Um was für eine Situation handelt es sich?
- Wer ist beteiligt?

Emotionen erkennen

Wie fühlen sich die Menschen in dieser Situation? Stufen Sie jedes der unten aufgeführten Gefühle für jeden Beteiligten ein.

1 = wird eindeutig *nicht* empfunden
2 = wird eher nicht empfunden
3 = neutral
4 = wird eher empfunden
5 = wird eindeutig empfunden

Gefühl	Sie	Person 1	Person 2
• Wut			
• Glück			
• Angst			
• Traurigkeit			
• Liebe			
• Eifersucht			
• Scham			
• Überraschung			

Wie beeinflussen diese Gefühle das Denken der Beteiligten? Kreuzen Sie jedes Kästchen an, das den Denkprozess der Beteiligten beschreibt.

Denken	Sie	Person 1	Person 2
• Konzentration			
• Aufmerksamkeit			
• Ablenkung			
• Gründlichkeit			

- Kreativität

- Energie

- Gelassenheit

Was hat diese Gefühle bei Ihnen ausgelöst? Und bei den anderen?

Gefühl	Auslöser der Gefühle bei ...		
	Ihnen	Person 1	Person 2
•			
•			
•			
•			
•			
•			
•			
•			

Das Emotionale Raster | **245**

Emotionen managen

- Wie haben Sie reagiert? Was haben Sie unternommen? Und die anderen?
- Wie sieht für Sie das ideale Ergebnis aus?
- Welche Schritte können Sie unternehmen, um dieses Ergebnis zu erreichen.

Emotionales Raster für Fortgeschrittene

Jeder Schritt dieses Konzepts beruht auf der richtigen Fragestellung. Die folgenden Absätze helfen Ihnen dabei. Die Fragen können auf Sie ebenso angewendet werden wie auf andere, die sich in einer beliebigen emotionalen Situation befinden.

Fragen zur Ermittlung von Emotionen

- Wie bewusst bin ich mir meiner Emotionen?
- Wie bewusst war ich mir meiner Gefühle in der Situation?
- Wie fühle ich mich jetzt?
- Wie habe ich mich während der Interaktion gefühlt?
- Wie emotional war ich?
- Habe ich meine Gefühle anderen gegenüber zum Ausdruck gebracht? Angemessen?
- Habe ich meine wahren Gefühle preisgegeben oder kaschiert?
- War ich nur auf meine Gefühle konzentriert oder habe ich auch die Gefühle des anderen wahrgenommen?

Fragen zum Einsatz von Emotionen

- Hat Ihnen das Gefühl geholfen?
- Hat Sie Ihre Stimmung zum Thema hingeführt oder abgelenkt?
- Hatten Sie negative oder positive Gefühle zur Sache?
- Hat Ihnen Ihre Stimmung geholfen, den Standpunkt des anderen zu verstehen?
- Konnten Sie sich in Ihr Gegenüber hineinversetzen?
- Wie aufmerksam haben Sie sich dem Problem gewidmet?
- Haben Sie Ihren Emotionen nachgespürt oder sie verdrängt?

Fragen zum Verständnis von Emotionen

- Wieso fühlten Sie sich so?
- Woher kam Ihr Gefühl?
- Beschreiben Sie die Intensität Ihres Gefühls.
- Wie werden Sie sich gleich fühlen?

Fragen zum Management von Emotionen

- Was wollten Sie erreichen?
- Was ist passiert?
- Was haben Sie unternommen?
- Hat es funktioniert?
- Hätte es eine bessere Lösung gegeben?
- Wieso haben Sie es nicht besser gemacht?
- Wie zufrieden waren Sie mit dem Ergebnis?

- Wie zufrieden waren wohl die anderen mit dem Ergebnis?
- Was hätten Sie anders machen können?
- Was haben Sie daraus gelernt?

Mit dem Emotionalen Raster ein emotional intelligenter Manager werden

Wir wollen keine Manager, die sich starr an unser Vier-Stufen-Prozessmodell der Emotionen halten, wann immer sie vor einer problematischen Situation stehen. Das Emotionale Raster ist nur eine Skizze, eine Orientierungshilfe. Sie wissen selbst am besten, was vor sich geht und was zu tun ist. Denken Sie daran, dass das sture Festhalten an irgendwelchen emotionalen Regeln aller Wahrscheinlichkeit nach fehlschlagen wird.

Denken Sie jetzt an eine Situation, vor der Sie stehen, und richten Sie sich nach den Schritten zur Entwicklung eines Emotionalen Rasters, um diese Situation erfolgreich zu managen.

Situationsanalyse

- Um was für eine Situation handelt es sich?
- Wer ist beteiligt?

Emotionen erkennen

Wenn Sie die wichtigsten Beteiligten kennen, sollten Sie deren Grundstimmung berücksichtigen und sich überlegen, wie typisch bestimmte Gefühle für sie sind. Ist der eine normalerweise fröhlich und positiv? Ist der andere eher launisch? Solche Kenntnisse oder auch emotionale Hypothesen können sehr hilfreich sein.

In der Gegenwart dieser Menschen müssen Sie dann aktiv Emotionen identifizieren. Sie sollen die Emotionen natürlich nicht bewerten, doch ein strukturierter Ansatz, ein Emotionales Raster, kann Ihnen trotzdem helfen.

Wie fühlen sich die Menschen in dieser Situation? Stufen Sie jedes der unten aufgeführten Gefühle für jeden Beteiligten ein.

1 = fühlt sich eindeutig *nicht* so
2 = fühlt sich nicht ganz so
3 = fühlt sich weder so noch anders
4 = fühlt sich ein bisschen so
5 = fühlt sich eindeutig so

Gefühl	Sie	Person 1	Person 2
• Wut			
• Glück			
• Angst			
• Traurigkeit			
• Liebe			
• Eifersucht			
• Scham			
• Überraschung			

Als Nächstes müssen Sie sich überlegen, wie sich die Emotionen der einzelnen Beteiligten auf ihr Denken auswirken. Werden sie für ein Gespräch zugänglich sein oder nicht? Werden sie nach dem Haar in der Suppe suchen oder das große Ganze sehen?

Denken	Sie	Person 1	Person 2
• Konzentration			
• Aufmerksamkeit			
• Ablenkung			
• Gründlichkeit			
• Kreativität			
• Energie			
• Gelassenheit			

Hier kommen Ihre emotionalen Was-wäre-wenn-Kompetenzen auf den Prüfstand. Sie können natürlich nicht in die Zukunft sehen, doch der intelligente Einsatz des emotionalen Konzepts wird es Ihnen ermöglichen, die Ungewissheit bis zu einem gewissen und hoffentlich bedeutsamen Grad zu verringern.

Überlegen Sie sich, welche Ereignisse im Zuge der Interaktion passieren könnten. Wie werden sich diese Ereignisse aller Wahrscheinlichkeit nach emotional auf die einzelnen Beteiligten auswirken? Treiben Sie diese Analyse aber nicht zu weit. Vielleicht finden Sie es effizienter, nur solche Aktionen zu analysieren, die in Ihrem Interesse liegen.

Emotionen managen

Emotionen aufgeschlossen zu begegnen, erfordert Übung. Es wird Ihnen vielleicht nicht ganz leicht fallen. Aber wenn Sie sich vor der Weisheit Ihrer Emotionen verschließen, verzichten Sie auf eine wichtige Quelle von Daten und situativem Feedback.

Überlegen Sie sich, worum es wirklich geht und wie Sie dieses Thema konstruktiv angehen könnten. Sie können es nicht immer allen recht machen, und das sollte auch gar nicht Ihr Ziel sein. Sie sollten die Situation vielmehr mit so viel emotionalem Geschick handhaben, dass Sie das gewünschte Ergebnis erreichen.

Denn genau darum geht es ja beim emotional intelligenten Management.

Anmerkungen

1 Kramer, M. W./Hess, J. A., »Communication Rules for the Display of Emotions in Organizational Settings«. In: *Management Communication Quarterly*, 16, 2002, S. 66-80.
2 Darwin, C., Der Ausdruck der Gemütsbewegungen bei den Menschen und den Tieren. Kritische Edition, Einleitung, Nachwort und Kommentar von Paul Ekman. Frankfurt: Eichborn, 1872/2000.
3 Damasio, A. R., *Descartes' Irrtum: Fühlen, Denken und das menschliche Gehirn*. München: List, 1997.
4 Salovey, P./Mayer, J. D., »Emotional intelligence«. In: *Imagination, Cognition, and Personality*, 9, 1990, S. 185-211.
5 Es gibt viele ausgezeichnete Texte zu Management und Führung, darunter Bass, B. M., *Stogdill's Handbook of Leadership (2nd Rev.)*. New York: Free Press, 1981; Bass, B. M., *Leadership and Performance Beyond Expectations*. New York: Free Press, 1985; Bass, B. M., »Does the Transactional-transformational Leadership Paradigm Transcend Organizational and National Boundaries?«. In: *American Psychologist*, 52, 1997, S.130-139; Bennis, W. G., *On Becoming a Leader*. Reading, MA: Addison-Wesley, 1988 (auf deutsch erschienen: *Schlüsselstrategien erfolgreichen Führens*. Düsseldorf: Econ, 1994); Brief, A. P., *Attitudes in and around Organizations*. Thousand Oaks, CA: Sage Publications, 1998; Fiedler, F. E., *A Theory of Leadership Effectiveness*. New York: McGraw-Hill, 1967; Hersey, P./Blanchard, K. H., *Management of Organizational Behavior*. Englewood Cliffs, NJ: Prentice-Hall, 1988; Hogan, R./Curphy, G. J./Hogan, J., »What We Know About Leadership«. In: *American Psychologist*, 49, 1994, S. 493-504; Kotter, J. P., *A Force for Change: How Leadership Differs From Management*. New York: Free Press, 1990 (Auf deutsch erschienen: *Wie Manager richtig führen*. München/Wien: Hanser, 1999); Kouzes, J. M./Posner, B. Z., *The Leadership Challenge*. San Francisco: Jossey-Bass, 3. Auflage, 2002; Maccoby, M., *The Leader: A New Face for American Management*. NY: Ballantine, 1983.
6 Kouzes, J. M./Posner, B. Z., *The Leadership Challenge*. San Francisco: Jossey-Bass, 3. Auflage, 2002.
7 Siehe zum Beispiel Boyatzis, R., *The Competent Manager: A Model for Effective Performance*. NY: Wiley, 1982.

8   Cherniss, C./Adler, M., *Promoting Eemotional Intelligence in Organizations: Guidelines for Practitioners.* Alexandria, VA: American Society for Training and Development, 2000; Cherniss, C./Goleman, D. (Hrsg.), *The Emotionally Intelligent Workplace: How to Select For, Measure, and Improve Emotional Intelligence in Individuals, Groups, and Organizations.* San Francisco: Jossey-Bass, 2001, Goleman, D./Boyatzis, R. E./McKee, A., *Primal Leadership: Realizing the Power of Emotional Intelligence.* Boston: Harvard Business School Press, 2002: (Auf deutsch erschienen: *Emotionale Führung.* München: Ullstein, 2003:)
9   Goleman, D., *Emotionale Intelligenz.* München: DTV, 1997.
10 Quelle: Pbs.org (www.pbs.org/newshour/bb/europe/july-dec02/germany_10-31.html; heruntergeladen am 28: Mai 2004.
11 Barsade, S. G./Ward, A. J./Turner, J. D. F./Sonnenfeld, J. A., »To Your Heart's Content: The Influence of Affective Diversity in Top Management Teams«. In: *Administrative Science Quarterly,* 45, 2000, S. 802-836.
12 Jordan, P. J./Ashkanasy, N. M./Härtel, C. E. J./Hooper, G. S., »Workgroup Emotional Intelligence: Scale Development and Relationship to Team Process Effectiveness and Goal Focus«. In: *Human Resource Management Review,* 12, 2002, S. 195-214.
13 Totterdell, P., »Catching Moods and Hitting Runs: Mood Linkage and Subjective Performance in Professional Sports Teams«. In: *Journal of Applied Psychology,* 85, 2000, S. 848-859; Totterdell, P./Kellet, S./Teuchmann, K./Briner, R. B., »Evidence of Mood Linkage in Work Groups«. In: *Journal of Personality and Social Psychology,* 74, 1998, S. 1504-1515.
14 Barsade, S. G., »The Ripple Effect: Emotional Contagion and Its Influence on Group Behaviour«. In: *Administrative Science Quarterly,* 47, 2002, S. 644-675.
15 Weiss, H. M./Cropanzano, R., »Affective Events Theory: A Theoretical Discussion of the Structure, Causes and Consequences of Affective Experiences at Work«. In: B. M. Staw, L. L. Cummings (Hrsg.), *Research in Organizational Behavior,* vol. 18, 1996, S. 1-74. Greenwich, CT: JAI Press; Ashforth, B. E./Humphrey, R. H., »Emotion in the Workplace: A Reappraisal«. In: *Human Relations,* 48, 1995, S. 97-125; George J. M., »Emotions and Leadership: the Role of Emotional Intelligence«. In: *Human Relations,* 53, 2000, S. 1027-55; Fisher, C. D./Ashkanasy, N. M., »The Emerging Role of Emotions in Working Life: An Introduction«. In: *Journal of Organizational Behavior,* 21, 2000, S. 123-129; Ashkanasy, N. M./Daus, S. D., »Emotion in the Workplace: The New Challenge for Managers«. In: *Academy of Management Executive,* 16 (1), 2002, S. 23-45.
16 Siehe zum Beispiel Clore, G. L./Wyer, R. S./Dienes, B./Gasper, K./Gohm, C./Isbell, L., »Affective Feelings as Feedback: Some Cognitive Consequences«. In: L. L. Martin, G. L. Clore (Hrsg.), *Theories of Mood and Cognition.* Mahwah, NJ: Lawrence Erlbaum Associates, 2001, S. 27-62; Schwarz, N., »Feelings as

Iinformation: Informational and Motivational Functions of Affective States«. In: R. M. Sorrentino, E. T. Higgins (Hrsg.), *Handbook of Motivation and Cognition: Foundations of Social Behavior*, vol. 2. NY: Guilford, 1990, S. 527-561.
17 Ekman, P., »Facial expression and emotion«. In: *American Psychologist*, 48, 1993, S. 384-392.
18 Ausführliche Analysen der Rolle der Stimmung finden Sie in Literatur zu Stress und Stressbewältigung. Siehe: Lazarus, R. S., *Emotion and Adaptation*. NY: Oxford University Press, 1991; Lazarus, R. S., *Stress and Emotion: A New Synthesis*. NY: Springer, 1999. Lazarus, R. S./Folkman, S., *Stress Appraisal and Coping*. New York: Springer, 1984; Lazarus, R. S./Lazarus, B. N., *Passion and Reason: Making Sense of Our Emotions*. New York: Oxford University Press, 1994.
19 Frijda, N. H., *The Emotions*. New York: Cambridge University Press, 1986. Plutchik, R., *Emotion: A Ppsychoevolutionary Synthesis*. New York: Harper and Row, 1980.
20 Alpert, R./Haber, R. N., »Anxiety in Academic Achievement Situations«. In: *Journal of Abnormal and Social Psychology*, 61, 1960, S. 207-215.
21 Estrada, C. A./Isen, A. M./Young, M. J., »Positive Affect Facilitates Integration of Information and Decreases Anchoring in Reasoning Among Physicians«. In: *Organizational Behavior and Human Decision Processes*, 72, 1997, S. 117-135.
Estrada, C. A./Isen, A. M./Young, M. J., »Positive Affect Improves Creative Problem Solving and Influences Reported Source of Practice Satisfaction in Physicians«. In: *Motivation and Emotion*, 18, 1994, S. 285-299.
22 Baumeister, R. F./Muraven, M./Tice, D. M., »Ego Depletion: A Resource Model of Volition, Self-regulation, and Controlled Processing«. In: *Social Cognition*, 18, 2000, S. 130-150.
23 Hochschild, A. R., *Das gekaufte Herz. Zur Kommerzialisierung der Gefühle*. Frankfurt/New York: Campus, 1990.
24 Ashforth, B. E., Humphrey, R. H., »Emotional Labor in Service Roles: The Influence of Odentity«. In: *Academy of Management Review*, 18, 1993, S. 88-115. Ashforth, B. E./Tomiuk, M. A., »Emotional Labour and Authenticity: Views from Service Agents«. In: S. Fineman (Hrsg.), *Emotion in Organization*. London: Sage, 2. Auflage, 2000.
25 Ashforth, B. E./Humphrey, R. H., »Emotion in the Workplace: A Reappraisal«. In: *Human Relations*, 48, 1995, S. 97-125.
26 Daten von S. Barsade.
27 Ekman, P., *Telling Lies*. New York: Norton, 1985. (Auf deutsch erschienen: *Weshalb Lügen kurze Beine haben*. Berlin: De Gruyter, 1989); Ekman, P., *Emotions Revealed*. New York: Times Books, 2003. (Auf deutsch erschienen: *Gesichtsausdruck und Gefühl. 20 Jahre Forschung von P. Ekman*. Paderborn: Junfermann, 1987; *Gesichtssprache: Wege zur Objektivierung menschlicher Emotionen*. Köln u. a.: Böhlau, 1988.)

28 Damasio, A. R., *Descartes' Irrtum. Fühlen, Denken und das menschliche Gehirn*. München: List, 1997.
29 Siehe zum Beispiel Bower, G. H., »Mood and Memory«. In: *American Psychologist*, 36, 1981, S.129-148.
Isen, A., »Positive Affect, Cognitive Processes and Social Behavior«. In: L. Berkowitz (Hrsg.), *Advances in Experimental Social Psychology*, vol. 20. New York: Academic Press, 1987, S. 203-253.
30 Fredrickson, B. L., »The Role of Positive Emotions in Positive Psychology: The Broaden-and-build Theory of Positive Emotions«. In: *American Psychologist*, 56, 2001, S. 218-226.
Fredrickson, B. L., »The Value of Positive Emotions«. In: *American Scientist*, 91, 2003, S. 330-335.
31 Harker, L. A./Keltner, D., »Expressions of Positive Emotion in Women's College Yearbook Pictures and Their Relationship to Personality and Life Outcomes Across Adulthood«. In: *Journal of Personality and Social Psychology*, 80, 2001, S. 112-124.
32 Forgas, J. P., »Affect and Information Processing Strategies: An Interactive Relationship«. In: J. P. Forgas (Hrsg.), *Feeling and Thinking: The Role of Affect in Social Cognition*. Cambridge, England: Cambridge University Press, 2000, S. 253-280. (Auf deutsch erschienen: *Soziale Interaktion und Kommunikation*. Weinheim: Beltz, 1999; *Sozialpsychologie. Eine Einführung in die Psychologie der sozialen Interaktionen*. Weinheim: Beltz, 1987.)
Leeper, R. W., »A Mmotivational Theory of Eemotion to Replace ›Emotions as Disorganized Response.‹«. In: *Psychological Bulletin*, 55, 1948, S. 5-21.
Schwarz, N./Clore, G. L., »How Do I Feel About It? The Informative Function of Affective States«. In: K. Fiedler, J. P. Forgas (Hrsg.), *Affect, Cognition, and Social Behavior* (pp. 44-62). Toronto: Hogrefe, 1988, S. 44-62.
33 Plutchik, R., *The Psychology and Biology of Emotion*. New York: HarperCollins, 1994.
34 Bei der Akzeptanz von Sozialverhalten gibt es starke kulturelle Unterschiede. Unser Schwerpunkt liegt jedoch auf der Zurschaustellung von Emotionen.
35 Mayer, J. D./Caruso, D. R./Salovey, P., »Emotional Intelligence Meets Traditional Standards for an Intelligence«. In: *Intelligence*, 27, 1999, S. 267-298.
36 Eagly, A. H./Makhijani, M. G./Klonsky, B. G., »Gender and the Evaluation of Leaders: A Meta-analysis«. In: *Psychological Bulletin*, 111, 1992, S. 3-22. Siehe auch Shields, S. A., *Speaking from the heart: Gender and the Social Meaning of Emotion*. Cambridge: Cambridge University Press, 2002.
37 Mayer, J. D./DiPaolo, M./Salovey, P., »Perceiving the Affective Content in Ambiguous Visual Stimuli: A Component of Emotional Intelligence«. In: *Journal of Personality Assessment*, 54, 1990, S. 772-781; Salovey, P./Mayer, J. D., »Emotional intelligence«. In: *Imagination, Cognition, and Personality*, 9, 1990, S. 185-211.

38 Gardner, H., Frames of Mind: *The Theory of Multiple Intelligences*. New York: Basic Books, 1993. Siehe auch Sternberg, R. J, *The Trairchic Mind: A New Theory of Human Intelligence*. New York: Penguin, 1985; Sternberg, R. J, *Successful Intelligence: How Practical and Creative Intelligence Determine Success in Life*. New York: Plume, 1996.

39 Weitere Beschreibungen des Vier-Fähigkeiten-Modells finden Sie bei: Mayer, J. D./Salovey, P., »What is Emotional Intelligence?«. In: P. Salovey, D. Sluyter (Hrsg.), *Emotional Development and Emotional Intelligence: Implications for Educators*. New York: Basic Books, 1997, S. 3-31; Mayer, J. D./Salovey, P./Caruso, D., »Models of Emotional Intelligence«. In: R. J. Sternberg (Hrsg.), *The Handbook of Intelligence*. New York: Cambridge University Press, 2000, S. 396-420; Salovey, P./Bedell, B. T./Detweiler, J. B./Mayer, J. D., »Current Directions in Emotional Intelligence Research«. In: M. Lewis, J. M. Haviland-Jones (Hrsg.), *Handbook of Emotions*. New York: Guilford Press, 2. Auflage, 2000, S. 504-520.

40 Darwin, C., *Der Ausdruck der Gemütsbewegungen bei den Menschen und den Tieren*. Kritische Edition, Einleitung, Nachwort und Kommentar von Paul Ekman. Frankfurt: Eichborn, 1872/2000.

41 Nähere Erläuterungen zur Deutung von Emotionen finden Sie bei Ekman, P., *Emotions Revealed*. New York: Times Books, 2003.

42 Siehe zum Beispiel Nolen-Hoeksema, S., *Women Who Think Too Much*. New York: Henry Holt, 2003.

43 Rosenstein, D./Oster, H., »Differential Facial Response to Four Basic Tastes in Newborns«. In: *Child Development*, 59, 1988, S. 1555-1568.

44 Ekman, P., *Emotions Revealed*. New York: Times Books, 2003.

45 Siehe zum Beispiel Gobe, M., *Emotional Branding*. Oxford, England: Windsor, 2001; Martins, J. S., *The Emotional Nature of a Brand*. São Paulo: Marts Plan Imagen, 2000.

46 Ekman, P., *Telling Lies: Clues to Deceit in the Marketplace, Marriage, and Politics*. New York: W.āW. Norton, 1985.

47 Wilson, M., *The Music Man*. Milwaukee, WI: Hal Leonard Corporation, 1957.

48 Henley, N.āM., *Body Politics: Power, Sex, and Nonverbal Communication*. Englewood Cliffs, NJ: Prentice-Hall, 1993. (Auf deutsch erschienen: *Körperstrategien*. Frankfurt: Fischer, 1993).

49 Elfenbein, H. A., Marsh, A. A./Ambady, N., »Emotional Intelligence and the Recognition of Emotion From Facial Expression«. In: L. Feldman Barrett, P. Salovey (Hrsg.), *The Wisdom in Feeling: Psychological Processes in Emotional Intelligence*. New York: Guilford Press, 2002, S. 37-59.

50 Young, P. T., *Motivation of Bbehavior*. New York: John Wiley & Sons, 1936. Zitate auf den Seiten 457-458.

51 Siehe zum Beispiel Schwarz, N., »Situated Cognition and the Wisdom in Feelings: Cognitive Tuning«. In: L. Feldman Barrett, P. Salovey (Hrsg.), *The Wis-*

dom in Feeling: Psychological Processes in Emotional Intelligence. New York: Guilford Press, 2002, S. 144-166.
52 Palfai, T. P./Salovey, P., »The Influence of Depressed and Elated Mood on Deductive and Inductive Rreasoning«. In: *Imagination, Cognition, and Personality,* 13, 1993, S. 57-71.
53 Proust, M., *Auf der Suche nach der verlorenen Zeit.* Frankfurt: Suhrkamp, 2000.
54 Mayer, J. D., »How Mood Influences Cognition«. In: N. E. Sharkey Hrsg., *Advances in Cognitive Science,* vol. 1. Chichester: Ellis Horwood, 1986, S. 290-314.
55 Adams, J. L., *Conceptual Blockbusting.* New York: W. W. Norton, 2. Auflage, 1979.
56 Barach, J. A./Eckhardt, D. R., *Leadership and the Job of the Executive.* Westport, CT: Quorum Books, 1996. Zitat auf Seite 4.
57 Ashforth, B. E./Humphreys, R. H., »Emotion in the Workplace: A Reappraisal«. In: *Human Relations,* 48, 1995, S. 97-125. Zitat auf Seite 111.
58 Damasio, A. R., *Descartes' Irrtum. Fühlen, Denken und das menschliche Gehirn.* München: List, 1997. Siehe auch andere Arbeiten Damasios wie etwa Damasio, A. R., »Fundamental feelings«. In: *Nature,* 413, 2001, S. 781. Damasio, A. R., *The Feeling of What Happens: Body and Emotion in the Making of Consciousness.* NY: Harcourt Brace, 1999. (Auf deutsch erschienen: *Der Spinoza-Effekt.* München: List, 2003. *Ich fühle, also bin ich.* München: List, 2002.)
59 Estrada, C. A./Isen, A. M./Young, M. J., »Positive Affect Facilitates Integration of Information and Decreases Anchoring in Reasoning Among Physicians«. In: *Organizational Behavior and Human Decision Processes,* 72, 1997, S. 117-135; Estrada, C. A./Isen, A. M./Young, M. J., »Positive Affect Improves Creative Problem Solving and Influences Reported Source of Practice Satisfaction in Physicians«. In: *Motivation and Emotion,* 18, 1994, S. 285-299.
60 Zusammengefasst in: Gohm, C. L./Clore, G. L., »Affect as Information: An Individual-differences Approach«. In: L. Feldman Barrett, P. Salovey (Hrsg.), *The Wisdom in Feeling: Psychological Processes in Emotional Intelligence.* New York: Guilford Press, 2002, S. 89-113.
61 Zusammengefasst in: Schwarz, N./Clore, G. L., »How Do I Feel About it? The Informative Function of Affective States«. In: K. Fiedler, J. Forgas (Hrsg.), *Affect, Cognition, and Social Behavior.* Toronto: C. J. Hogrefe, 1988, S. 44-62.
62 Zusammengefasst in Mayer, J. D./Salovey, P., »Personality Moderates the Interaction of Mood and Cognition«. In: K. Fiedler, J. Forgas (Hrsg.), *Affect, Cognition, and Social Behavior.* Toronto: C. J. Hogrefe, 1988, S. 87-99.
63 Siehe zum Beispiel Ekman, P./Davidson, R. J., *The Nature of Emotions: Fundamental Questions.* New York: Oxford University Press, 1994 (insbesondere Kapitel 1). Eine gegensätzliche Meinung finden Sie bei Ortony, A./Turner, T. J., »What's Basic About Basic Emotions?«. In: *Psychological Review,* 97, 1990, S. 315-331.

64 Ekman hat seine Ansicht zur Existenz grundlegender Emotionen vor ein paar Jahren modifiziert, doch er vertritt weiterhin den Standpunkt, dass bestimmte Emotionen, die allem Anschein nach universell empfunden werden, in Wirklichkeit spezieller Natur sind.
65 Plutchik, R., *The Psychology and Biology of Emotion*. New York: HarperCollins, 1994.
66 Siehe auch Izard, C. E., *The Psychology of Emotions*. New York: Plenum, 1991; Tomkins, S. S., *Affect, Imagery, and Consciousness: The Positive Affects*. New York: Springer, 1962; Tomkins, S. S., *Affect, Imagery, and Consciousness: The Negative Affects*. New York: Springer, 1963.
67 Dieses Konzept finden Sie in den Beiträgen zu Scherer, K. S./Schorr, A./Johnstone, T. (Hrsg.) näher erläutert. *Appraisal Processes in Emotion: Theory, Meth., and Research*. New York: Oxford University Press, 2001.
68 Lisa Feldman Barrett bezeichnet das als *emotionale Granularität*. Siehe zum Beispiel Barrett, L. F./Fossum, T., »Mental Representations of Affect Knowledge«. In: *Cognition and Emotion*, 15, 2001, S. 333-363.
69 Richards, J. M./Gross, J. J., »Emotion Regulation and Memory: The Cognitive Costs of Keeping One's Cool«. In: *Journal of Personality and Social Psychology*, 79, 2000, S. 410-424.
70 Weitere Informationen bei Gross, J. J./John, O. P., »Wise Emotion Regulation«. In: L. F. Barrett, P. Salovey (Hrsg.), *The Wisdom in Feeling: Psychological Processes in Emotional Intelligence*. New York: Guilford Press, 2002, S. 297-318.
71 Schoeck, H., *Envy: A Theory of Social Behavior*. New York: Harcourt, Brace and World, 1996.
72 Kelly, J. R./Barsade, S. G., »Mood and Emotions in Small Groups and Work Teams«. In: *Organizational Behavior and Human Decision Processes*, 86, 2001, S. 99-130.
73 Bushman, B. J., »Does Venting Anger Feed or Extinguish the Flame? Catharsis, Rumination, Distraction, Anger and Aggressive Responding«. In: *Personality and Social Psychology Bulletin*, 28, 2002, S. 724-731.
74 Frijda, N. H., *The Emotions*. Cambridge: Cambridge University Press, 1986. Siehe auch Frijda, N. H./Kuipers, P./ter Schure, E., »Relations Among Emotion, Appraisal, and Emotional Action Readiness«. In: *Journal of Personality and Social Psychology*, 57, 1989, S. 212-228.
75 Aristoteles. *Poetik, Griechisch – Deutsch*. Stuttgart: Reclam, 1982.
76 Relevante Erläuterungen bei de Sousa, R., *Die Rationalität des Gefühls*. Frankfurt: Suhrkamp, 2001.
77 Damasio, A. R., *Descartes' Irrtum. Fühlen, Denken und das menschliche Gehirn*. München: List, 1997.
78 Mischel, W./Ebbesen, E. B., »Attention in Delay of Gratification«. In: *Journal of Personality and Social Psychology*, 16, 1970, S. 329-337; Mischel, W./Ebbesen, E. B./Zeiss, A. R., »Cognitive and Attentional Mmechanisms in Delay

of Gratification«. In: *Journal of Personality and Social Psychology*, 21, 1972, S. 204-218.
79 Baumeister, R. F., »Ego Depletion, the Executive Function, and Self-control: An Energy Model of the Self in Personality«. In: Roberts, B. W., Hogan, R. (Hrsg.), *Personality Psychology in the Workplace. Decade of Behavior*. Washington, DC: American Psychological Association, 2001, S. 299-316; Tice, D. M./Bratslavsky, E./Baumeister, R. F., »Emotional Distress Regulation Takes Precedence over Impulse Control: If You Feel Bad, Do It!«. In: *Journal of Personality and Social Psychology*, 80, 2001, S. 53-67.
80 Bearbeitet in: Tangney, J. P./Salovey, P., »Problematic Social Emotions: Shame, Guilt, Jealousy, and Envy«. In: R. M. Kowalski, M. R. Leary (Hrsg.), *The Social Psychology of Emotional and Behavioral Problems: Interfaces of Social and Clinical Psychology*. Washington, DC: American Psychological Association, 1999, S. 167-195; Tangney, J. P./Dearing, R. L., *Shame and Guilt*. New York: Guilford Press, 2002. Frühere Arbeiten siehe Lewis, H. B., *Shame and Guilt in Neurosis*. New York: International Universities Press, 1971. Ein charmantes Werk zum Thema Peinlichkeit ist Miller, R. E., *Embarrassment: Poise and Peril in Everyday Life*. New York: Guilford Press, 1996.
81 Tice, D. M./Bratslavsky, E., »Giving in to Feel Good: The Place of Emotion Regulation in the Context of General Self-control«. In: *Psychological Inquiry*, 11, 2000, S. 149-159.
82 Paulus, D. L./Lysy, D. C./Yik, M. S. M., »Self-report Measures of Intelligence: Are They Useful as a Proxy IQ Tests?«. In: *Journal of Personality*, 66, 1998, S. 525-554.
83 Borkenau, P./Liebler, A., »Convergence of Stranger Ratings of Personality and Iintelligence With Self-ratings, Partner Ratings, and Measured Intelligence«. In: *Journal of Personality and Social Psychology*, 65, 1993, S. 546-553; Sharpley, C. F./Edgar, E., »Teachers' Ratings Vs. Standardized Tests: An Empirical Investigation of Agreement Between Two Indices of Achievement«. In: *Psychology in the Schools*, 23, 1986, S. 106-111.
84 Mayer, J. D./Salovey, P./Caruso, D. R., *Mayer-Salovey-Caruso Emotional Intelligence Test (MSCEIT): User's manual*. Toronto, Ontario: Multi-Health Systems, Inc., 2002; Mayer, J. D./Salovey, P./Caruso, D. R./Sitarenios, G., »Measuring Emotional Intelligence With the MSCEIT V2.0«. In: *Emotion*, 3, 2002, S. 97-105; Salovey, P./Mayer, J. D./Caruso, D./Lopes, P. N., Measuring Emotional Intelligence as a Set of Abilities With the Mayer-Salovey-Caruso Emotional Intelligence Test. In: S. J. Lopez, C. R. Snyder (Hrsg.), *Positive Psychological Assessment: A Handbook of Models and Measures*. Washington, DC: American Psychological Association, 2003, S. 251-265.
85 Bar-On, R., *Bar-On Emotional Quotient Inventory: A Measure of Emotional Intelligence*. Toronto, Ontario: Multi-Health Systems, 1997.
86 Eine detaillierte Beschreibung zur Unterscheidung zwischen echtem und künstlichem Lächeln finden Sie bei Ekman, P., *Emotions Revealed*. New York: Times Books, 2003.

87 Wegner, D., *White Bears and Other Unwanted Thoughts: Suppression, Obsession, and the Psychology of Mental Control.* New York: Viking, 1989.
88 Mayer, J. D./Salovey, P./Caruso, D. R., *Mayer-Salovey-Caruso Emotional Intelligence Test (MSCEIT): User's Manual.* Toronto, Ontario: Multi-Health Systems, 2002.
89 Weitere Informationen finden Sie bei Watson, D., *Mood and Temperament.* New York: Guilford Press, 2000.
90 Einen nützlichen Beitrag zu diesem Thema finden Sie bei Thayer, R. E., *The Biopsychology of Mood and Arousal.* New York: Oxford University Press, 1989; Thayer, R. E., *The Origin of Everyday Moods: Managing Energy, Tension, and Stress.* New York: Oxford University Press, 1996.
91 Siehe Thayer, R. E., *Calm Energy: How People Regulate Mood with Food and Exercise.* New York: Oxford University Press, 2001.
92 Scherer, K. R., »Vocal Affect Expression: A Review and Model for Future Research«. In: *Psychological Bulletin*, 99, 1986, S. 143-165. Scherer, K. R./Banse, R./Wallbott, H. G., »Emotion Inferences From Vocal Expression Correlate Across Languages and Cultures«. In: *Journal of Cross-Cultural Psychology*, 32, 2001, S. 76-92. Siehe auch Bachorowski, J. A./Owren, M. J., »Vocal Acoustics in Emotional Intelligence«. In: L. Feldman Barrett, P. Salovey (Hrsg.), *The Wisdom in Feeling: Psychological Processes in Emotional Intelligence.* New York: Guilford Press, 2002, S. 11-36.
93 Ekman, P., *Emotions Revealed.* New York: Times Books, 2003.
94 Ekman, P., *Telling Lies: Clues to Deceit in the Marketplace, Marriage, and Politics.* New York: W. W. Norton, 1985.
95 Fredrickson, B. L., »The Role of Positive Emotions in Positive Psychology: The Broaden-and-build Theory of Positive Emotions«. In: *American Psychologist*, 56, 2001, S. 218-226.
96 Isen, A. M./Daubman, K. A./Nowicki, G. P., »Positive Affect Facilitates Creative Problem Solving«. In: *Journal of Personality and Social Psychology*, 52, 1987, S. 1122-1131.
97 Bless, H., »Mood and the Use of General Knowledge Structures«. In: L. L. Martin, G. L. Clore (Hrsg.), *Theories of Mood and Cognition: A User's Guidebook.* Mahwah, NJ: Lawrence Erlbaum Associates, 2001, S. 9-26.
98 Lyubomirsky, S./Tucker, K. L., »Implications of Individual Differences in Subjective Happiness for Perceiving, Interpreting, and Thinking About Life Events«. In: *Motivation and Emotion*, 22, 1998, S. 155-186; Seidlitz, L./Diener, E., »Memory for Positive Versus Negative Life Events: Theories for the Differences Between Happy and Unhappy Persons«. In: *Journal of Personality and Social Psychology*, 64, 1993, S. 654-663.
99 Isen, A. M./Daubman, K. A./Nowicki, G. P., »Positive Affect Facilitates Creative Problem Solving«. In: *Journal of Personality and Social Psychology*, 52, 1987, S. 1122-1131.
100 Bless, H., »Mood and the Use of General Knowledge Structures«. In: L. L.

Martin, G. L. Clore (Hrsg.), *Theories of Mood and Cognition: A User's Guidebook*. Mahwah, NJ: Lawrence Erlbaum Associates, 2001, S. 9-26.

101 Clore, G. L./Wyer, R. S. Jr/Dienes, B./Gasper, K./Gohm, C./Isbell, L., »Affective Feelings as Feedback: Some Cognitive Consequences«. In: L. L. Martin, G. L. Clore (Hrsg.), *Theories of Mood and Cognition: A User's Guidebook*. Mahwah, NJ: Lawrence Erlbaum Associates, 2001, S. 27-62.

102 LeDoux, J., »Fear and the Brain: Where Have We Been, and Where are We Going?«. In: *Biological Psychiatry*, 44, 1998, S. 1229-1238.

103 DeStano, D./Petty, R. E./Wegener, D. T./Rucker, D. D., »Beyond Valence in the Perception of Likelihood: The Role of Emotion Specificity«. In: *Journal of Personality and Social Psychology*, 78, 2000, S. 397-416.

104 Gillham, J. E./Shatte, A. J./Reivich, K. J./Seligman, M. E. P., »Optimism, Pessimism, and Explanatory style«. In: E. C. Chang (Hrsg.). *Optimism & pessimism: Implications for Theory, Research, and Practice*. Washington, DC: American Psychological Association, 2001, S. 53-75.

105 Palfai, T. P./Salovey, P., »The Influence of Depressed and Elated Mood on Deductive and Inductive Reasoning«. In: *Imagination, Cognition, and Personality*, 13, 1993, S. 57-71.

106 Van Honk, J./Tuiten, A./de Haan, E./van den Hout, M./Stam, H., »Attentional Biases for Angry Faces: Relationships to Trait Anger and Anxiety«. In: *Cognition and Emotion*, 15, 2001, S. 279-297.

107 Darwin, C., *Der Ausdruck der Gemütsbewegungen bei den Menschen und den Tieren*. Kritische Edition, Einleitung, Nachwort und Kommentar von Paul Ekman. Frankfurt: Eichborn, 1872/2000.

108 Forgas, Joseph P., »Feeling and doing: Affective influences on interpersonal behavior«. In: *Psychological Inquiry*, 13, 2002, S. 1-28.

109 Einen ausgezeichneten Überblick über die Rolle der Emotionen bei der Überredung finden Sie bei DeStano, D./Braverman, J., »Emotions and Persuasion: Thoughts on the Role of Emotional Intelligence«. In: L. Feldman Barrett, P. Salovey (Hrsg.), *The Wisdom in Feeling: Psychological Processes in Emotional Intelligence*. New York: Guilford Press, 2002, S. 191-210.

110 Mayer, J. D./Gaschke, Y. N./Braverman, D. L./Evans, T. W., »Mood-congruent Judgment is a General Effect«. In: *Journal of Personality and Social Psychology*, 63, 1992, S. 119-132.

111 Stanislavsky, C., *An Actor Prepares*. London: Routledge, 1989. (Auf deutsch erschienen: Konstantin S. Stanislawski. *Die Arbeit des Schauspielers an sich selbst*. Berlin: Henschel, 1999.)

112 Basierend auf Velten, E., »A Laboratory Task for Induction of Mood States«. In: *Behaviour Research and Therapy*, 8, 1968, S. 473-482.

113 Für die Anregung zur Verwendung dieser Übung danken wir Charles (Chuck) Wolfe.

114 Russell, J. A., »A Circumplex Model of Affect«. In: *Journal of Personality and Social Psychology*, 39, 1980, S. 1161-1178. Ein alternatives Kreismodell, des-

sen Dimensionen jedoch anders benannt wurden, wurde von Watson, D./Tellegen, A. eingeführt. »Toward a Consensual Structure of Mood«. In: *Psychological Bulletin*, 98, 1985, S. 219-235.

115 Miller, T. Q./Smith, T. W./Turner, C. W./Guijarro, M. L./Hallet, A. J., »Meta-analytic Review of Research on Hostility and Physical Health«. In: *Psychological Bulletin*, 119, 1996, S. 322-348.

116 Tangney, J. P./Dearing, R. L., *Shame and Guilt*. New York: Guilford Press, 2002. Frühere Arbeiten finden Sie bei Lewis, H. B., *Shame and Guilt in Neurosis*. New York: International Universities Press, 1971.

117 Ein charmantes Werk zum Thema Peinlichkeit ist Miller, R. E., *Embarrassment: Poise and Peril in Everyday Life*. New York: Guilford Press, 1996.

118 Strategien zur Stimmungsregulierung wurden von Ralph Erber und anderen studiert. Siehe zum Beispiel Erber, R., »The Self-regulation of Moods«. In: L. L. Martin, A. Tesser (Hrsg.), *Striving and Feeling: Interactions Among Goals, Affect, and Self-regulation*. Hillsdale, NJ: Lawrence Erlbaum Associates, 1996, S. 251-275.

119 Eine eingängige Einführung in Pennebakers Forschungsarbeit finden Sie in: Pennebaker, J. W., *Opening Up: The Healing Power of Confiding in Others*. New York: William Morrow, 1990. (Auf deutsch erschienen: *Sag, was dich bedrückt*. Düsseldorf: Econ, 1991.) Eine statistische Meta-Analyse der Forschungsergebnisse auf diesem Gebiet finden Sie bei Smyth, J. M., »Written Emotional Expression: Effect Sizes, Outcome Types, and Moderating Variables«. In: *Journal of Consulting and Clinical Psychology*, 66, 1998, S. 174-184. Zu allgemeineren Fragen siehe Kennedy-Moore, E./Watson, J. C., *Expressing Emotion: Myths, Realities, and Therapeutic Strategies*. New York: Guilford Press, 1999.

120 Thayer, R. E., *Calm Energy: How People Regulate Mood with Food and Exercise*. New York: Oxford University Press, 2001.

121 Näheres zu dieser Theorie finden Sie bei Salovey, P./Mayer, J. D./Goldman, S./Turvey, C./Palfai, T., »Emotional Attention, Clarity, and Repair: Exploring Emotional Intelligence Using the Trait Meta-Mood Scale«. In: J. Pennebaker (Hrsg.), *Emotion, Disclosure, and Health*. Washington, DC: American Psychological Association, 1995, S. 125-154.

122 Tomkins, S. S./McCarter, R., »What and Where are the Primary Affects? Some Evidence for a Theory«. In: *Perceptual and Motor Skills*, 18, 1964, S. 119-158.

123 Wolpe, J., *Psychotherapy by Reciprocal Inhibition*. Stanford, CA: Stanford University Press, 1958.

124 Eine etwas andere, doch verwandte Variante finden Sie auch bei Feldman Barrett, L. A., »Valence Focus and Arousal Focus: Individual Differences in the Structure of Affective Experience«. In: *Journal of Personality and Social Psychology*, 69, 1995, S. 153-166.

125 In diesem Abschnitt machen wir großzügige Anleihen bei der Literatur zu kognitiver Verhaltenstherapie und rational-emotiver Therapie. Dabei verwenden wir stellenweise dieselbe Terminologie und dieselben Methoden, doch unser

Schwerpunkt ist ein anderer. Unser Ansatz zur emotionalen Intelligenz betont die Funktionalität der Emotionen und ihre Notwendigkeit, weniger die Regulierungsmöglichkeiten.

126 Ashforth, B. E./Kreiner, G. E., »Normalizing Emotion in Organizations: Making the Extraordinary Seem Ordinary«. In: *Human Resource Management Review*, 12, 2002, S. 215-235.
127 Ashforth, B. E./Humphrey, R. H., »Emotion in the Workplace: A Reappraisal«. In: *Human Relations*, 48, 1995, S. 97-125.
128 Averill, J. R., »Studies on anger and aggression: Implications for Theories of Emotion«. In: *American Psychologist*, 38, 1983, S. 1145-1160.
129 Siehe auch Fitness, J., »Anger in the Workplace: An Emotion Script Approach to Anger Episodes Between Workers and Their Superiors, Co-workers and Subordinates«. In: *Journal of Organizational Behavior*, 21, 2000, S. 147-162.
130 Tice, D. M./Baumeister, R. F., »Controlling Anger: Self-induced Emotion Change«. In: D. M. Wegner, J. W. Pennebaker (Hrsg.), *Handbook of Mental Control*. Englewood Cliffs, NJ: Prentice Hall, 1993, S. 393-409.
131 Morris, B., »Can Ford Save Ford?«. In: *Fortune*, 3.11.2002.
132 Bennis, W./Nanus, B., *Leaders: The Strategy for Taking Charge*. New York: Herper & Row, 1985.
133 Welch/Byrne, *Was zählt*, München: Ullstein, 2003.
134 *Wall Street Journal Interactive Edition.* http://interactive.wsj.com/archive/retrieve.cgi?id=SF981065588274678472.djm. Zugriff 2. Mai 2004.
135 *Wall Street Journal Interactive Edition.*
136 http://www.theautochannel.com/news/press/date/19991214/press004457.html. Zugriff 2. Mai 2004.
137 *Wall Street Journal Interactive Edition.*
138 *Wall Street Journal Interactive Edition.*
139 www.ad.siemens.de/fairs/hannovermesse2002/html_76/live/150402.htm. Zugriff 2. Mai 2004.
140 *Wall Street Journal Interactive Edition.*
141 Zitat von Mark Davies Jones, *Finanzanalyst*, aus http://www.iht.com/IHT/JS/98/js071798.html), heruntergeladen am 2. Mai 2004.
142 Siemens Geschäftsbericht 2003.
143 Dieser Ausdruck ist aus dem Buch von Tom Wolfe, *Fegefeuer der Eitelkeiten*, München: Kindler, 1988.
144 Boyatzis, R., *The Competent Manager: A Model for Effective Performance*. New York: Wiley, 1982; Goleman, D./Boyatzis, R. E./McKee, A., *Primal Leadership: Realizing the Power of Emotional Intelligence*. Boston: Harvard Business School Press, 2002.
145 Kouzes, J. M./Posner, B. Z., *The Leadership Challenge*. San Francisco: Jossey-Bass, 3. Auflage, 2002.
146 Zaccaro, S. J./Marks, M./O'Connor-Boes, J./Costanza, D., *The Nature of Leader Mental Models*. Alexandria, VA: U.S. Army Research Institute for the

Behavioral and Social Sciences, 1995; Zaccaro, S. J./McCoy, M. C., »The Effects of Task and Interpersonal Cohesiveness on Performance of a Disjunctive Group Task«. In: *Journal of Applied Social Psychology*, 18, 1988, S. 837-851. Zaccaro, S. J./Ardison, S. D. (2004). Leadership in Virtual Army Teams. In: D. V. Day, S. Zaccaro, S. Halpin (Hrsg.), *Leadership Development for Transforming Organizations*. Hillsdale, NJ: Lawrence Erlbaum Associates, 2004.

147 Cannon-Bowers, J. A./Tannenbaum, S. I./Salas, E./Volpe, C. E., »Defining Team Competencies and Establishing Team Training Requirements«. In: R. Guzzo, E. Salas u. a. (Hrsg.), *Team Effectiveness and Decision Making in Organizations* San Francisco, CA: Jossey-Bass, 1995, S. 333 -380. Zitat von Seite 344.

148 Maggart, L. E., »Leadership Challenges for the Future«. In: D. V. Day, S. Zaccaro, S. Halpin (Hrsg.), *Leadership Development for Transforming Organizations*. Hillsdale, NJ: Erlbaum, 2004.

149 Kharif, O. »Anne Mulcahy Has Xerox by the Horn.« In: *Business Week*, 29. Mai 2003.

150 Greenleaf, R. K., *Servant Leadership: A Journey into the Nature of Legitimate Power and Greatness*. Mahwah, NJ: Paulist Press, 2001.

151 Caruso, D. R./Mayer, J. D./Salovey, P. »Relation of an Ability Measure of Emotional Intelligence to Personality«. In: *Journal of Personality Assessment*, 79, 2002, S. 306-320.

152 Online verfügbar: http://www.achievement.org/autodoc/page/bhu0int-1.

153 Salas, E./Burke, C. S./Stagl, K. C., »Developing Teams and Team Leaders: Strategies ans Principles«. In: D. V. Day, S. Zaccaro, S. Halpin (Hrsg.), *Leadership Development for Transforming Organizations*. Hillsdale, NJ: Erlbaum, 2004.

154 Salas, E./Cannon-Bowers, J. A., »The Anatomy of Team Training«. In: S. Tobias, J. D. Fletcher (Hrsg.), *Training and Retraining: A Handbook for Business, Industry, Government, and the Military*. New York: Macmillan, 2000; Salas, E./Burke, C. S./Stagl, K. C., »Developing Teams and Team Leaders: Strategies ans Principles«. In: D. V. Day, S. Zaccaro, S. Halpin (Hrsg.), *Leadership Development for Transforming Organizations*. Hillsdale, NJ: Erlbaum, 2004.

155 Sony History, Kapitel 13. Online verfügbar unter: www.sony.net/FUN/SH/.

156 »Catching up with Carly Fiorina.« In: *San Jose Mercury News*, 13. April, 2003. Online verfügbar unter: www.siliconvalley.com/mld/mercurynews/business/5624255.htm.

157 »Catching up with Carly Fiorina.«

158 Fiorina, C. »Good Corporate Governance.« Rede vor der Confederation of British Industries. Manchester, UK, 26. November 2002. Online verfügbar unter: http.//www.hp.com/hpinfo/execteam/speeches/fiorina/cbi02.html.

159 Lopes, P. N./Salovey, P./Straus R., »Emotional Intelligence, Personality, and the Perceived Quality of Social Relationsships.« In: *Personality and Individual Differences*, 35, 2003, S. 641-658.

160 Welch, J./Byrne, J. A. *Jack: Straight from the Cut.* New York: Warner Books, 2001, S. 44, 98.
161 Tomkins, S. S., *Affect, Imagery, and Consciousness* (Vol. 1: *The Positive Affects*). New York: Springer, 1962, S. 112.

Weiterführende Literatur

Im Folgenden finden Sie eine Liste von Büchern, Artikeln und Beiträgen, die wir zum Vier-Fähigkeiten-Modell zur emotionalen Intelligenz verfasst haben. Andere Autoren haben emotionale Intelligenz auf andere Weise konzeptualisiert. Die Zahl der Bücher und Artikel zu diesem Thema wächst mit jedem Tag. Wir haben uns hier auf unsere eigenen Arbeiten beschränkt. Das soll aber nicht heißen, dass die Werke anderer nicht interessant oder aufschlussreich sind.

Bücher

Salovey, P./Sluyter, D. (Hrsg.), *Emotional Development and Emotional Intelligence: Implications for Educators*. New York: Basic Books, 1997.
Ciarrochi, J./Forgas, J./Mayer, J. D. (Hrsg.), *Emotional Intelligence in Everyday Life: A Scientific Inquiry*. Philadelphia, PA: Psychology Press, 2001.
Mayer, J. D./Salovey, P./Caruso, D. R., *Mayer-Salovey-Caruso Emotional Intelligence Test (MSCEIT): User's Manual*. Toronto, Ontario: Multi-Health Systems, Inc., 2002.
Feldman-Barrett, L./Salovey, P. (Hrsg.), *The Wisdom in Feeling: Psychological Processes in Emotional Intelligence*. New York: Guilford Press, 2002.

Ausgewählte Beiträge

Mayer, J. D./DiPaolo, M./Salovey, P., »Perceiving the Affective Content in Ambiguous Visual Stimuli: Component of Emotional Intelligence«. In: *Journal of Personality Assessment*, 54, 1990, 772-781.
Salovey, P./Mayer, J. D., »Emotional Intelligence«. In: *Imagination, Cognition, and Personality*, 9, 1990, 185-211.
Mayer, J. D./Salovey, P., »The Intelligence of Emotional Intelligence«. In: *Intelligence*, 17, 1993, 433-442.

Salovey, P./Mayer, J. D., »Some Final Thoughts About Personality and Intelligence«. In: R. J. Sternberg, P. Ruzgis (Hrsg.), *Personality and Intelligence*. Cambridge, UK: Cambridge University Press, 1994, 303-318.

Mayer, J. D./Salovey, P., »Emotional Intelligence and the Construction and Regulation of Feelings«. In: *Applied and Preventive Psychology*, 4, 1995, 197-208.

Salovey, P. et al. »Emotional Attention, Clarity, and Repair: Exploring Emotional Intelligence Using the Trait Meta-Mood Scale«. In: J. Pennebaker (Hrsg.), *Emotion, Disclosure, and Health*. Washington, DC: American Psychological Association, 1995, 125-154.

Mayer, J. D./Salovey, P., »What is Emotional Intelligence?« In: P. Salovey, D. Sluyter (Hrsg.), *Emotional Development and Emotional Intelligence: Implications for Educators*. New York: Basic Books, 1997, S. 3-31.

Mayer, J. D./Caruso, D./Salovey, P., »Selecting a Measure of Emotional Intelligence: The Case for Ability Scales«. In: R. Bar-On, J. D. A. Parker (Hrsg.), *The Handbook of Emotional Intelligence*. San Francisco: Jossey-Bass, 2000, S. 320-342.

Mayer, J. D./Salovey, P./Caruso, D., »Emotional Intelligence as Zeitgeist, as Personality, and as a Mental Ability«. In: R. Bar-On, J. D. A. Parker (Hrsg.), *The Handbook of Emotional Intelligence*. San Francisco: Jossey-Bass, 2000, S. 92-117.

Mayer, J. D./Salovey, P./Caruso, D., »Models of Emotional Intelligence«. In R. J. Sternberg (Hrsg.), *The Handbook of Intelligence*. New York: Cambridge University Press, 2000, 396-420.

Salovey, P./Bedell, B. T./Detweiler, J. B./Mayer, J. D., »Current Directions in Emotional Intelligence Research«. In M. Lewis, J. M. Haviland-Jones (Hrsg.), *Handbook of Emotions*. New York: Guilford Press, 2000, 2. Auflage, S. 504-520.

Mayer, J. D./Perkins, D. M./Caruso, D. R./Salovey, P., »Emotional Intelligence and Giftedness«. In: *Roeper Review, 23*, 2001, S. 131-137.

Mayer, J. D./Salovey, P./Caruso, D. R./Sitarenios, G., »Emotional Intelligence as a Standard Intelligence«. In: *Emotion, 1*, 2001, S. 232-242.

Salovey, P./Woolery, A./Mayer, J. D., »Emotional Intelligence: Conceptualization and Measurement«. In: G. J. O. Fletcher, M. S. Clark (Hrsg.), *Blackwell Handbook of Social Psychology: Interpersonal Processes*. Malden, MA: Blackwell Publishers, 2001, S. 279-307.

Caruso, D. R./Mayer, J. D./Salovey, P., »Emotional Intelligence and Emotional Leadership«. In: R. E. Riggio, S. E. Murphy, F. J. Pirozzolo (Hrsg.), *Multiple Intelligences and Leadership*. Mahwah, NJ: Lawrence Erlbaum Associates, 2002, S. 55-74.

Caruso, D. R./Mayer, J. D./Salovey, P., »Relation of an Ability Measure of Emotional Intelligence to Personality«. In: *Journal of Personality Assessment, 79*, 2002, S. 306-320.

Pizarro, D. A./Salovey, P., »Being and Becoming a Good Person: The Role of Emotional Intelligence in Moral Development and Behavior«. In: J. Aronson, D. Cordova (Hrsg.), *Improving Academic Achievement: Impact of Psychological Factors on Education*. San Diego: Academic Press, 2002, S. 247-266.

Salovey, P./Mayer, J. D./Caruso, D., »The Positive Psychology of Emotional Intelligence«. In: C. R. Snyder, S. J. Lopez (Hrsg.), *The Handbook of Positive Psychology*. New York: Oxford University Press, 2002, S. 159-171.

Mayer, J. D., Salovey, P., Caruso, D. R./Sitarenios, G., »Measuring Emotional Intelligence with the MSCEIT V2.0«. *Emotion, 3,* 2003, S. 97-105.

Salovey, P./Mayer, J. D./Caruso, D./Lopes, P. N., »Measuring Emotional Intelligence as a Set of Abilities With the Mayer-Salovey-Caruso Emotional Intelligence Test«. In: S. J. Lopez, C. R. Snyder (Hrsg.), *Positive Psychological Assessment: A Handbook of Models and Measures.* Washington, DC: American Psychological Association, 2003, S. 251-265.

Salovey, P./Pizarro, D. A., »The Value of Emotional Intelligence«. In: R. J. Sternberg, J. Lautrey, T. I. Lubart (Hrsg.), *Models of Intelligence: International Perspectives.* Washington, DC: American Psychological Association, 2003, S. 263-278.

Caruso, D. R./Wolfe, C. J., »Emotional Intelligence and Leadership Development«. In: D. Day, S. Zaccaro, S. Halpin (Hrsg.), Leadership Development for Transforming Organizations. Hillsdale, NJ: Lawrence Erlbaum Associates, 2004, S. 237-163.

Brackett, M. A./Lopes, P./Ivcevic, Z./Mayer, J. D./Salovey, P., »Integrating Emotion and Cognition: The Role of Emotional Intelligence«. In: D. Dai, R. Sternberg (Hrsg.), Motivation, Emotion, and Cognition: Integrating Pperspectives on Intellectual Functioning. Mahwah, NJ: Erlbaum, 2004.

Mayer, J. D./Salovey, P., »Personal Intelligence, Social Intelligence, Emotional Intelligence: Measures of »hot« Intelligence«. In: C. Peterson, M. E. P. Seligman (Hrsg.), *The Classification of Strengths and Virtues: Values in Action Manual.* Philadelphia: Mayerson Foundation, 2004.

Salovey, P./Kokkonen, M./Lopes, P./Mayer, J. D., »Emotional Intelligence: What Do We Know?«. In: A. S. R. Manstead, N. H. Frijda, A. H. Fischer (Hrsg.), *Feelings and Emotions: The Amsterdam Symposium.* New York: Cambridge University Press, 2004.

Aktualisierungsinformation

Wir arbeiten auf einem schnelllebigen Gebiet und haben daher eine Webseite eingerichtet, um Sie über die neuesten Entwicklungen zum Thema emotionale Intelligenz auf dem Laufenden zu halten.

Zur Anwendung des Prinzips der emotionalen Intelligenz können Sie sich unter EmotionalIQ.com informieren.

EmotionalIQ.org ist hingegen eher eine akademisch ausgerichtete Seite.

Danksagung

Wir möchten einer Reihe von Menschen für ihre Hilfe und Unterstützung danken:

Mit unserem Freund und Kollegen John D. (Jack) Mayer arbeiten wir seit über 20 Jahren zusammen. Charles J. (Chuck) Wolfe half uns, unser Fähigkeiten-Modell auf die Situation in Unternehmen anzuwenden.

Unsere Kollegen von EQ-Japan in Tokyo gewährten uns wertvolle Einsichten, hier wären besonders Tohru Watanabe, Noriko Goh, Masami Sato und Nao Takayama zu nennen. Sigal Barsade trug viel zur Literatursammlung zu Gefühlen am Arbeitsplatz bei und unterstützte uns kontinuierlich bei der Entwicklung des Fähigkeiten-Modells und dem Schreiben. Steven Stein und seine Kollegen von Multi-Health Systems in Toronto, die den MSCEIT vertreiben, standen uns mit Rat und Tat zur Seite; wir danken ihnen außerdem für ihre Unterstützung von Forschern, die den MSCEIT benutzen.

Es hätte kein Buch gegeben, wenn unser Agent Ed Knappman und Kristine Schiavoni von New England Publishing Associates sich nicht kontinuierlich dafür eingesetzt hätten. Susan Williams von Jossey-Bass verstand unsere Herangehensweise an das Konzept der EI und hat daran geglaubt. Mary Garrett und Mary O'Briant gelang es, aus unserem Manuskript ein Buch zu machen, und Rob Brandt and Carolyn Miller von Jossey-Bass brachten dieses Buch in die Läden und schließlich in Ihre Hände.

Unsere Klienten haben uns sehr viel über Emotionale Intelligenz und Führung beigebracht – wir sind dankbar für ihren Beitrag und ihr Feedback. Es wurden selbstverständlich alle Namen von Klienten geändert, ebenso wie Situationen verändert und teilweise mit anderen Fällen kombiniert wurden.

Schließlich wurde unsere Arbeit zur Emotionalen Intelligenz durch den engagierten Beitrag vieler Studenten und Mitarbeiter entscheidend vorangetrieben. Unser Dank gilt daher auch Brian Bedell-Detweiler, Michael

Beers, Eliot Brenner, Heather Chabot, Stephane Côté, David DeSteno, Jerusha Detweiler-Bedell, Elissa Epel, Tony Freitas, Glen Geher, Jack Glaser, Susan Goldman, Rocio Guil Bozal, Juliana Granskaya, Donald Green, Daisy Grewal, Cory Head, Lim How, Christopher Hsee, Marja Kokkonen, Paulo Lopes, Holly Lynton, Chloé Martin, Jose Miguel Mestre Navas, Anne Moyer, Tibor Palfai, David Pizarro, Susan Rivers, Alexander Rothman, Magdalena Smieja, Wayne Steward, Rebecca Straus, Carolyn Turvey, Laura Stroud, Sarah Wert und Allison Woolery.

Außerdem erhielten wir Feedback und wertvolle Kritik von vielen Kollegen. Natürlich akzeptieren wir die volle Verantwortung für die Inhalte dieses Buchs – die Nennung eines Kollegen soll hier nicht implizieren, dass dieser unsere Methoden oder Herangehensweisen im Gegensatz zu anderen besonders unterstützt! Vielen Dank an Neal Ashkanasy, Marc Brackett, Karen Bryson, Cary Cherniss, Joseph Ciarrochi, Catherine Daus, Lisa Feldman Barrett, Mitsuyo Hanada, Peter Legree, Amy Van Buren, Joan Vitello und die talentierte Forschungsabteilung des Health, Emotion and Behavior (HEB) Laboratory der Yale University.

Schließlich möchten wir unseren Familien für ihre Unterstützung danken und dafür dass sie viele emotional intelligente, ebenso wie zahlreiche emotional unintelligente Momente ertrugen, während wir an diesem Projekt arbeiteten.

Vielen Dank Marta, Nancie, Rachel, Jonathan und Ethan.

David Caruso
Peter Salovey

Über die Autoren

David R. Caruso ist Managementberater mit Schwerpunkt Management- und Organisationsentwicklung. Nach dem BA-Abschluss in Psychologie wurde Caruso eine Doktorandenstelle beim National Institute of Child Health and Human Development angeboten. So konnte er an der Case Western Reserve University Forschungen zu Intelligenz und individuellen Unterschieden durchführen. An der Case University erwarb Caruso außerdem einen M.A. sowie einen Doktortitel in Psychologie. Nach der Promotion wurde ihm eine Post-Doktorandenstelle angeboten, und er verbrachte zwei Jahre an der Yale University, wo er Kompetenz und Intelligenz erforschte.

Dann führte ihn sein Werdegang von der akademischen Welt in die Wirtschaft. Er war zehn Jahre lang im Beratungsgeschäft tätig und arbeitete für Fortune-500-Unternehmen in der Marktforschung, der strategischen Planung und im Produktlinienmanagement. Er leitete zahlreiche Produktentwicklungsteams, führte Vertriebsschulungen durch und entwickelte eine Reihe von Marketingplänen für gewerbliche und Konsumprodukte. Als Produktmanager mit Gewinnverantwortung war er für die Lancierung einer Software-Produktlinie mit dem Umsatz von 11 Millionen US-Dollar im ersten Jahr verantwortlich. Während dieser Zeit war Caruso in den USA und Europa tätig, warb und entließ Mitarbeiter, wurde selbst angeworben und entlassen.

1993 machte er sich als Berater selbstständig. Zu seinen Tätigkeitsbereichen zählen Management-Coaching, Führungsentwicklung und Personalentwicklung. Darüber hinaus hält Caruso Einzel- und Gruppenseminare über emotionale Kompetenz. Zu diesem Thema hat er hoch gelobte interaktive Workshops entwickelt, die er auch selbst durchführt.

Seine praktischen Erfahrungen aus dem eigenen Arbeitsalltag ergänzt er durch laufende Forschungen und akademische Arbeit. Als Forscher arbeitet Caruso außerdem mit der psychologischen Fakultät der Yale University zusammen und hat eine Reihe von Abhandlungen und Beiträgen über Intelligenz und emotionale Intelligenz verfasst.

Er lebt mit Frau, drei Kindern, zwei Katzen und zwei Hunden in Connecticut.

Peter Salovey, Dekan der Graduate School of Arts and Sciences der Yale University, hält den Chris Argyris-Lehrstuhl für Psychologie und war von 2000 bis 2003 Leiter der psychologischen Fakultät. Dr. Salovey ist außerdem Professor für Epidemiologie und Öffentliche Gesundheit. Er leitete das Labor für Gesundheit, Emotionen und Verhalten und ist stellvertretender Direktor des Yale Centers für interdisziplinäre AIDS-Forschung. Er arbeitet eng mit dem Krebszentrum der Yale University sowie mit dem Institut für sozial- und politikwissenschaftliche Studien zusammen.

Salovey erwarb einen A.B. in Psychologie und einen M.A. in Soziologie an der Stanford University. Darüber hinaus verfügt er über drei Yale-Abschlüsse in Psychologie: einen M.S., einen M.Phil. und einen Ph.D. Er kam 1986 als Assistent an die Yale University und ist seit 1995 ordentlicher Professor.

Saloveys Forschungsarbeit konzentriert sich auf die psychologische Signifikanz und Funktion menschlicher Stimmungen und Gefühle sowie auf die Anwendung sozialpsychologischer Prinzipien, um Menschen zur Entwicklung von gesundheitsförderlichen Verhaltensmustern zu motivieren. In jüngster Zeit befasste er sich verstärkt damit, wie Emotionen adaptive, kognitive und Verhaltensfunktionen fördern. In Zusammenarbeit mit John D. Mayer entwickelte er unter dem Begriff »emotionale Intelligenz« ein umfassendes System zur Beschreibung, wie Menschen ihre Gefühle begreifen, managen und einsetzen. Saloveys Forschungsarbeit wurde finanziert durch einen Presidential Young Investigator (PYI) Award der National Science Foundation sowie durch Mittel verschiedener Organisationen wie National Cancer Institute, National Institute of Mental Health, National Institute of Drug Abuse, American Cancer Society, Andrew W. Mellon Foundation und Ethel F. Donaghue Women's Health Investigator Program.

Salovey hat über 200 Artikel und Beiträge veröffentlicht und firmierte als Autor, Koautor bzw. Herausgeber von elf Büchern. Er gibt die Guilford-Press-Reihe *Emotions and Social Behavior* heraus und fungierte als Herausgeber bzw. Mitherausgeber dreier wissenschaftlicher Fachblätter. Darüber hinaus wurde er 2000 im Yale College für seine Lehrtätigkeit mit der William Clyde DeVane Medal for Distinguished Scholarship and Teaching und 2002 in Yale mit dem Lex Hixon Prize for Teaching in the Social Sciences ausgezeichnet.

In seiner Freizeit spielt Peter Salovey Kontrabass in der Band *The Professors of Bluegrass*.

Die beiden Autoren lernten sich 1983 kennen, als David Caruso nach der Promotion an der Yale University tätig war, wo Peter Salovey nach Abschluss des Studiums seine akademische Laufbahn verfolgte. Bis es zur ersten Zusammenarbeit kam, vergingen mehr als zehn Jahre. Seither haben Salovey und Caruso gemeinsam Buchbeiträge, Forschungsprojekte, Beratungsaufträge und Vortragsverpflichtungen übernommen und in Zusammenarbeit mit ihrem Kollegen John D. Mayer zwei Kompetenztests zur emotionalen Intelligenz entwickelt.

Register

Abscheu 30, 32, 37 f., 69 f., 100, 108, 110, 112, 138, 143, 156, 158, 216, 219, 226, 229
Affekt-Affekt 152
Affektregulierung 86 f.
Aggressivität/Aggression 38, 86, 164, 184
Anerkennung von Emotionen 162
Angst 30–32, 37 f., 40, 59, 69, 82, 86, 92, 100, 108, 110, 112, 118, 122, 126–128, 135, 137, 143, 156, 158, 192, 194, 215 f., 219, 225, 227, 240, 244, 249
Anpassungsfähigkeit 11, 30
Anteilnahme 116
Ashforth, Black 159
Ashkanasy, Neil 25
Aufmerksamkeit 64 f., 116, 120, 137, 244, 250
Ausdruck von Emotionen/Gefühlen 7, 39 f., 52–54, 56
– Regeln 39 f., 53

Barsade, Sigal 25
Baumeister, Roy 33, 85
Bedürfnisse 53
Besorgnis 10, 31, 62, 93, 137, 143, 155 f., 192, 239 f.
Blickwinkel ändern 59 f., 62
Bower, Gordon 36
Boyatzis, Richard 16
Brackett, Marc 196
Brainstorming 117 f., 122

Broaden and Build-Theorie 36
Burn-out 34, 194

Center for Creative Leadership 15
Change-Management 195 f., 199
Charismatische Führung 16, 241
Clore, Gerry 64

Damasio, Antonio 7, 35, 63, 84
Darwin, Charles 51, 68, 120
Daten 55, 93, 115, 142, 148, 160 f., 189 f., 196, 198 f., 211, 215, 227, 250
Dekodierung von Emotionen 111
Denken 36, 58, 60–63, 84, 87, 102, 116, 121, 123, 125, 127, 129, 160, 177, 186, 214 f., 230, 244
Denkprozess 10, 16, 58, 116, 160
Denkvermögen 57 f., 61 f., 65, 116, 122 f., 136, 205, 230
Depression 52, 92, 239 f.
Depressivität 155 f.
Desensibilisierung 152
Details 12, 37, 61, 79 f., 92, 117 f., 155
Dienender Führer 190
Dispositionen 238–242
Dispositionsmerkmale 155 f.

Echte Emotionen/Gefühle 52, 91, 112, 156, 215
Effektivität 14, 33, 37
Eifersucht 70, 100, 108, 244, 249
Einfühlungsvermögen 62

Ekman, Paul 28, 35, 53, 69, 111
Emotional intelligenter Stil 215 f.
Emotional intelligentes Management
 11–14, 17, 26, 31, 33 f., 42, 47, 65,
 73, 79, 116, 123 f., 140–142, 147 f.,
 151, 156, 166, 174–179, 181, 185 f.,
 190 f., 194, 198 f., 248, 251
Emotional unintelligentes Management
 11 f., 79
Emotionale Ansteckung 26, 33
Emotionale Empathie 174–176
Emotionale Intelligenz 7, 10 f., 13 f.,
 15–19, 21, 25, 27, 39, 41, 43, 49,
 52, 58, 68, 75, 78, 89 f., 94 f., 97 f.,
 116, 143, 159, 163, 168, 173, 177 f.,
 181, 183, 185–187, 190, 196 f., 199,
 203 f., 222, 230
Emotionale Kompetenzbereiche 7–9,
 12 f., 15–17, 43 f., 48 f., 68, 133,
 141, 179
Emotionale Mischzustände 71
Emotionale Muster 143 f.
Emotionale Neueinschätzung 33
Emotionaler Ausdruck 101–103, 111,
 219–221
Emotionaler Intelligenzquotient/EI-Wert
 89 f., 95
Emotionaler Stil 203, 211
Emotionaler Wortschatz 68, 70, 72, 92,
 133–135, 141 f., 175, 207
Emotionales Bewusstsein 83, 98, 105,
 107, 127, 175, 204
Emotionales Raster 21, 42 f., 45–49,
 74, 173, 177, 179 f., 188 f., 243,
 246, 248
Emotionalität 7, 13, 29, 63, 98, 131,
 188
Emotionen/Gefühle, anderer 97, 105–
 110, 114, 126, 144, 162, 177, 193,
 204, 246
Emotionen/Gefühle, eigene 97–101,
 105, 114 f., 121, 162, 246
Emotionen als Informationsträger 27,
 31, 44, 53, 59, 70, 80, 84, 87, 101,
 142, 148, 152, 177, 189, 198, 215,
 224
Emotionen/Gefühle am Arbeitsplatz
 23–25, 27, 34, 82, 159
Emotionen berücksichtigen 35
Emotionen einsetzen/nutzen 8–10, 12 f.,
 19, 43 f., 46 f., 57, 62, 116, 163,
 166, 168, 175, 179 f., 183 f., 191,
 198, 205, 210, 247
Emotionen erkennen/identifizieren 8–
 10, 13, 27, 43 f., 46 f., 51 f., 54–56,
 83, 90 f., 97, 108, 123, 127, 132,
 163, 166, 168, 175, 179 f., 183, 191,
 195, 198, 204, 210, 243, 246 248
Emotionen filtern 156 f., 165, 168, 240
Emotionen managen/integrieren 8 f., 11,
 13, 35, 43 f., 46 f., 75 f., 78 f., 81,
 83 f., 87, 92, 121, 166, 169, 175,
 179 f., 185, 192, 208, 210, 227,
 246 f., 250
Emotionen unterdrücken 27, 32–34,
 79 f., 82, 87, 159, 189
Emotionen verbergen 33, 35
Emotionen verstehen 8–10, 12 f., 19,
 43 f., 46 f., 66–68, 71, 92, 133, 163,
 166, 168, 175, 179 f., 184, 191, 196,
 198, 207, 210, 216, 225, 247
Emotionen zulassen 80 f.
Emotionsfokus 157
Emotionslose Entscheidungen 79, 84
Emotions- /Gefühlsmanagement 8,
 18 f., 27, 45, 75, 77 f., 81–84, 86 f.,
 92, 136, 148 f., 155, 159, 161–163,
 167, 169, 173, 175 f., 185, 189, 196,
 208, 210
–, Strategien 149–151, 161
Emotionsszenario 103 f., 161
Emotionstagebuch 150
Energie 80, 134 f., 245, 250
Entscheidungsfähigkeit 117
Entscheidungsfindung 63, 80, 87, 120,
 148, 189, 199, 210, 215

Entscheidungsprozess 63, 160, 188, 210
Entscheidungsstil 23, 214
Entspannung 124
Erinnerungen 64 f.
Erinnerungsvermögen 65, 80
Evolution 30, 37, 200

Falsche Emotionen/Gefühle 52, 112, 156, 205
Feedback-Signale 29, 224, 250
Fehler 10, 12, 35
Fiorina, Carleton (Carly) 195 f.
Fischer, Joschka 18 f.
Flexibles Denken 11, 31
Ford, William Clay 174–176
Fredrickson, Barbara 36
Fremdmanagement 177
Freude 30, 32, 34, 38, 40, 81 f., 84, 92, 116, 135 f., 146, 157 f., 199, 215, 224
Frijda, Nico 82
Führungsfehler 15
Führungseigenschaften/-kompetenzen 27, 181 f., 186 f., 190, 199
Führungspersönlichkeit 186, 190, 193
Fundamentale Emotionen 40

Gardner, Howard 43, 124
Gedächtnis 64 f., 79
Gedanken 42, 54, 60, 79, 148, 230
Gefühlsausbruch 81, 86
Gehirn 7, 85 f.
Gesamtbild 117
Geschlechtsspezifische Rollennormen 41
Gespielte Emotion 103
Gestik 53, 56, 80, 97, 115
Glück 69 f., 72, 100, 108, 110, 112, 117, 122 f., 126–128, 136, 142, 145, 156 f., 199, 217, 219, 225, 227, 244, 249
Glücksgefühle 36, 54, 59, 81 f., 112, 117, 121, 136, 157

Goleman, Daniel 16
Gross, James 79

Handlungen 31, 82, 92
Harker, Lee Anne 36
Hochschild, Arlie 34

Impuls 85 f., 148 f., 161
Impulssteuerung 85 f.
Informationen 27, 31, 33, 44, 46, 53, 56, 59, 64 f., 70, 79 f., 84, 93, 161, 165, 211
Informationscluster 117
Innere Wahrnehmung 52
Inspiration durch Emotionen 82, 199
Integration von Emotionen 162, 215
Intelligenz 13, 21, 49, 88
Intensität von Emotionen 37, 247
Intensitätskontinuum 38
Introspektion 52
Irrationale Impulse 35
Irrationalität 82
Isen, Alice 32, 36, 63, 117

Jordan, Peter 25

Keltner, Dacher 36
Kernkompetenzen 53
Kommunikation 53, 56, 102, 142, 187, 193, 199
Kommunikationsfähigkeit 70
Komplexität der Emotionen 70–72, 92
Konflikte 11, 37, 130 f., 179 f., 241
Kontrolle von Emotionen/Gefühlen 23, 29, 79, 81 f.
Konzentration 10, 244, 250
Körperhaltung/-sprache 53, 103, 105, 107, 109, 115
Kouzes, James 16, 186 f., 190
Kreatives Denken 60, 62, 116
Kreativität 26, 122, 245, 250
Kulturelle Unterschiede 39, 41, 81
Kunst 52, 54, 205

Lächerlichkeit 81
Langfristige Ziele 85, 87
Leidenschaft 13, 84, 186, 200
Lewis, Helen Block 139
Liebe 38, 70, 128, 244, 249
Logik 13, 16, 21, 23, 32, 49, 65, 159
Logische Kompetenz 23
Lopes, Paulo 197
Lüge 35, 113 f., 191

Managementstil 24, 41, 181, 183, 197
Managerfunktionen/-kompetenzen 11, 15, 27, 181 f., 187 f., 194, 196, 199
Manipulation von Gefühlen 54, 205
Mayer, John D. (Jack) 7, 42 f., 64
Mayer-Salovey-Caruso Emotional Intelligence Test (MSCEIT) 89, 94 f., 203
Mentale Kraft 80
Mentales Bild 125–128
Messen emotionaler Kompetenz 88–92, 203
Method Acting 124
Mimik 35, 53 f., 56, 80, 97, 102 f., 105, 109, 111, 114
Mischel, Walter 85
Misstrauen 35, 118
Mitarbeiteremotionen 66, 198
Mitarbeitermotivation 15, 186, 190–192, 199
Motivation durch Emotionen 31 f., 36, 82, 137, 199, 215, 224
Mulcahy, Anne 189
Multiple Intelligenzen 43
Musik 52, 54

Negative Emotionen 37, 47, 80 f., 112, 114, 119, 135, 145, 156 f., 179, 184, 218, 221 f., 242, 247
Negative Stimmung 12, 37, 61, 64 f., 86 f., 92, 117 f., 120 f., 123, 154, 180, 209
Negatives Denken 37
Nettigkeit 155 f., 239–241

Neujahrsvorsätze 85
Nonverbale Kommunikation/Signale 53, 56, 80, 103, 107–109, 114, 204, 221
Normalisierung von Emotionen 34

Objektive Entscheidungen 79
Optimismus 155 f., 157, 191, 239, 241

Peinlichkeit 40 f., 139 f.
Pennebaker, James 150
Persönlichkeitsmerkmale 155
Physische Empfindungen 126–128
Pierer, Heinrich von 182–185
Planung 11, 15, 187 f., 199
Plutchik, Robert 38, 69, 71
Positive Emotionen 34, 36 f., 55 f., 81, 106, 146, 155–157, 184, 218, 221, 224, 247
Positive Stimmung 61, 63 f., 87, 117, 120 f., 123, 131, 154, 209, 222
Positives Denken 241
Posner, Barry 16, 186 f., 190
Primärdyaden 38
Primäremotionen 38, 111
Problemlösung 7 f., 26, 36, 58, 61, 63, 65, 80, 117 f., 122, 148, 203, 211

Rationaler Stil 214 f.
Rationalität 13, 16, 24, 32, 35, 215
Reflexion 52
Regeln für Emotionen 39 f., 72 f., 123, 133, 144 f., 147
Regulierung von Emotionen/Gefühlen 85
Richards, Jane 79
Russell, James 134

Salas, Ed 193
Salovey, Peter 7, 42 f.
Schamgefühl 69, 86, 100, 108, 138 f., 187, 244, 249
Scherer, Klaus 106

Schlüsselsignale 13, 99
Schuldgefühl 86, 138f., 187
Sekundäre Emotionen 39f., 138
Selbstbewusste Emotionen 40
Selbstmanagement 173, 177
Selbstvertrauen 188, 204
Selbstzufriedenheit 120
Signale 28, 52–54, 56, 81, 84, 110, 114, 135, 241
Situationsanalyse 13, 243, 248
Soziale Emotionen 138
Soziale Interaktion 12, 56, 80
Sozialverhalten 39
Spezifische Emotionen 39
Sport 151
Stanislawski, Konstantin 124
Sternberg, Robert 43
Stimmlage 53, 106, 114
Stimmungen 25, 29, 32, 35f., 52, 58, 60–65, 79, 83, 85–87, 99, 116, 120f., 123, 127, 129f., 132, 153f., 206, 230, 242
Stimmungsfilter 203, 230
Stimmungslogbuch 100–102
Stimmungsmanagement/-steuerung 35, 60, 85, 151, 163, 222, 224
Stimmungsskala 99f.
Stimmungsveränderung 85, 121, 123–125, 129, 206
–, Strategien 121, 129
Stimmungswandel 26
Stimmungszyklen 101
Stress 149, 156, 233, 237, 239, 242
Stressbekämpfung 149
Subjektive Deutung 56

Tangney, June 86, 139
Team 15, 25f., 45–47, 60, 76, 132, 142, 166, 186f., 189–193, 197, 199, 241
Thayer, Robert 149, 151
Tice, Diane 87
Tomkins, Silvan 152, 200

Tonfall 56, 97, 105f., 109, 114f., 221
Transformationale Führung 16
Traurigkeit 30, 32, 38, 69, 72, 81, 92, 100, 108, 110, 112, 118f., 126–128, 130, 135, 137f., 143, 145, 155f., 158, 215f., 219, 225, 228, 239f., 244, 249

Überraschung 30, 32, 38, 69, 92, 110, 112, 120, 127, 135, 137, 139, 143, 145, 156, 158, 161, 217, 219, 225, 228, 244, 249
Überreaktion 152
Überwältigende Emotionen 81, 215
Unbehagen, eigenes 10f.
Universelle Emotionen 39
Unruhe 85
Unstimmigkeiten 10, 115, 241
Unterstützung 53
Ursache-Wirkung-Beziehung 70, 196, 207
Ursachen für Gefühle 46, 71, 92, 140, 227
Urteilsvermögen 8, 26, 33, 120, 155

Verachtung 38, 70
Veränderungen 7, 11, 15, 27, 45, 186, 194–196
Verbale Kommunikation/Signale 53, 56, 80, 109, 114
Verleugnung von Emotionen 160f.
Vermeidung von Emotionen 160
Vernunft 21, 23f., 49, 81, 84, 186, 200
Verstand 10, 23, 60, 62, 121, 185, 215
Vertrauen 187f., 191, 233, 237, 239, 241f.
Vier-Fähigkeiten-Modell 44
Vision 15, 186, 193f., 199
Vorstellungskraft/-vermögen 124–127, 206

Was-wäre-wenn-Analysen 8, 46, 71, 73f., 140, 143f., 147, 163, 169,

175, 188, 194, 196, 198, 207, 250
Welch, Jack 178 f., 184, 197 f.
Widersprüchliche Emotionen 70, 208
Wirkungsweise einer Emotion 28, 227
Wut 30, 32, 34, 37 f., 40, 69 f., 82, 84, 92, 100, 106, 108, 110, 112, 116, 119, 126–128, 131, 135 f., 143, 155–158, 161, 164–169, 192, 215 f., 219, 225, 228, 239 f., 244, 249

Wutmanagement 119, 164, 167 f.

Zaccaro, Steve 187
Zorn 38, 70, 86, 119
Zufriedenheit 26, 45
Zukunftsprognosen 46, 73, 146 f.
Zwei-Faktoren-Emotionsmodelle 134
Zwischenmenschliche Effektivität 12, 15, 187, 196–199

Lesen Sie täglich eine Neuerscheinung.

Die Frankfurter Rundschau zwei Wochen kostenlos und unverbindlich.

Telefon: 0800/8 444 8 44
Online: www.fr-aktuell.de

Frankfurter Rundschau
Deutlich. Schärfer.